嵌入式系统及其软件理论与实践
——基于超系统论

郑琪 著

北京航空航天大学出版社

内容简介

本书以崭新的新系统论作为方法论,从传统 IT 技术到嵌入式系统及其软件最新发展的特点入手,创造性地提出并阐述了嵌入式系统及其软件的全寿命周期的一体化基本理论,并提出了与此相关的可实施的嵌入式系统及其软件系统的理论和原则,从而奠定了一门新兴独立学科的基础。其后围绕这些理论与原则,分全数字、半数字/半物理、全物理、复杂系统等方面描述了实践应用的步骤和方法。随后以新系统论思想的理论高度阐述了人与工程一体化的工程化管理。最后以作者多年的工程实践经验,从以上理论联系实际,介绍了基于新一代系统论的嵌入式系统及其软件的系统工程理论和原则,并在工程中创建、应用的中间件平台工具产品及其应用实例,以求知行合一。

本书适用于对嵌入式技术、嵌入式系统及其软件设计、验证、开发、测试、仿真、确认、维护感兴趣的学生和研究人员。

图书在版编目(CIP)数据

嵌入式系统及其软件理论与实践:基于超系统论 /
郑琪著. -- 北京:北京航空航天大学出版社,2015.9
 ISBN 978 - 7 - 5124 - 1883 - 7

Ⅰ. ①嵌… Ⅱ. ①郑… Ⅲ. ①微型计算机—系统开发
Ⅳ. ①TP360.21

中国版本图书馆 CIP 数据核字(2015)第 226305 号

版权所有,侵权必究。

嵌入式系统及其软件理论与实践——基于超系统论

郑 琪 著

责任编辑 胡晓柏 卫晓娜

*

北京航空航天大学出版社出版发行

北京市海淀区学院路 37 号(邮编 100191) http://www.buaapress.com.cn
发行部电话:(010)82317024 传真:(010)82328026
读者信箱:emsbook@buaacm.com.cn 邮购电话:(010)82316936

北京兴华昌盛印刷有限公司印装 各地书店经销

*

开本:787×1092 1/16 印张:19.75 字数:506 千字
2015 年 11 月第 1 版 2015 年 11 月第 1 次印刷 印数:3 000 册
ISBN 978 - 7 - 5124 - 1883 - 7 定价:49.00 元(含光盘 1 张)

若本书有倒页、脱页、缺页等印装质量问题,请与本社发行部联系调换。联系电话:(010)82317024

序 一

随着 IT 技术的发展，嵌入式系统的软硬件技术均在迅猛发展，并在信息、控制、自动化、机电一体化等领域得到了越来越广泛的应用。在硬件速度越来越快，硬件资源越来越丰富的情况下，嵌入式系统呈现出硬件、软件紧密耦合的特点，硬件与软件验证难以严格界定界限，单纯地考虑硬件或软件可能导致顾此失彼。所以，把包括软件和硬件在内的嵌入式系统当做一个完整的系统，运用系统论的思想，进行设计和开发，有利于嵌入式系统的优化和效能的充分发挥。

20 世纪 90 年代，我国开始实施载人航天工程之初，工程领导就高度重视包括嵌入式系统在内的软件工程化问题，认识到"抓工程不抓软件不行，抓软件不抓工程化不行，抓工程化不抓质量不行，抓质量不抓管理不行"。在载人航天工程实施的过程中，工程各级均把软件工程化作为确保工程可靠、安全的一个重要抓手，保证了各次飞行任务的圆满成功。

当今世界上，先进的大型工程均大量使用嵌入式系统，这些嵌入式系统往往在其中起着核心作用。嵌入式系统的硬件和软件也像信息技术和计算机技术一样，一直处于高速发展过程中。但是，在嵌入式系统及其软硬件的发展中，存在工程实践超前于理论的现象。在嵌入式系统理论方面尚需要进一步发展和完善系统的思想、方法，以满足日益广泛的应用领域和更加高性能的需求。

本书在这方面进行了有益的尝试。作者试图用一种新的思维方式，对于嵌入式系统及其软件的新体系建立做了大胆的努力，并进行了可实现的全数字虚拟化、固件、嵌入式闭环全物理等有益的实践与探索。更难能可贵的是对于人机物一体化过程提出了非线性复杂系统的认知方式，对复杂大系统提供了一种集管理、研发于一体的解决方案。相信这本书能对从事嵌入技术研究开发的管理和技术人员提供有益的启发，促进嵌入式系统的开发和应用。

周建平
中国工程院院士
2015 年 10 月 18 日

序 二

嵌入式技术在近二十年有飞跃发展，主要归功于基于互联网移动计算的需求爆发性成长。早期的嵌入式应用仅限于简单的控制型领域，用来支撑物理装置的数字化，而近十年来，随着移动终端的广泛使用，嵌入式系统与广大老百姓的生活密切地联系起来，因而嵌入式技术的神秘性被打破，它在社会经济生活各个领域产生了颠覆性影响，日益被人们所接受。

从嵌入式系统发展呈现的新特性来分析，主要在以下三方面有明显变化。首先，它从计算机传统作为研究部门使用的昂贵设备变成普通百姓都能享受的数字化产品，今天一个手机的计算能力相当于四十年前一个超级计算机，但价格才是后者的万分之一。其次，嵌入式系统主要功能也从传统计算机围绕计算和数据处理为中心转化为提供各类便民服务。最后，由于网络技术的发展，使用嵌入式系统支持物理世界、虚拟世界和人类社会三者的互联互通，支持了信息技术从数字化、信息化到智能化的转变。

嵌入式系统的设计在早期阶段借用了传统计算系统的发展思路，采用了流水线可控式工程化制造路线。近年来，随着计算机硬件成本和嵌入式系统的不断发展，嵌入式产品不再是基于传统IT概念下的计算机软件加硬件的简单1+1技术，软中有硬、硬中有软是嵌入式系统体系架构中一个重要特色。另外，面向实时响应的要求以及嵌入式系统应用环境呈现的多样性与不确定性，使嵌入式软件的设计面临了一系列新的挑战。本书作者基于多年在该领域的工程实践和教学经验，运用中国式系统论，并结合国际先进理论和应用案例，在国内首次尝试从系统工程的角度，建立全生命周期一体化的嵌入式系统的系统工程理论体系，并在此基础上开发相应的技术和设计方法论用于工程实践的平台工具，以达到理论联系实践。本著作通过介绍各类嵌入式软件（包括中间件、仿真工具、软件测试工具、协同设计平台）使读者掌握嵌入式软件系统工程及嵌入式系统的系统工程的理论和方法，给予广大读者一个涉及多学科多门类的综合型开发技术和设计方法。

本书作者长期以来从事嵌入式技术的研究和教学工作，对于国内外嵌入式系统的设计理论和工程技术研究有深厚的专业背景和丰富的积累。在此基础上，作者创造性地建立了嵌入式系统的工程理论体系并应用于航空航天、新能源、环保节能和信息产业多个部门，并在企业管理上赢得了成功的运作经验。相信本书的出版对我国有志于参加智能计算和控制系统设计的广大读者在理论学习和工程实践能力的提高会有极大的推动，也希望读者在工作实践中进一步丰富本书提出的系统理论体系和技术平台，为我国智慧制造产业发展作出贡献。

何积丰
中国科学院院士
2015年11月4日

前 言

开 篇

在今天所处的大时代背景下,3G/4G/5G 移动互联网、物联网、云计算、大数据、工业 4.0 等,俨然已陆续成为信息 IT 产业、工业及其两化融合的主旋律;而嵌入式系统以其高集成、高可靠、功能强、成本低的优点已成为这些产业应用技术中最核心、最关键的基础部分。

信息时代、数字时代使得嵌入式产品、技术获得了巨大的发展契机,21 世纪全球嵌入式系统产业快速发展,在应用数量上已远超过通用计算机。据数据统计,全球嵌入式软件的销售规模已经达到了 500 亿美元,而嵌入式体系产品的产值达到 6 000 亿美元。估计全世界嵌入式系统产品潜在的市场将超过 100 000 亿美元。在中国,嵌入式系统产业规模持续增长,相关统计表明 2012 年中国电子制造规模达 5.45 万亿元,位居世界第二。

同时,随着当前信息化网络技术在各行各业的飞快普及,嵌入式系统在技术领域也迎来一个快速更新与融合的时代。

嵌入式系统市场广阔,主要用于各种信号处理与控制,目前已在国防、国民经济及社会生活各领域普遍采用;嵌入式软件渗透到各个领域、各个方面,在其全寿命周期内,嵌入技术的需求将是一个无可估量的巨大的市场。国际市场经过培育、导入等阶段,目前已经进入市场成熟期,国内市场正在经历市场导入期到成熟期的快速发展阶段。现在国内嵌入式系统及其软件正从全部引进到部分自主研发,进入要求自主研发高性能价格比的嵌入技术时代。

国内新一代的通信、广播基础、三网合一等设施建设,工业自动化,航空/航天,高速铁路领域等先进设备制造业,家用电器、智能家居、卫星导航及其位置服务、智能终端的迅猛发展和产品的不断改进,也给新一代嵌入式系统及其软件提供了更大的市场和机遇。

嵌入式系统及其软件是半导体及芯片产品进入日常生活的桥梁,在整个社会的信息化进程之中扮演着越来越重要的角色。

1. 写作初衷

嵌入式系统及其软件的设计、验证、开发、测试、仿真、确认等嵌入技术的发展,国内外的情况一直是实践领先于理论。一方面,大量先进的嵌入式装备、设备投入应用;一方面备受对嵌入式系统、嵌入式软件、嵌入式软件的认知、理论与实践、分工的困扰与挑战。

拿计算机软件举例来说,软件工程是在 20 世纪六七十年代爆发软件危机时,美欧开始建立的理论体系,企图用规模化、机械化生产的质量控制理念,将软件也进行流水线可控式工程化制造;并依此建立了基于瀑布式、V 型(系统)工程的模型、CMM 软件质量体系,包括软件需求、配置及其变更管理、度量、测试及其管理等,开始了主要解决面向线性、简单、较小规模、分立器件硬件基础上的非嵌入式 IT 和弱嵌入式系统(详见本书)的问题。针对嵌入式软件设计,美国军方面向全世界招标专门的嵌入式软件设计的计算机语言,20 世纪 80 年代初期在航天、航空、铁路等安全关键领域得到广泛推广和应用。直至 20 世纪 90 年代初某种程度上缓解了软件危机。

20世纪90年代初期以后,随着计算机软硬件技术的发展,早已面临复杂非线性系统,尤其是强嵌入式系统(详见本书)新的挑战,爆发了可以称为第二次的软件危机,但至今还很少人认识到这一点。美欧开始了CMMI体系的发展,在基于瀑布、V型系统工程理念基础上发展了基于局部迭代、循环的敏捷开发方法和面向服务(应用)的架构,来适应不断增长的挑战。但由于思想、理论方法滞后,收效有限,仍在困境中寻找突围。

由于计算机硬件成本的下降和嵌入式系统的不断发展,嵌入式系统、嵌入式软件与一般IT技术同步发展,但嵌入式系统已不再是基于传统IT概念下的计算机软件加硬件的简单一加一的概念,已自成体系。理论落后于实践同时制约了实践,实践需要新的理论指导和升华,这都强烈呼唤着基于嵌入式系统应用的嵌入技术新的理论和方法的诞生。这对嵌入式系统、嵌入式软件的嵌入技术理论、实践、教学都提出了新的课题。

嵌入式系统、软件的研发,包括但不限于设计、验证、开发、仿真、测试、确认等全寿命周期的嵌入技术,以及与传统IT信息技术的结合。目前国内外比较全面、专门的著作或教科书还不多,面对新挑战自成体系的理论的书籍就更难找到了。本书是作者基于自己在该领域多年工程实践和教学经验的基础上,学习国内外先进经验,运用中国式系统论,在国内外第一次尝试从系统工程的角度建立全寿命周期一体化的嵌入式系统的系统工程、嵌入式软件的软件工程,基于此建立嵌入技术的通用技术的理论、原理和方法,并进一步介绍可操作的工具、中间件、平台技术,介绍按照嵌入式软件系统工程、嵌入式系统的系统工程的理论和方法创立的用于实践的平台工具,以达到理论联系实际、知行合一。

介绍嵌入式系统及其软件的困难在于它们涉及多学科多门类的知识,嵌入技术是关于嵌入式系统及其软件的基础、通用技术,更是一个多学科交叉应用的领域;如果想从建立一个独立的领域的角度来著书立说,几乎是一个拓荒的艰巨任务。

2. 写作方式

这本书是在给北京航空航天大学软件学院嵌入式系研究生讲授"嵌入式软件测试技术"课程时选用的2008年编写的音像教材《实用嵌入式软件测试技术及其应用》的基础上,结合这几年新的认识和实践,从嵌入式软件测试技术扩展到一般的嵌入技术领域写作而成。

从讲授来说,嵌入式软件测试这门课有两种讲法:一种是按部就班,从一般IT计算机技术的角度,从理论性较强的,即从软件工程、软件质量、软件测试、嵌入式开发等入手,逐渐过渡到嵌入式软件测试。第二种是在新的理念基础上,原创性地从崭新的角度综合性较强地,即在建立嵌入式系统新的理念基础上,建立嵌入式系统、嵌入式软件新的理念和理论,从嵌入软件工程的角度,讲述嵌入式系统和嵌入式软件测试的各种技术入手,分门别类,再从中带出一些大家熟知的测试理论相关的基本概念,但这种写法极具挑战性。

因为不能按已成熟的一般理论、方法的教材来写,没有许多可直接借鉴的参考材料,而是要从已有的知识引导创立一门新的领域、学科的新的理论基础、原理,然后按理论、方法逐步展开,承上启下,穿针引线,讲授各种嵌入式软件的测试方法、测试技术,最后落到具体实践的工具上。所以本书只能采取类似第二种的方法。

但本书已不只局限于嵌入式软件及其测试。即使是对于嵌入式软件测试也要以发展的眼光,在讲清嵌入式系统的整体概念前提下,提出嵌入式系统及其软件的软件概念,再根据嵌入式软硬件的紧耦合性和高速确定性与外界的交互性,来研究嵌入式软件的测试。所以本书包

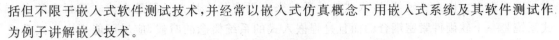

括但不限于嵌入式软件测试技术,并经常以嵌入式仿真概念下用嵌入式系统及其软件测试作为例子讲解嵌入技术。

如上所述,早期对于嵌入技术是基于IT技术的计算机软硬件方式的认识方式;在意识到要在建立新体系的基础上重新建立一个新的架构后,就得从系统论的角度,开创性地从嵌入式系统讲到嵌入式软件;而本书则是更加顺其自然地扩大视野,对于基础、通用的嵌入技术来说,则是将原来已经有一定新理论基础和实践经验的嵌入式软件测试技术当作是一个对嵌入式系统及其软件的嵌入技术描述的最基本技术、技巧之一,运用中国人东方式的智慧来展现、全面研究嵌入技术,从而开创一门新的学科。

3. 向中国传统文化学习方法论

各国科学界多年来一直向中国的传统文化学习方法论。欧盟专家 Zeltwanger,CiA 主席(ISO CAN 标准工作组主席)用中国古典哲学家的思想指导嵌入式系统标准化工作。这里汇集了他的部分解释。

孙子曰 SunZi Said

声不过五,五声之变,不可胜听也。

There are no more than five in music, yet their combinations give rise to countless melodies.

色不过五,五色之变,不可胜观也。

There are no more than five primary colors, yet in combination, they produce innumerable hues.

味不过五,五味之变,不可胜尝也。

There ate no more than five flavors, yet their blends produce endless varieties.

CANopen 之通信服务不过五,五合之变,通信应用不胜穷也。

There are no more than five CANopen communication services (SDO, PDO, special COBs, NMT, and HEARTBEAT), yet they may be combined to realize limitless communication applications.

让中国人自己也向中国的传统文化学习方法论吧!不要妄自菲薄。中国的传统文化以形而上为学、形而下为器,习惯从上至下,跳跃中整体把握,收敛中找平衡等特征为代表的系统学思想体系,加上可以将嵌入式系统软硬件当做传统阴阳,将其像太极图一体一样对待;运用到嵌入式技术中来,就建立了中国特色的嵌入技术。本书中关于嵌入式系统及其软件的系统工程、软件工程的基础理论及其应用和平台工具的嵌入技术实践就是范例。

4. 内容与名词解释

科学、理论、技术本身的含义及其关系在不同的场合会有不同的含义。

技术是科学的应用。技术是工程实践。

理论是先导,技术是理论具体的实现。

技术是理论实现的途径。

知识、科学都是来自于实践,也就是说是某种后来叫技术的形态。技术有时是某领域、某方面可操作的装置或手段;有时又与科学技术连用,带有通用、普适的意味。

嵌入式系统(embedded system)现在是大家常用的词汇了。它的定义和应用实例在第 1

章予以了列举。嵌入式硬件、嵌入式软件看起来也没有什么歧义。但是在建立起新型的嵌入式系统是一个软硬件紧密耦合的而且是强嵌入式的系统概念的时候,应尽可能用嵌入式系统及其软件、嵌入式系统及其硬件的提法来说明嵌入式软件、硬件的非独立性。在本书中即使是单独说嵌入式软件、嵌入式硬件也是建立在新概念基础上。

至于嵌入式技术或嵌入技术的两种叫法,作者采用后者。在本书中实际上主要讲述嵌入技术,既带有科学理论高度上的科学技术含义,又对嵌入技术作为一个新兴边缘学科的创立提出基本理论、原理、原则;又在此基础上进一步提出具有实践意义的可操作性的通用方法、手段,即结构化平台技术。最后介绍依据这些理论、技术而发展出的实用性和商用化中间件工具。达到理论结合实际,知行合一。参见封面上的放射图,可以看到技术有不同的层次。从核心的支持嵌入式系统硬件和操作系统级或底层的嵌入技术,通过各种实施(服务)方式,应用到各行各业,渗透到各行各业的基础、通用技术层,而不到应用层面上,停步于最后一公里。

5. 本书的内容简介

本书基本内容包括:
- 基于系统论的嵌入式系统新的基本概念;
- 基于新的嵌入式系统概念的嵌入式软件概念;
- 嵌入技术研发的基本理论和原则;
- 嵌入技术的基本测试技术和方法;
- 嵌入式在环仿真;
- 嵌入式在环复杂系统仿真;
- 嵌入式软件测试应用技术;
- 嵌入式软件工程的概念及基本理论与技术;
- 新系统科学方法论;
- 一些有代表性的嵌入技术平台工具;
- 嵌入技术应用。

每章具体内容:

第1章,从传统IT对嵌入式系统的定义入手,在新的软硬件快速发展的今天,引出新的视角,用新的观点按照计算机软硬件的发展路程诠释嵌入式系统,并对全球嵌入技术的发展,欧美中等各国嵌入技术发展战略进行了前瞻性介绍。最后介绍了嵌入技术在最新技术方向包括卫星导航、物联网、云计算、汽车电子等方向的体现与应用。

第2章,从一般软件的概念引出嵌入式软件,介绍了嵌入式软件的基本特征及其发展得越来越复杂的现象。提出嵌入式系统软硬件紧耦合的阴阳太极概念,结合嵌入式系统固有的特点进一步佐证紧耦合的特点。继而引渡到嵌入式开发尤其是嵌入式软件开发、测试的方法,更加彰显嵌入式系统的特点,从最基础的宿主机、目标机开发模式、一般嵌入式软件测试的流程,看到传统方法的局限性和困境。

第3章,在以上两章铺垫顺序基础上,提出了嵌入式系统及其软件的新理论体系。首先从传统中国思想总体方法论上结合嵌入技术进行总体设计,然后提出了嵌入技术基础理论的22个原则、原理。

第4章,依据第3章建立的嵌入技术理论,介绍在非嵌入式系统中用所谓全数字虚拟化方法仿真异构的嵌入式环境,将嵌入式系统及其软件进行系统化表现,提供全寿命周期的仿真的实时方法与手段。

第5章，依据第3章建立的嵌入技术理论，虚实结合、软硬结合，使用半数字/半物理的固件方法，将嵌入式系统及其软件进行系统化表现，提供全寿命周期的虚实结合、软硬结合仿真方法与手段。

第6章，依据第3章建立的嵌入技术理论，虚实结合、软硬结合，使用全物理的方法，将嵌入式系统及其软件进行系统化表现，在介绍嵌入式在环仿真的概念基础上，提供全寿命周期的全物理实时方法与手段。

第7章，依据第3章建立的嵌入技术理论，在第4、5、6章基础上，基于协同仿真的概念，对嵌入式系统的复杂系统以及基于嵌入式系统的复杂系统，介绍了虚拟化全数字、半数字/半物理、全物理的嵌入式在环仿真的方法与手段。

第8章，在前7章和对传统软件工程回顾的基础上，提出了第二次软件危机的概念；通过F-22、F-35项目困境的分析，在对传统系统科学、系统工程研究的基础上，提出了新一代系统科学及其系统工程方法，即超系统论和太极盒方法。并尝试将人、信息、工程三化融合，建立人类与其所在自然的基于各种工具、方法研发的大型复杂工程建立计算机辅助的工程化管理。

第9章，对至今世界上发展起来的各种工具尤其是嵌入式软件测试典型的工具进行了介绍。重点对基于本书思想体系的新型嵌入式系统及其软件的全寿命平台工具进行介绍。

最后附录1介绍了常用的构造嵌入式环境的TCL脚本语言；附录2以卫星导航定位产品与软件测评为实例介绍了按照标准进行测评的实践，帮助大家认识标准与实际工作的关系；附录3介绍了将嵌入技术平台推到云服务的实践。随书所附光盘推介了科锐时（CRESTS）系列产品的演示。

这本书不是嵌入技术的百科全书，它涉及但不详细介绍以下内容：计算机基础理论、计算机微机原理、计算机电路设计、控制理论、仿真理论、可靠性理论、软件工程理论、测试理论、软件测试理论、软件测试过程管理、软件测试标准介绍、嵌入式操作系统等。

本书认为读者应有的预备知识或边读本书边应恶补的知识：中国传统文化及其方法论，嵌入式开发技术基本知识，软件工程，软件测试，半物理仿真，系统工程等方面的基本概念和基础知识。但本书也会在一些地方结合嵌入式软件及其测试带出一些有关的基本概念和理论。

6. 本书的学习目标

通过本书的学习和讲座，应该可以掌握：

（1）自成体系的嵌入式系统、嵌入式软件的概念；

（2）自成体系的嵌入式系统及其软件设计、验证、开发、测试、仿真、确认、维护的全寿命周期基本理论、原理和方法；

（3）嵌入式系统设计、验证、开发、测试、仿真、确认、维护全寿命周期的技术；

（4）嵌入式软件设计、验证、开发、测试、仿真、确认、维护全寿命周期的技术；

（5）基于嵌入式系统的复杂系统设计、验证、开发、测试、仿真、确认、维护全寿命周期的技术；

（6）了解世界上先进的嵌入式系统及其软件设计、验证、开发、测试、仿真、确认、维护全寿命周期的方法和工具。

7. 本书适用对象

本书适用对嵌入式技术、嵌入式系统及其软件设计、验证、开发、测试、仿真、确认、维护感兴趣的学生和研究人员。

8. 鸣　谢

感谢生在中国！感谢生逢其时！感谢身边周围的领导、老师、同学、同事、客户、国内外同行、竞争对手、合作伙伴！

9. 不得不说的话

2009年就与一家出版社签了协议，后因工作忙没能履约。后2012年又与一家出版社签约，又未能按时交稿。后几次想按约定，按出版社的要求写完。出版社的要求是，按原给大学讲课而写的国内第一本关于嵌入技术测试的音像制品载体的教材，将书面形式的PPT改编成书即可。我也鼓了几次勇气，想挤点时间按这个要求完成它。但我的内心有个声音告诉我不能这样做。因为这期间我已认识到，必须打破一个旧世界，建立一个新世界，这是历史赋予我们这代人、这代中国人的使命。就是写不出来了，也不能凑合着写这本书。所以坚持再等等，等自己觉得可以拿出手了再出版。所以一直拖延到现在。

成稿于
2015年6月14日星期五
在从德国柏林经土耳其伊斯坦布尔飞往保加利亚索菲亚飞机上
修改于从保加利亚索菲亚飞往瓦尔纳的飞机上
最后定稿于新加坡
作者

目　录

第1章　嵌入式系统及其软件与嵌入技术 ... 1
1.1　嵌入式系统概述 ... 1
1.1.1　一般性描述 ... 1
1.1.2　国际电气与电子工程协会(IEEE)定义 ... 1
1.1.3　《ARTEMIS》报告定义 ... 1
1.1.4　从应用的角度看 ... 2
1.1.5　从与信息技术相关性的角度看 ... 2
1.2　嵌入式系统、嵌入式软件发展前景展望 ... 3
1.3　新的视角 ... 3
1.3.1　一部曲　嵌入技术的前世今生 ... 4
1.3.2　二部曲　军阀混战 ... 5
1.3.3　三部曲　中国人的登场 ... 7
1.4　各国竞相发展嵌入技术 ... 7
1.4.1　中国核高基 ... 7
1.4.2　欧美也启动了嵌入式技术的国家和多国合作专项开发项目 ... 8
1.4.3　工业4.0和中国制造2025 ... 16
1.5　从最新技术发展看嵌入技术 ... 17
1.5.1　从应用来看 ... 17
1.5.2　从技术上看 ... 25

第2章　软件和嵌入式软件的开发技术和测试 ... 27
2.1　软件的概念 ... 27
2.1.1　一般软件的定义 ... 27
2.1.2　软件的特性 ... 27
2.1.3　软件担当的角色 ... 28
2.1.4　软件的分类 ... 28
2.2　嵌入式应用 ... 29
2.3　嵌入式软件 ... 29
2.3.1　嵌入式软件的复杂度在增高 ... 30
2.3.2　嵌入式系统软硬件紧密耦合 ... 30
2.3.3　嵌入式系统及其软件的其他特点 ... 31
2.4　嵌入式开发技术 ... 32
2.4.1　嵌入式调试 ... 33

2.4.2　嵌入式软件调试器的实现技术……………………………………………33
　　2.4.3　片上调试(On Chip Debugging, OCD)……………………………………34
　　2.4.4　嵌入式软件调试工具………………………………………………………34
　　2.4.5　参考资料……………………………………………………………………35
　　2.4.6　ROM监控器(ROM monitor)………………………………………………37
2.5　从嵌入式软件测试开始新基本认知…………………………………………………37
　　2.5.1　对嵌入式软件测试的基本认识……………………………………………37
　　2.5.2　嵌入式软件的测试…………………………………………………………38
2.6　嵌入式软件测试的通用策略和一般流程……………………………………………39
　　2.6.1　嵌入式软件测试各个阶段的通用策略……………………………………39
　　2.6.2　嵌入式软件测试一般流程…………………………………………………42

第3章　嵌入式系统及其软件的新理论体系……………………………………………43
3.1　嵌入式系统及其软件的基本理论和原则概述………………………………………43
　　3.1.1　从嵌入式软件测试说起……………………………………………………43
　　3.1.2　嵌入式技术的基础理论……………………………………………………43
　　3.1.3　嵌入技术仿真平台建立及嵌入式系统工程的理论与方法论……………45
　　3.1.4　仿真平台及嵌入式系统工程理论与方法论的国学方法论………………45
3.2　实现的原则(原理)……………………………………………………………………46

第4章　全数字虚拟化方法………………………………………………………………62
4.1　单机系统的全数字仿真技术…………………………………………………………62
　　4.1.1　嵌入式系统及其软件开发环境的仿真方式………………………………62
　　4.1.2　传统"白盒"测试工具的局限性……………………………………………62
　　4.1.3　传统"黑盒"测试工具的局限性……………………………………………63
4.2　全数字虚拟化软硬件的分离需要考虑的方面………………………………………64
4.3　全数字仿真用于嵌入式系统及其软件的解决方案…………………………………65
　　4.3.1　全数字仿真概念……………………………………………………………65
　　4.3.2　全数字仿真工作方式………………………………………………………66
4.4　全数字仿真嵌入式软件测试的功能…………………………………………………67
　　4.4.1　外部事件仿真技术…………………………………………………………67
　　4.4.2　各种白盒测试………………………………………………………………68
　　4.4.3　汇编语言(目标码、机器码)全数字仿真…………………………………69
　　4.4.4　高级语言全数字仿真………………………………………………………70
　　4.4.5　对通用开发环境的测试支持与集成………………………………………71
　　4.4.6　全数字仿真的实时…………………………………………………………71
4.5　详论全数字仿真侵入/干预/插桩方式………………………………………………71
　　4.5.1　非嵌入式打点与嵌入式打点的例子………………………………………72
　　4.5.2　嵌入式插桩的例子…………………………………………………………74
4.6　简化的自动化单元测试………………………………………………………………75
　　4.6.1　过　　程……………………………………………………………………75

  4.6.2 环境构造器 75
  4.6.3 测试实例执行管理器 76
  4.6.4 测试报告生成器 76
  4.6.5 代码覆盖率 76
 4.7 超实时、欠实时全数字仿真 77
 4.8 软硬件协同验证全数字仿真技术 77
  4.8.1 EDA设计概述 77
  4.8.2 问题的提出 77
  4.8.3 协同仿真Co Simulation环境 77
  4.8.4 软硬件协同验证的模型开发 79
  4.8.5 里程与实施 79
  4.8.6 计划实施的时间与内容分配 80
 4.9 全数字仿真嵌入式软件测试应用适用性 80
  4.9.1 适用性 80
  4.9.2 局限性 81

第5章 半数字/半物理固件方法 82

 5.1 基于仿真目标机的嵌入式仿真(单机系统) 82
  5.1.1 原则 82
  5.1.2 软硬件分离 82
  5.1.3 构成 82
  5.1.4 基本概念 83
  5.1.5 目的 84
  5.1.6 仿真实时(Simulated Real Time)(源自原则(8)) 85
  5.1.7 特点(Features) 85
  5.1.8 开环测试 87
  5.1.9 闭环测试 87
  5.1.10 故障注入 88
  5.1.11 测试 88
  5.1.12 广义测试(源自原则(7)) 88
  5.1.13 总结 89
 5.2 基于真实目标机的半数字半物理嵌入式仿真(单机系统) 89
  5.2.1 原则 89
  5.2.2 软硬件分离 89
  5.2.3 构成 90
  5.2.4 基本概念 90
  5.2.5 目的 91
  5.2.6 仿真的实时Simulated Real Time(原则(8)) 91
  5.2.7 特点 91
  5.2.8 开环测试 91

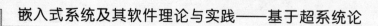

　　5.2.9　闭环测试 …………………………………………………………… 92
　　5.2.10　故障注入 …………………………………………………………… 92
　　5.2.11　测　试 ……………………………………………………………… 92
　　5.2.12　总　结 ……………………………………………………………… 92
5.3　基于原型目标机半数字仿真嵌入式仿真(单机系统) ………………………… 93
　　5.3.1　原　则 ……………………………………………………………… 93
　　5.3.2　软硬件分离 …………………………………………………………… 93
　　5.3.3　构　成 ……………………………………………………………… 94
　　5.3.4　基本概念 …………………………………………………………… 94
　　5.3.5　目　的 ……………………………………………………………… 95
　　5.3.6　仿真的实时(Simulated Real Time)(原则(8)) ………………………… 95
　　5.3.7　特　点 ……………………………………………………………… 95
　　5.3.8　开环测试 …………………………………………………………… 95
　　5.3.9　闭环测试 …………………………………………………………… 96
　　5.3.10　故障注入 …………………………………………………………… 96
　　5.3.11　测　试 ……………………………………………………………… 96
　　5.3.12　总　结 ……………………………………………………………… 96
5.4　对通用开发环境的测试支持与集成 ………………………………………… 97
　　5.4.1　测发一体化原则的应用 ……………………………………………… 97
　　5.4.2　GPS原则的应用 ……………………………………………………… 97
5.5　半物理仿真侵入/干预/插桩方式 …………………………………………… 97
　　5.5.1　侵入(干预,插桩)的基本思想 ………………………………………… 97
　　5.5.2　侵入/干预/插桩方式的功能 …………………………………………… 97
5.6　半物理半数字仿真嵌入式软件测试应用适用性 ……………………………… 98
　　5.6.1　适用性 ………………………………………………………………… 98
　　5.6.2　局限性 ………………………………………………………………… 98

第6章　嵌入式在环的全物理方法 …………………………………………… 99
6.1　对真实目标机进行实时白盒开发/测试(硬件辅助实时在线) ……………… 99
　　6.1.1　问题的提出 …………………………………………………………… 99
　　6.1.2　方案比较和基本方法 ………………………………………………… 99
　　6.1.3　软件系统的"逻辑分析仪" ……………………………………………… 102
6.2　实时仿真技术概述 …………………………………………………………… 104
　　6.2.1　概　述 ………………………………………………………………… 104
　　6.2.2　实时仿真的概念/构成实例 …………………………………………… 108
6.3　嵌入式快速原型目标机 ……………………………………………………… 111
　　6.3.1　一般仿真原型机系统构建 …………………………………………… 111
　　6.3.2　嵌入式快速原型目标机 ……………………………………………… 113
6.4　全物理仿真 …………………………………………………………………… 113
　　6.4.1　全物理仿真黑盒开发/仿真/测试原理 ………………………………… 114

  6.4.2 全物理仿真黑盒开发/仿真/测试拓扑 …………………………………… 114
  6.4.3 全物理仿真黑盒开发/仿真/测试功能 …………………………………… 114
  6.4.4 实时操作系统简介 ……………………………………………………… 116
  6.4.5 系统测试 ………………………………………………………………… 116
  6.4.6 嵌入式仿真测试环境 …………………………………………………… 117
 6.5 虚拟仪器技术 …………………………………………………………………… 117
  6.5.1 概 念 …………………………………………………………………… 117
  6.5.2 思想的形成 ……………………………………………………………… 118
  6.5.3 虚拟仪器系统 …………………………………………………………… 118
  6.5.4 虚拟仪器的组成 ………………………………………………………… 118
  6.5.5 虚拟仪器的功能 ………………………………………………………… 118
  6.5.6 虚拟仪器的特点 ………………………………………………………… 118
  6.5.7 虚拟仪器的数据采集(DAQ)方式 ……………………………………… 119
  6.5.8 虚拟仪器技术的发展 …………………………………………………… 119
 6.6 全物理黑、白盒结合(灰盒)的测试 ……………………………………………… 120
  6.6.1 如何结合 ………………………………………………………………… 120
  6.6.2 黑、白盒结合的结构 …………………………………………………… 120
 6.7 全物理仿真应用适用性 ………………………………………………………… 121
  6.7.1 适用性 …………………………………………………………………… 121
  6.7.2 局限性 …………………………………………………………………… 121

第7章 基于嵌入式系统的复杂系统 …………………………………………………… 122
 7.1 复杂系统概述 …………………………………………………………………… 122
  7.1.1 原 理 …………………………………………………………………… 122
  7.1.2 总体布局 ………………………………………………………………… 122
  7.1.3 系统框架环境 …………………………………………………………… 122
 7.2 任务调度及时序控制 …………………………………………………………… 123
  7.2.1 特 点 …………………………………………………………………… 123
  7.2.2 优 势 …………………………………………………………………… 123
  7.2.3 贯穿全生命周期 ………………………………………………………… 124
  7.2.4 构 成 …………………………………………………………………… 124
  7.2.5 特 性 …………………………………………………………………… 126
  7.2.6 详细特征 ………………………………………………………………… 127
 7.3 面向任务的工作环境建立 ……………………………………………………… 129
  7.3.1 基本概念 ………………………………………………………………… 129
  7.3.2 什么叫工作区 …………………………………………………………… 130
  7.3.3 简单历史 ………………………………………………………………… 130
  7.3.4 面向对象的访问 ………………………………………………………… 130
  7.3.5 面向最终用户的终端界面 ……………………………………………… 131
  7.3.6 面向任务的工作环境建立的 CORBA 结构 …………………………… 131

7.3.7 GUI:用户接口交互 …… 131
7.3.8 其他工具集成 …… 132
7.3.9 面向任务的工作环境建立工作流 …… 132
7.3.10 结　论 …… 132
7.4 基于全数字虚拟化的复杂系统仿真 …… 133
7.4.1 全数字仿真复杂系统概述 …… 133
7.4.2 嵌入式在环全数字超实时仿真技术概念及其原理 …… 134
7.4.3 嵌入式在环全数字超实时仿真系统架构及其应用 …… 137
7.4.4 全数字仿真平台构成 …… 138
7.5 基于半数字/半物理的复杂系统仿真 …… 140
7.5.1 半数字/半物理复杂系统仿真概述 …… 140
7.5.2 半数字/半物理仿真平台构成 …… 141
7.6 基于全物理的复杂系统仿真 …… 142
7.6.1 概　述 …… 142
7.6.2 仿真总体架构图 …… 142
7.6.3 全物理仿真拓扑 …… 142
7.6.4 全物理仿真平台构成 …… 143
7.7 可测试性与故障诊断 …… 143
7.7.1 可测试性(testability)的定义 …… 143
7.7.2 黑盒测试面临的问题 …… 143
7.7.3 故障诊断和健康管理的需求 …… 144
7.7.4 软件的可测试性 …… 144
7.7.5 可测试性概念下的单机级故障 …… 144
7.7.6 故障诊断综合管理子系统 …… 145
7.7.7 处置专家子系统 …… 146
7.7.8 可测试性及故障注入子系统 …… 146
7.8 复杂系统测试应用适用性 …… 147
7.8.1 适用性 …… 147
7.8.2 局限性 …… 147

第8章　新一代系统论及其基础上的人/机/物工程管理 …… 148
8.1 第二次软件危机——复杂性引起 …… 148
8.1.1 软件工程概念的提出 …… 148
8.1.2 工程与软件工程的概念 …… 148
8.1.3 软件工程的具体含义 …… 149
8.1.4 软件工程活动 …… 149
8.1.5 软件工程原则 …… 149
8.1.6 软件工程的基本原理 …… 149
8.1.7 软件工程生命周期 …… 150
8.1.8 软件工程框架 …… 150

目录

8.1.9 软件工程目标 ……………………………………… 150
8.1.10 软件工程本质特征 …………………………………… 151
8.1.11 软件工程的技术和方法 ……………………………… 151
8.1.12 结构化与面向对象 …………………………………… 151
8.1.13 软件开发工具和环境概念 …………………………… 152
8.1.14 软件开发过程和软件项目管理概念 ………………… 152
8.1.15 软件工程中的技术复审和管理复审 ………………… 152
8.1.16 软件工程学 …………………………………………… 152
8.1.17 结 论 ………………………………………………… 154
8.1.18 总结与发展 …………………………………………… 154
8.2 嵌入式系统及其软件工程的困境 ……………………………… 154
8.2.1 从 F-22、F-35 说起 ………………………………… 154
8.2.2 F-35 战斗机 ………………………………………… 157
8.3 系统工程 ………………………………………………………… 160
8.3.1 系统工程的概念起自对整体的看法 ………………… 160
8.3.2 系统工程 ……………………………………………… 161
8.3.3 系统工程定义 ………………………………………… 162
8.3.4 系统工程的特点 ……………………………………… 163
8.4 更一般性的广泛思考 …………………………………………… 164
8.4.1 再论系统工程 ………………………………………… 164
8.4.2 新的发展对系统工程的要求 ………………………… 165
8.5 国学指导下的方法论及新一代系统工程 ……………………… 171
8.5.1 嵌入式复杂系统困境 ………………………………… 171
8.5.2 系统工程在嵌入式系统及其软件中的实践与应用 … 172
8.5.3 超系统论与太极盒 …………………………………… 173
8.5.4 基于需求的嵌入式人/工程两化融合管理解决方案 … 173

第9章 理论结合实践——工具平台及其实施 ……………………… 177
9.1 典型工具平台 …………………………………………………… 177
9.1.1 全数字仿真工具 ……………………………………… 177
9.1.2 半数字/半物理仿真测试工具 ………………………… 187
9.1.3 嵌入式在环的全物理仿真测试工具 ………………… 192
9.1.4 复杂系统工具 ………………………………………… 203
9.1.5 嵌入式工程人/机/物管理工具 ……………………… 205
9.2 以服务为实施理论和工具平台的媒介 ………………………… 208
9.2.1 嵌入式公共服务平台 ………………………………… 208
9.2.2 云计算服务平台方式 ………………………………… 209

附录1 TCL 脚本语言教程 …………………………………………… 211
1.1 概 述 …………………………………………………………… 211
1.1.1 TCL 背景 ……………………………………………… 211

1.1.2 定 义	211
1.1.3 TCL 结构图（图中的黑方块代表组件）	212
1.1.4 TCL 语言特点	212
1.2 TCL 基础	213
1.2.1 交互方式	213
1.2.2 非交互方式	213
1.2.3 TCL 与 C++、Java 的区别	214
1.3 TCL 语法	214
1.3.1 命令结构	214
1.3.2 TCL 核心命令	215
1.3.3 注 释	215
1.3.4 数据类型	216
1.3.5 变 量	216
1.3.6 引用和置换	217
1.3.7 字符串操作	218
1.3.8 表达式综述	220
1.3.9 数字、数学表达式和数学函数的操作	220
1.3.10 控制结构	221
1.3.11 数组变量	224
1.3.12 过程和作用域	226
1.3.13 输入输出	229
1.3.14 规则表达式	231
附录 2 卫星导航定位与位置服务产品及软件测评	**233**
2.1 卫星导航定位	233
2.1.1 全球导航卫星系统	233
2.1.2 北斗卫星导航系统	234
2.1.3 导航定位产品	236
2.2 地图导航定位产品测评	236
2.2.1 测评大纲	237
2.2.2 检测指标	240
2.2.3 检测方法	242
2.2.4 导航定位设备技术性能测试	244
2.2.5 测评结果判定	246
2.3 测评的实施流程	246
2.3.1 前期准备	246
2.3.2 测评流程和执行	246
2.4 室内测试的原理（信号仿真）	250
2.4.1 功 能	251
2.4.2 性 能	252

####### 2.4.3 软 件 ……………………………………………………………… 253
2.5 白盒测试的原理及方法 ……………………………………………………… 253
2.5.1 相关背景 …………………………………………………………… 253
2.5.2 技术内容 …………………………………………………………… 254
2.5.3 应用举例 …………………………………………………………… 255
附录3 卫星导航定位与位置服务公共云服务平台 ……………………………… 265
3.1 公共服务平台 …………………………………………………………… 265
3.1.1 嵌入式公共服务平台 ………………………………………………… 265
3.1.2 基于云服务的公共服务平台 ………………………………………… 277
3.1.3 卫星导航定位公共服务 ……………………………………………… 278
3.2 云服务平台 ……………………………………………………………… 282
3.2.1 云服务 ………………………………………………………………… 282
3.2.2 卫星导航定位及位置服务公共服务平台 …………………………… 284
参考文献 ……………………………………………………………………………… 292

第 1 章
嵌入式系统及其软件与嵌入技术

1.1 嵌入式系统概述

1.1.1 一般性描述

嵌入式系统或简单叫嵌入系统(Embedded System)是将计算机硬件和软件结合起来构成的一个专门的计算装置,完成特定的功能或任务。它是一个大系统或大的电子设备中的一部分,工作在一个与外界发生交互并受到时间约束的环境中,在有或没有人干预的情况下进行实时控制。嵌入式系统由嵌入式硬件与嵌入式软件组成,硬件以芯片、模板、组件、控制器形式嵌入到设备内部,软件是实时多任务操作系统和各种专用软件,一般固化在 ROM/RAM 或闪存中;现还有 FPGA 等变种;软硬件可剪裁,适用于对功能、体积、成本、可靠性、功耗有严格要求的计算机系统中;嵌入式计算系统在硬件和软件的组合结构方面不像通用计算机那样有分明的层次,但它又五脏俱全。

1.1.2 国际电气与电子工程协会(IEEE)定义

嵌入式系统是一种用于控制、监视或者辅助设备、机器或工厂运行的设备。

1.1.3 《ARTEMIS》报告定义

嵌入式系统是从 20 世纪 80 年代和 90 年代早期的独立单片计算机(Stand-alone Single-Processor Computers)演变成 2000 年初期的具有越来越多通信能力的专用固定功能的多处理器系统。2010 年以后发展成基于标准的多处理器平台,自适应、自组织的处理器生态系统。

1.1.4　从应用的角度看

嵌入式系统主要用于各种信号处理与控制。在国防、国民经济及社会生活各领域普遍采用，可用于企业、军队、办公室、实验室以及个人家庭等各种场所：

军用：各种武器控制（火炮控制、导弹控制、智能炸弹制导引爆装置）、坦克、舰艇、战斗机、轰炸机等陆海空各种军用电子装备，雷达、电子对抗军事通信装备，野战指挥作战用各种专用设备等。

家用：各种信息家电产品，如数字电视机、机顶盒、数码相机、手机、VCD、DVD音响设备、可视电话、家庭网络设备、洗衣机、电冰箱、智能玩具，还有智能家居概念下的系统等。

工业用：各种智能测量仪表、数控装置、可编程控制器、控制机、分布式控制系统、现场总线仪表及控制系统、工业机器人、机电一体化机械设备等。

商用：各类收款机、POS系统、电子秤、条形码阅读机、商用终端、银行点钞机、IC卡输入设备、取款机、自动柜员机、自动服务终端、防盗系统、各种银行专业外围设备。

办公用：复印机、打印机、传真机、扫描仪、激光照排系统、安全监控设备、智能终端、寻呼机、个人数字助理（PDA）、变频空调设备、电视会议设备等。

医用电子设备：各种医疗电子仪器，X光机、超声诊断仪、计算机断层成像系统、心脏起搏器、监护仪、辅助诊断系统、专家系统等。

航天用：卫星、载人飞船、航天站、运载火箭等的轨道、姿态控制系统、管理系统、载荷系统等。

航空用：飞机飞行控制系统、航空电子系统、屏幕显示系统、发配电电源系统、空调系统等。

船舶用：动力控制系统、发配电系统、船载雷达系统、导航系统、空调系统等。

汽车、铁路交通用：汽车的发动机控制系统、刹车系统、防侧滑系统、导航系统、总线系统、空调系统等；铁路的信号控制系统、机车开关门系统、机车电力控制系统等。

通信用：专业模拟、数字的语音、图像的通信局端、程控交换机、网络设备、光通信设备。

广播电视用：专业录音录像、节目制造、广播传送、节目接收、转播播放、监控设备。

卫星导航定位及位置服务用：卫星信号定位集成电路、射频基带系统、卫星地面天线、手持导航系统、车载导航系统、船载导航、机载导航、卫星信号仿真测试系统、智能交通控制系统、轨道交通控制系统、地图精密测量系统、各种应用环境下的导航应用系统和产品。

1.1.5　从与信息技术相关性的角度看

嵌入式系统技术与产品凝聚了信息技术发展的最新成果，电子产品升级换代必须采用嵌入式系统。嵌入式系统是数字化电子信息产品的核心。

芯片技术、软件技术、通信网络技术等嵌入式系统关键技术的新进展也推动着嵌入式系统升级换代。

微处理器（CPU）、微控制器（ECU）、图形处理器（GPU）、各种快速信号处理器（DSP）、片上处理系统（SOC）、可编程逻辑电路（FPGA）是嵌入式系统等各类电子信息产品的硬件形式载体。

1.2　嵌入式系统、嵌入式软件发展前景展望

据有关资料统计,世界嵌入式硬件和软件开发工具市场达数千亿美元,嵌入式系统带来的工业年产值达数万亿美元。随着全球信息化的发展,嵌入式系统市场将进一步增长,中国全面信息化建设两化融合对嵌入式系统市场提出巨大需求,信息家电产品年需求量几亿台,每一类数字化家电产品需求量千万台,工业控制需求量百十万台,商用需求量几百万台……嵌入式已创造数千亿元的效益。嵌入式产品进入到生活、工作、社会的方方面面,在整个社会的信息化进程之中扮演极为重要的角色。

下面的数据引自欧盟的 ARTEMIS 嵌入式系统研究报告:

欧洲汽车产业每年大约有 5 000 亿欧元营业额,雇用了 270 万员工。今年每辆车 20% 的价值来源于嵌入式电子系统,到 2015 年将平均增加到 35%～40%。仅汽车电子的这一增长将为欧洲汽车嵌入式系统单独提供 60 万个新的工作岗位。

随着电子设备和软件技术的不断革新,越来越多嵌入式系统集成到设备中。直到 2020 年将会超过 400 亿个设备。此外,嵌入式软件在最终产品中的附加值比嵌入式设备本身成本要高出多个数量级。

大量系统开发要面临超乎寻常的挑战。将嵌入式设备集成到对日常生活非常重要的对象和系统中,可能会持续很长时间。大量异构的、交互运行的嵌入式系统元素使互操作性成为一个关键考虑的因素,而人们希望这些元素只要进行简单连接即可一起工作。

从儿童玩具到航空航天探测器,嵌入式系统已渗入到生活的各个方面,这些产品会从它们的嵌入式智能中获得更多的附加值。同样,因为使用了嵌入式系统,这些产品的可靠性、安全性也提高了,人们对嵌入式系统的依赖会与日俱增,但是对潜在的故障、安全性以及隐私保护的关注程度也会增加。

1.3　新的视角

以上是平铺直叙、四平八稳、滴水不漏式的教科书式的对嵌入式系统的概述方法,绝无失误,是一种以计算机行业为出发点的泛泛的介绍。

除此之外,如从一个独立的学科的角度介绍,还应该增加这样一针见血的介绍:嵌入(式)系统是计算机软件、硬件紧耦合系统。之所以能自成一体是因为这种紧耦合性和时空的高速确定性。而这种紧耦合性和高速确定性实际上引发了一场革命,从而会诞生一系列新的边缘学科,包括嵌入式系统及其软硬件以及相关学科,这些学科都要重新认识和建立。

一般从 IT 技术角度上来说,嵌入式系统主要完成信号控制,其体积小、结构紧凑,可作为一个部件嵌入到所控制的装置中,提供用户接口以管理有关信息的输入输出,使设备及应用系统有较高智能和性价比。嵌入式系统由嵌入式硬件与嵌入式软件组成,硬件以芯片、模板、组件、控制器形式嵌入到设备内部,软件是实时多任务操作系统和各种专用软件,一般固化在 ROM 或闪存中。软硬件可剪裁,适用于对功能、体积、成本、可靠性、功耗有严格要求的计算机系统。

一般嵌入式系统和嵌入式软件所含的关键和基础、通用技术,通常叫作嵌入式技术或嵌入

技术。在本书中叫作嵌入技术。

打破 IT 的直觉思维习惯,换一个思维,从新的理念上看嵌入技术。

1.3.1 一部曲 嵌入技术的前世今生

1. 前 言

嵌入技术、嵌入式系统和嵌入式软、硬件要从非嵌入式说起。

从人类对自然界征服过程的里程碑看,计算机的发明是人脑的外延;IT 技术主要是人脑的活动,是人类社会里的问题解决辅助工具;而嵌入技术的发展使得人借助大脑将五官及四肢的外延成为可能,使得人类在与自然界打交道过程中变得游刃有余。

2. Pad 之争

个人 PC 时代时 Wintel(Windows+Intel)打败了苹果 Apple。现在 Arm+Android (A2) 又在新的智能移动终端领域打败了 Wintel。首先是在移动终端领域,后又在手持终端 PND,包括个人娱乐、游戏体验、上网冲浪,直至平板计算机(可以叫轻笔记本计算机),直接危及了 PC 领域。加上苹果卷土重来,以其习惯的自我封闭政策,即自己开发软件和硬件以及操作系统,乃至直销专营店,iPad、iPhone 和 iTouch 重夺市值首榜(庆幸的是 Laptop 用的芯片还是 Intel 的,正在考虑用 ARM)。

一直只做软的(除了游戏机)微软也做起了硬的,Surface 使用 Win8 效仿苹果和 Android,以支持 Pad 触摸屏方式的新的操作系统,仍用 Wintel 模式,自己冲上第一线;同时 Acer(宏基)也用 Wintel 模式,自己冲杀进了这一领域。ASUS(华硕)用 A2 模式冲杀进了这一领域。

3. 强弱嵌入式

Win CE、Windows Mobile、Embedded XP 早就是微软向嵌入式进军的一点尝试,但没能深入;连累 Wintel 阵营的 Intel 也未能在功耗小、速度快的嵌入式特征的通用芯片上及早下功夫。

当想向微软挑战的 Google 和想向 Intel 挑战的 ARM 一拍即合,悄然登场,以并不强大的阵容但全放开的方式抢占了看似农村的智能移动终端领域。ARM 自己从不生产,都是特许生产;Google 自己也没功底,拿开源的 Linux 改了改,以自己的品牌和对网络世界的影响,做了 Android(开源免费的),这个及其低廉的平民组合掀起了计算机界的智能终端民主风暴,从而夺取了城市。

Windows 操作系统对资源的管理方式是非即时响应,自身也愈来愈庞大。在 CPU、内存、显示器等硬件越来越强大,价格下降的摩尔定律下挥霍着硬件资源;但在移动终端应用方面,对电源能耗要小、存储空间受限、体积要小等部分轻薄快小等嵌入式特征呼唤着更小的操作系统,苹果 OS、Android 操作系统和更省电的 CPU(ARM)应运横空出世,这些轻薄快小的要求符合嵌入式的部分特征;但没有实时和确定性反应和处理的要求,关键是没有与计算机外界太多和较快的需求,只能称之为较弱嵌入式。

但代表着最具有嵌入式特征的实时确定性响应以及低功耗、窄空间等的嵌入式软硬件从 8 位 31、51、8086 系列到 16 位 196、286、386ex 系列,到了 32 位 DSP、PPC、ARM、Pentium 系列,以 Vxworks 为代表的嵌入式操作系统(RTOS,Read time OS)和无商业化或明显 OS 特征的嵌入式裸机,在人类五官传感器反应及处理的极限以外,以软硬件紧密契合的方式,以毫秒(ms,10^{-3} s)、微秒(μs,10^{-6} s)、纳秒(ns,10^{-9} s)、皮秒(ps,10^{-12} s)、飞秒(10^{-15} s)的非人类生理反应量级,以 CPU 硬件承载软件计算(模拟大脑),硬件有形行动,执行输出计算指令,对外部世界产生动作(四肢)然后再用位置信息资源(五官)感知世界,为判断形式提供依据,再次进行新一轮轮回,这种轮回的程度较之非嵌入式非常频繁而时间间隔为非人类反应量级以上。这可称为强嵌入式,也就是一般意义上常说的嵌入式。

以上的行为特征完全不同于以往对叫 IT 的计算机世界。传统 IT 与自然界不交换,自我封闭,注重人本身和人与人的交往过程。而嵌入式产生了一个崭新的世界和学科,据此可以创立了一个崭新的理论。

1.3.2 二部曲 军阀混战

观察世界竞争态势的软硬件生态环境,进一步对以上观点进行佐证。

1. 硬的硬软的软

非嵌入软件由于与硬件无关,通过 BIOS 软硬件一刀两断,可以在 Windows、Unix 上直接运行,并且可以看得见、摸得到(有显示器、有鼠标、有键盘),相对来说可以方便地、并且只需研究软件本身的特性,进行开发工作并直接运行即可,而不必关心软件运行的硬件与软件的关系(可能硬件的配置特性影响到软件运行的速度而已)。以 Microsoft、IBM、Oracle、SAP、HP、SOHOO 为代表。生产处理器等硬件的厂商只管发展硬件,CPU 硬件按照摩尔定律在快速发展,以 Intel、TI、AD、Freescale 等厂商为代表。

2. 擦边球

微软试图从软件方式接近嵌入式领域,出产了 Windows Embedded XP、Windows Mobile 所谓的嵌入式操作系统,但由于本身体积庞大,运行缓慢,是一种非常弱化的嵌入式操作系统,而支持的 CPU 也只有 Intel X86 和 ARM 芯片。

3. IBM

IBM 已成功地的从一个卖 PC、服务器的硬厂商转型为一个世界上最大的软件及其服务厂商,其软件产品已包括数据库(DB2,Infomix)、网络化工具 Websphere 等,尤其是软件工程化产品 Rational,但只有 RTRT 的测试工具(最近收购的 Telelogic 的 Logiscope 也类似)与嵌入式有关,只支持 Vxworks 操作系统的应用等有限场景。还有 UML 的设计工具 ROSE(老名字)、Rapsody,可以进行图形化建模,支持有限条件的嵌入式场景的原理性、过程性、算法仿真及设计,但不是最终实现。

4. 嵌入式操作系统 RTOS 军阀混战

以风河 WindRiver 公司为代表的 RTOS(嵌入式实时操作系统)VxWorks 及开发工具 Tornado/Workbench 曾经是世界占有率最高的 RTOS,号称嵌入式领域的微软,但其营业额也只有十几亿美元,近些年来市场占有率急剧下降。QNX,Greenhills,DDC-I,RTEMS,嵌入式 Linux 等众多 RTOS 各占一块天地。Intel 收购了风河公司,以期能在移动智能终端等嵌入式领域站得一席之地,与 ARM+Android 进行竞争,但目前收效甚微。前面提到过 Intel 收购了 Semics 公司,塞给了风河,想在新 CPU 出来之前,使用虚拟技术以一定提前量开发 RTOS。Semics 为了其在一款新芯片没正式投放市场之前验证在新芯片上开发的 VxWorks 操作系统的功能,重点模拟许多硬件特征以便实现板极支持包 BSP,运行 Workbench,交叉编译后下载到虚拟目标机上。出于这种目的,Semics 并不注重记录软硬件过程、测试和支持全寿命周期。

国产 RTOS 以中航航电子公司北京科银京城技术有限公司的 DORE 系统、船舶 716 所以 RTEMS 为基础为龙芯开发的操作系统、航天科技集团以 RTEMS 为基础开发的 RTOS 为代表。

5. 开发工具底端市场

仿真器等硬件主体的嵌入式开发工具只是最基本的直观嵌入式软件开发调试工具,价值不高,技术含量低。调试对象只是较小的模块和单元,开放性较差。

6. 软件测试工具

现有的国内外软件测试工具都仅是单元级的、针对非嵌入式的,体现了西方哲学方法论指导下的西医式的解决方法,如 Purify、Parasoft、MaCcabe 等。而其实勉强算作做嵌入式测试的少得可怜,只有 VectorCast 是裸 CPU 方式的支持交叉编译器的准嵌入式单元测试工具;IBM 的 RTRT、Logiscope 只能支持使用 VxWorks 系统的单元测试;Codetest 是实时在线由硬件接入 CPU 总线的系统级测试工具,是可以当作强嵌入式的,但已停产。以上工具一般都只是一个公司只做一款产品,公司规模也很小(十几人);更没有任何解决方案的概念。国内有些公司拿非嵌入式产品作为打点器尝试在嵌入式软件做单元测试。

7. 世界级嵌入式系统公司

实际上在洛克希德·马丁、波音、空客、马可尼、阿莱尼亚、达索、EADS 等大公司中肯定在使用一些系统级的系统化的嵌入式解决方案,并形成了各自的体系和规模。但一是保密,外人无从得知;二是未能形成商业化模式和产品;三是未能在嵌入式软硬件方面提出任何有价值的系统的思想和方法及商业化工具。

8. 半物理仿真

传统的半物理仿真、半实物仿真没有嵌入式的概念,只是对仿真模型在没有引入真实 CPU 非嵌入式概念下,对物理事件本身功能性、原理性的数学仿真。

究其原因,没能看到嵌入技术的根本性变化,未找到嵌入技术知识表达的恰当方式,未找到一条通向嵌入技术的宽广大道,没有找到大规模的赢利模式。

9. 产业链(食物链)现象

从 IT 软件看有 3 种:一是基础软件,包括 Windows 之类的操作系统;二是中间件,例如像 IBM、甲骨文这样的公司所提供的软件;最后一个是下游应用软件。

IBM 把它的 PC 业务卖掉,因为它要集中所有精力去做中间件,而中间件的行业本质就是要囊括所有中间件(包括管理、构建和运行三大块),一个都不能缺。

这样做的竞争优势就是囊括所有中间件的管道会使得下游用户必定要经过这个唯一的中游才能接触到上游,因此下游软件越多,中游越赚钱。

1.3.3　三部曲 中国人的登场

其实嵌入技术的精华在于应对人身的五官传感器已不能反应和处理的现实世界,即毫、微、纳、飞、皮秒的时间。对于这类时间,人类发明了叫嵌入式系统的东西,要在这类时间的瞬间代表人类大脑的嵌入系统与外界交互,是人类五官和四肢的延伸,完成人类赋予的使命和任务,包括洗衣服、拍照、驾驶汽车快速奔驰,开轮船下海远洋,开飞机上天,用火箭将航天飞行器送入太空,用2G、3G、4G等网络进行移动通信等;更别说坦克、自行火炮、直升机、导弹、雷达等各种军事装备,都是人发明的但又是人所不能用直觉管理的,就要求有这类时间的类似快照、高速摄影一样功能的工具,帮助人类完成这类系统,即嵌入系统的开发。

除了大脑表现为嵌入式计算机软硬件外,五官、四肢是非嵌入式非计算机系统,但它们与大脑一起构成了一个完整的功能强大的不可分割的系统。怎么以嵌入式系统为核心,嵌入式软硬件体现的始终(嵌入式在环),并且与相关的非嵌入式系统一起考虑将可能是其他工具建立的模型或系统并集成,是中国人独有的方法论的体现。

1.4　各国竞相发展嵌入技术

1.4.1　中国核高基

核高基是中国的一个国家级信息技术开发项目的名称,与863、973类似。2006年中国国务院公布了项目计划,2009年开始在工业和信息化部的主导下启动实施。核高基的预算规模相当大,2020年之前的预算总额超过了300亿元人民币。每年的预算约为30～40亿元。

那么,核高基到底在开发什么技术呢? 其名称已经明确了开发内容。核高基是"核心电子器件、高端通用芯片及基础软件产品"的简称,"核"表示核心电子器件,"高"表示高性能通用处理器,"基"表示基础软件。该项目意欲覆盖计算机科学领域的整个硬件及软件。核高基涉及的课题非常广泛。包括微处理器、OS、开发工具、DSP、SoC平台、IP内核、EDA工具、DBMS及中间件等。领域方面,IT自不必说,还涉及汽车、国防及宇宙开发等与嵌入式技术有关的多个领域。尽管核高基是从2009年开始实施的,对于以前就启动的多个项目,中国政府也通过核高基提供了新的资金支持,目前已取得多项研发成果。

"核高基"重大专项中,基础软件产品部分涵盖高可信服务器操作系统、安全易用桌面操作系统、实时控制类嵌入式操作系统、网络业务类嵌入式操作系统、大型通用数据库管理系统、网络应用服务中间件、办公与文档处理软件、基础软件重大信息化应用8个大项目,共21个子课题。研发周期截至2010年底。

与嵌入技术有关的一部分研究课题情况如下:

"实时嵌入式操作系统及开发环境"课题由普华基础软件股份有限公司联合浙江大学、华东计算技术研究所、华东电脑、科银京城、华东师范大学和湖南大学等国内汽车电子顶尖研发机构,结合以上汽、一汽、奇瑞、联创为代表的国内各大整车厂商、零部件厂商共同承担,旨在为国产汽车电子的应用开发提供基础软件支撑,提供一站式的应用开发和平台使用的支持服务。

据了解，这些课题承担单位将依托核高基重大专项形成国内整车厂和科研院所的技术联盟，建立国产汽车电子软件规范和体系，打破国外技术壁垒，从而实现汽车及汽车电子行业的跨越式发展。

"国产中间件参考实现及平台"课题由中创软件工程股份有限公司牵头，联合北京大学、北京航空航天大学、国防科学技术大学、中国科学院软件研究所、南京大学、西安交通大学、深圳金蝶中间件有限公司、北京东方通科技发展有限公司和北京中和威软件有限公司共同承担。该课题旨在研究网络计算环境下支撑构件化、服务化复杂应用系统的一体化运行平台的能力界定、体系结构和核心关键技术，制定国际兼容、具有自主知识产权的构件化、服务化的软件运行平台标准体系，并开发其参考实现和网络应用软件运行平台，为支持国产中间件软件在若干国家重大信息化工程中获得关键性、持续性应用提供基础性资源和设施。

中国工信部的发布资料显示，在核高基的支持下取得的开发成果包括：由国防科技大学开发、2010年11月在"TOP500"中排名全球第一而令人记忆犹新的超级计算机"天河一号A(Tianhe－1A)"，该大学开发的用于国防领域的高安全性OS"银河麒麟(Kylin OS)"，中国科学院开发的MIPS微处理器"龙芯(Godson/Loongson)"，以及中国电子科技集团公司第十四研究所与清华大学联合开发的多核型DSP"华睿一号"等。

此外，作为"中国版Android"，中国移动的智能手机平台"Ophone"以前曾引发过热门话题，该平台的开发同样得到了核高基的预算支持。

在汽车领域，中国电子科技集团直属软件开发企业普华基础软件（中国电子科技集团为中国政府直属企业）在核高基的预算支持下开发出了符合AUTOSAR标准的软件平台，目前中国的四大汽车厂商之一——第一汽车及上海汽车等正面向混合动力车控制系统等用途对其进行评测。

1.4.2 欧美也启动了嵌入式技术的国家和多国合作专项开发项目

欧洲及美国早在几年前，直接涉及目前已在嵌入技术领域成为全球性课题的"软件大规模化与复杂化"，以及"如何确保系统的安全性与可靠性"等软件工程、复杂系统方面的课题。

相继启动了以嵌入式技术为重点的国家项目。这些项目包括美国的"CPS(赛博空间，信息物理系统，Cyber Physical Systems)"，以及欧盟EU的嵌入式智能系统高级技术研究项目"ARTEMIS(Advanced Research & Technology for Embedded Intelligence and Systems)"。

1.4.2.1 美国CPS

随着嵌入式系统发展的日新月异，嵌入式系统在许多高精尖领域发挥着巨大的作用。但是由于人们对计算世界和物理世界缺乏全面认识，导致目前的嵌入式系统还不能对物理世界实现高效的"感、执、传、控"。因此，新一代嵌入式系统必须将计算世界和物理世界作为一个紧密交互的整理来进行认知，实现一个集计算、通信与控制于一体的深度融合的理论体系与技术框架，这就是信息物理系统(Cyber Physical System, CPS)，如图1.1所示。

21世纪初，国际学术界基于嵌入式系统提出的信息物理系统的概念，与传统的嵌入式系统不同。信息物理系统着重考量计算部件与物理环境的有机融合，将现有的独立设备进行智能化链接，实现自适应的组网与交互，从而使系统之间实现相互感知、有效协同，根据任务需求

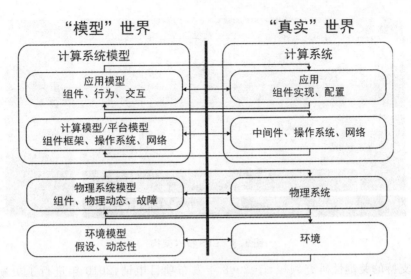

图 1.1 模型世界与真实世界

对计算逻辑进行自动调整与配置。计算设备可以更精确地获取外界信息并实时做出针对性、智能化的反应,提高计算性能与质量,提供及时、精确、安全可靠的服务与控制,实现物理世界与信息世界的整合与统一。CPS 概念架构如图 1.2 所示。

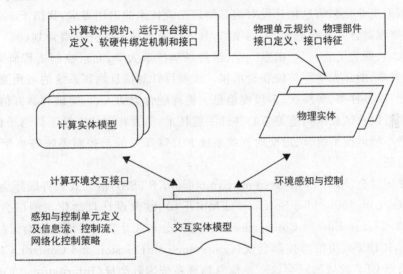

图 1.2 CPS 概念架构

CPS 自提出以来,短短数年间就获得国内外大量专家、学者的关注,被视为继计算机、互联网之后的又一重要里程碑,是国际信息技术竞争力新的制高点之一,被认为是未来 20 年乃至 21 世纪最重要且最有可能改变人类社会的研究领域之一,具有重大战略意义。CPS 技术架构如图 1.3 所示。

美国总统科学与技术顾问委员会于 2007 年 8 月把信息物理系统作为网络与信息技术领域的第一优先发展方向。美国国家科学基金委员会,美国网络和信息技术研究开发计划以及军方等国家科研管理机构近几年联合推出的研究计划,从基础理论、方法工具和应用平台等方面展开全面研究,面向重要应用领域进行分析验证。美国国家科学基金委员会将信息物理系

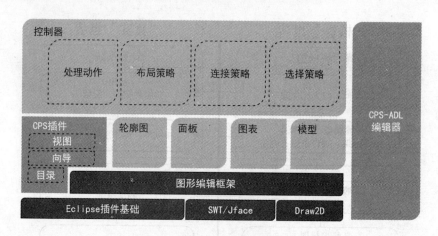

图 1.3 CPS 技术架构

统列为重点支持的关键性研究领域,于 2008 年发布项目申请,2010 年进行了更新和补充;美国网络和信息技术研究开发计划针对信息物理系统投入数亿美元经费,组织加州大学伯克利分校、卡耐基梅隆大学、麻省理工学院、范德堡大学、伊利诺伊大学香槟分校等高校以及 IBM、波音、霍尼韦尔、通用公司等企业联合展开信息物理系统的设计、集成技术以及运行支撑平台的研发。

为满足国家工业化和信息化建设对信息物理系统技术的迫切需求,我国于 2012 年启动了《面向信息—物理融合的系统平台》主题项目,列入国家高技术研究发展计划(863 计划)之中,由华东师范大学、西北工业大学、南京大学、国防科学技术大学、北京控制工程研究所、北京交通大学、清华大学、浙江大学等单位联合承担。该项目针对信息物理系统的可预测性和高可靠性等关键特征,以多种类、多层次、多尺度信息—物理融合为切入点,突破和掌握信息物理系统建模、开发、运行以及试验床构造等核心共性关键技术、研发相应的支撑工具与平台,并系统化地在亨氏交通车辆运控系统、轨道交通列控系统和月球车导航与控制系统等典型应用案例上进行示范性验证。

实时系统研讨会(Real Time Systems Symposium,RTSS),嵌入式软件国际会议(International Conference on Embedded Software,EMSOFT)、欧洲设计自动化与测试会议(Design, Automation & Test in Europe Conference,DATE)、分布式计算与系统国际会议(International Conference,ICDCS)、决策与控制会议(Conference on Decision and Control,CDC)等,近年来连续开展关于 CPS 领域国际会议——信息物理系统国际会议(International Conference on Cyber Physical Systems,ICCPS)更是热门,在短时间内已成为学术界重点关注对象,呈现出蓬勃的生命力。

1. CPS 建模

典型的 CPS 建模通常需要考虑到物理环境、软硬件平台和网络模型。此外,在这些模型中还需要进一步考虑软件调度、网络延时、功耗能耗等一系列功能与非功能的因素。如何设计一个统一的建模框架,以便准确刻画开放环境下控制和计算的有机融合,是 CPS 领域面临的一个挑战。CPS 建模过程如图 1.4 所示。

模型融合 由于 CPS 既包含物理部件又包含计算部件,因此该系统牵涉多种不同类型的

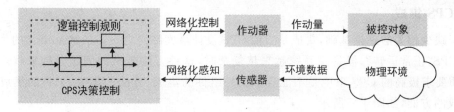

图 1.4 CPS 建模过程

计算模型。如何在统一的框架下使用多种计算模型来同时对 CPS 进行建模,是 CPS 领域的一大难点。

建模语言 目前在学术界和工业界出现了一批针对 CPS 特性的建模语言。例如,由加州大学伯克利分校爱德华·李(Edward Lee)等人设计开发的 Ptolemy Ⅱ 就是一种针对异构系统离散与连续行为可视化建模的框架。它所采用的角色模型(Actor Model)支持离散的自动机与连续的模态建模。另外,MathWorks 公司开发的 Simulink 和 Stateflow 作为 Matlab 的重要组成部分,提供了一个动态混成系统建模、仿真、分析与综合的集成开发环境。其离散控制部分由 Stateflow 描述,连续动态部分则依靠各种线性、非线性求解器。Modelica 协会开发的开源工具 OpenModelica 已被成功运用在机械、热力、控制、电力和其他面向过程的复杂系统建模中。在电子设计自动化领域,SystemC 广泛用于系统级设计,支持软硬件系统早期的体系结构探索与协同设计。由于引入了对模拟器件的仿真功能,SystemC AMS 有着较强的优势。PTIDES[5]是爱德华·李等人提出的一种基于离散消息模型的语言,它被认为是一种有效的分布式 CPS 建模语言。PTIDES 基于时间戳进行通信,利用网络时间同步来提供全局一致的时序。CPS 建模语言如图 1.5 所示。

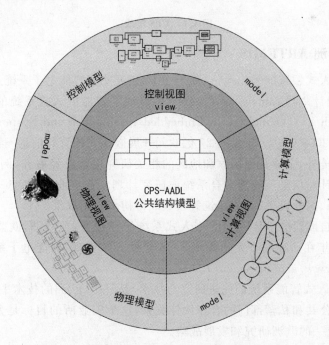

图 1.5 CPS 建模语言

2. CPS 集成

由于缺少相关的理论基础,集成是目前 CPS 设计最大障碍之一。虽然 ad hoc 的集成方法能够使 CPS"正常运转",但是当系统越来越复杂时,这种方法带来的问题会越来越多。这对安全品质要求极高的 CPS 来说是不能容忍的。组件的集成、方法的集成、工具的集成等都是 CPS 集成的方面,如图 1.6 所示。

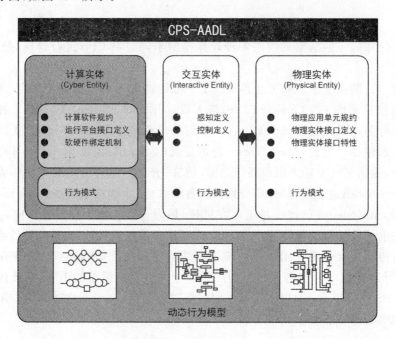

图 1.6 CPS 集成

1.4.2.2 欧洲 ARTEMIS

为了保持在嵌入式领域的领先地位,并于 2016 年还能在智能电子系统上占据全球领导位置,欧盟的第七框架计划(Framework Program7)启动了智能嵌入式系统的先进研究和技术(Advanced Research & Technology in Embedded Intelligence and Systems,ARTEMIS)项目。该项目计划在 2008~2017 年投入 27 亿欧元开展嵌入式计算与信息—物理融合系统相关技术的研发。除欧美外,全球其他国家和地区的相关研究也都已经展开,例如日本、韩国等国在近年先后设立了针对信息—物理融合系统的研究计划。在工业界,信息—物理融合系统已经在汽车电子、电网、医疗设备、智能建筑等领域取得初步应用成果。

下面的数据引自欧盟的 ARTEMIS 嵌入式系统研究报告:在欧洲,欧盟 ARTEMIS 项目于 2007 年至 2013 年在研究与开发上投资了 54 亿欧元来实现"智能电子系统的世界领先地位"(网址:http://www.artemis-ia.eu/)。

ARTEMIS(嵌入式智能系统的先进研究与技术)是一个"欧洲的技术平台"。这是一个由欧洲工业所领导的公共和私营部门的合作伙伴关系,这个工业所的目标是为嵌入式系统确立和执行一个连贯、统一的欧洲研究和发展战略。

这一项目旨在促进以下方面的合作:嵌入式系统架构、设计、标准和为欧洲供应商提供新的市场机会。

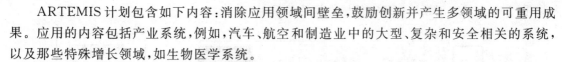

ARTEMIS 计划包含如下内容:消除应用领域间壁垒,鼓励创新并产生多领域的可重用成果。应用的内容包括产业系统,例如,汽车、航空和制造业中的大型、复杂和安全相关的系统,以及那些特殊增长领域,如生物医学系统。

除了集中精力优先推动研究外,共同的目标就是鼓励技术开发的一致性、兼容性和协同性。

研究领域主要涉及 3 个部分:参考设计和构架,无缝连接和中间件,系统设计方法和工具。这些都是嵌入技术领域的巨大挑战。

1. 嵌入式系统架构

嵌入式系统架构的巨大挑战与一个通用框架的开发相关,这使框架中的要验证的组件集不需过多的关于内部结构的组件实现的假设便可互相操作。

嵌入式系统体系结构将涉及下面的研究课题:

构架:可组合性、结构化服务、继承性集成(硬件退化)、结构描述语言(ADL)。

网络:片上网络、通信原语、确定性、可测性、可诊断性。

2. 系统设计

系统设计的最大挑战是为预验证异构组件中的动态嵌入式应用设计开发设计方法论的相关工具。

系统设计涉及下列研究课题:

方法和工具:自动化软件同步;基于平台的设计;中间件;操作系统;结构化编译;集成设计环境;虚拟设计分析。

中间件技术对开发分布式应用非常必要。只有如此,设备和设备集的可扩展性和可靠性才能得到保障。

无缝连接和中间件:在未来嵌入式系统模型中无缝连接是很重要的因素。包括中间件、操作系统和连接被网络节点监控的现实世界到更高的应用层的功能。

ARTEMIS 项目的一个主要想法是要克服分裂,消除应用领域之间的壁垒从而达到整合这个行业,分享当今独立的跨部门的工具和技术的目的,并建立一个新的嵌入式系统产业来提供适用于更广泛的应用领域的工具和技术。

主要应用环境

A:产业系统

大型、复杂和安全相关的系统,包含汽车、航空航天、医疗、智能制造和特殊增长领域如生物医学;

B:移动环境

当智能手机和可穿戴设备发生移动时,嵌入式系统为用户提供信息和相应的服务;

C:私人空间

如住房,汽车和办公室,为它们的乐趣、舒适、健康、安全和照明提供更好的平衡系统和解决方案。

D:公共基础设施

主要的基础设施如机场、城市和高速公路,包括有利于公民的大规模调度系统和服务(通信网络、能量分布、智能建筑、……)。

图 1.7 表示应用领域和研究领域之间的关系。

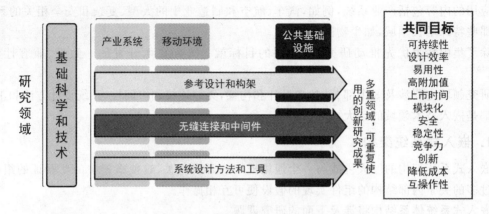

图 1.7　研究领域与应用领域

其他一些子项目：

ASP1：与安全相关的嵌入式系统的研究方法和进程；

ASP2：嵌入式系统在医疗保健和福利方面的应用；

ASP3：嵌入式系统在智能环境方面的应用；

ASP4：嵌入式系统在制造和工序自动化方面的应用；

ASP5：嵌入式系统在计算平台方面的应用；

ASP6：嵌入式系统在与安全相关的基础设施保护方面的应用；

ASP7：嵌入式系统支持可持续的城市生活；

ASP8：以人为本的嵌入式系统设计。

ARTEMIS 项目 2008 年和 2009 年的战略研究议程图分别如图 1.8 和 1.9 所示。

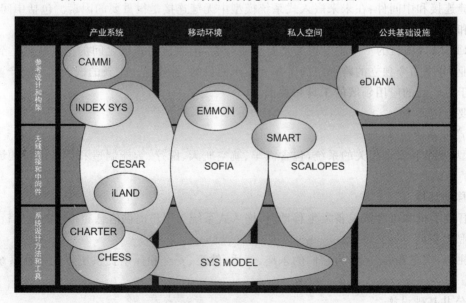

图 1.8　ARTEMIS 项目 2008 年战略研究议程图

第1章 嵌入式系统及其软件与嵌入技术

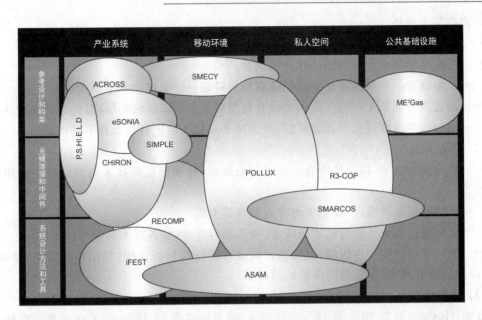

图 1.9 ARTEMIS 项目 2009 年战略研究议程图

重大研究领域还包括:

A. 认知的自动适配人机接口

认知的自动适配人机接口旨在介绍一个操作员在控制台进行控制的共同认知方法,以便任何工作量超过了操作员能力时都应该被反映到卸载或自动化、非关键性、耗时的任务上。这将使控制操作员和系统之间共享这种控制,允许操作员将关注点放在至关重要的任务上。

B. 异构系统的设计和开发

SYSMODEL 将为异构系统的设计和执行开发支持建模工具,时间和力量是异构系统的关键因素。SYSMODEL 的重点是重复使用现有的模型并且将它们集成到一个异构系统里面。

欧盟投资 48 亿欧元启动电子器件与系统联合技术计划。2013 年 7 月 10 日,欧盟委员会宣布在 2014—2020 年向科研与创新投资 225.79 亿欧元,其中电子、创新药物、航空、生物工业、燃料电池和氢五大联合技术计划(JTIs)获得 175.15 亿欧元,而推动器件、系统的设计与制造能力的"欧洲电子器件与系统领先联合技术计划"(ECSEL JTI)成为最大的赢家,共获得 48.15 亿欧元(约占五大 JTIs 累计经费的 27.5%,占此次总经费的 21.3%)。ECSEL JTI 是 2013 年 5 月发布的《欧盟微/纳米电子器件与系统战略》的一项关键举措。它合并了 2008 年启动的 ARTEMIS 嵌入式系统计划和 ENIAC 纳米电子计划,并将智能系统的研究与创新纳入计划的范围。ECSEL JTI 有望于 2014 年初启动,为期 10 年。它将汇集 25 个欧盟成员国的大小型公司、具有世界领先水平的欧洲科研与技术组织和学术界,尤其是嵌入式智能系统先进研究与技术产业协会(ARTEMISIA)、欧洲纳米电子行动协会(AENEAS)、欧洲智能系统集成联盟(EPoSS)三大私立产业协会。

(1) 主要目标

——扭转欧盟在全球电子器件与系统领域市场份额的下滑趋势;

——保持欧盟在嵌入式系统、半导体设备与材料供应、复杂电子系统以及节能电子器件的设计方面的领先优势；

——改善环境，提高能效和安全性；

——在网络物理系统等创新领域开展创新；

——汇集欧盟的顶级人才来共同创建高效的科研与创新解决方案；

——通过支持创新中小型企业和加强具有发展前景的新领域的集群，构建欧洲产业格局；

——通过长期战略研究与创新议程，为支持下一代关键创新技术打下基础；

（2）预期益处

——提供关键技术，以支持所有经济部门的创新，并确保这些技术得到最好的利用，促进经济增长；

——支持欧盟在环境、产业竞争力方面的政策实施；

——克服进行有效科研与创新的障碍，吸引私营资本，使各方人员参与科研；

——为产业界创建一种机制，以确定长期战略研究与创新议程，利用私营资本，推动知识共享，降低风险和成本，缩短投向市场的时间。

（3）经费情况

欧盟 Horizon 2020 将资助 12.15 亿欧元，成员国匹配 12 亿欧元，而产业界则贡献 24 亿欧元。管理成本不能超过 4000 万欧元，由欧盟和产业界共同负担。

（4）管理结构

ECSEL 将由一个独立的公私合作团体管理，由管理委员会负责做出战略决策，而由参与成员国与欧盟委员会成员组成的公共权威机构理事会负责资助决策。私营成员则确定战略研究与创新议程。

（5）当前 JTIs 取得的成就

2008—2012 年间，ENIAC 和 ARTEMIS 联合技术计划共支持了 100 多个项目，资助金额超过 28 亿欧元（欧盟和成员国共投资 11.26 亿），涉及 2000 多家机构，其中 40% 为中小型企业，30% 为大型企业，30% 为科研与高等教育机构。

比如 ARTEMIS 的最大项目为"安全相关嵌入式系统的成本有效方法与过程"（CE-SAR），它为汽车、航空、铁路等关键交通领域开发了超可靠的嵌入式系统。ENIAC 的一个成功范例是 E3Car 项目，它利用先进半导体器件克服了电动汽车的主要挑战，某些器件的能效提高了 35%。

两者的合并将以各自的优势为基础，并支持与其他领域的协调。ESCEL JTI 将支持欧洲在电子器件与系统方面的综合战略，建立可持续的电子器件与系统产业生态系统，为欧洲相关人员提供有效的方式紧跟技术的发展。

综上所述，无论是中国的核高基，还是欧美的 CPS、ARTEMIS，都向着为解决日益严峻的嵌入技术新发展的挑战，企图发展出基于通用框架的承前启后的一揽子解决方案。

本书要建立的基本理论和方法也正是试图解决这一世界难题。

1.4.3 工业 4.0 和中国制造 2025

工业 4.0 是德国联邦教研部与联邦经济技术部在 2013 年汉诺威工业博览会上提出的概念。简单地说，它描述了制造业的未来愿景，提出了继蒸汽机的应用、规模化生产和电子信息技术等三次革命后,人类将迎来以信息物理融合系统(CPS)为基础,以生产高度数字化、网络化、机器自组织为标志的第四次工业革命。实际上没有什么更新的东西,只是德国尤其是中欧试图保持其制造业的领先地位的举措。

如果要按照工业4.0的概念套,中国现在处在1.0到4.0混合的状态。中国又要弯道超车了。

2015年5月19日,业界翘首以待许久,中国版的"工业4.0"规划——《中国制造2025》终于落地。国务院印发《中国制造2025》,部署全面推进实施制造强国战略。这是中国实施制造强国战略的行动纲领。

1.5 从最新技术发展看嵌入技术

一般IT技术角度上来说,嵌入式系统主要完成信号控制,其体积小、结构紧凑,可作为一个部件嵌入到所控制的装置中,提供用户接口以管理有关信息的输入输出,使设备及应用系统有较高智能和性价比。嵌入式系统由嵌入式硬件与嵌入式软件组成,硬件以芯片、模板、组件、控制器形式嵌入到设备内部,软件是实时多任务操作系统和各种专用软件,一般固化在ROM或闪存中。软硬件可剪裁,适用于对功能、体积、成本、可靠性、功耗有严格要求的计算机系统中。

这是表面物理形态,但其中结构化通用、基础性嵌入技术又应该怎么提炼出来呢?要去粗取精、去伪存真、由此及彼、由表及里、从上至下的分析。

打破IT的直觉思维习惯,换一个思维,从新的理念上看嵌入技术。

1.5.1 从应用来看

前面已提到嵌入式系统的广阔市场:
- 嵌入式系统主要用于各种信号处理与控制。
- 目前已在国防、国民经济及社会生活各领域普遍采用。
- 嵌入式系统可用于企业、军队、办公室、实验室以及个人家庭等各种场所。

最新行业技术应用背景举例:

(1) 卫星导航定位及位置服务

卫星导航定位技术指利用全球卫星导航定位系统所提供的位置、速度及时间信息对各种目标进行定位、导航及监管的一项新兴技术。与传统的导航定位技术相比,卫星导航定位技术具有全时空、全天候、连续实时地提供导航、定位和定时的特点,已成为人类活动中普遍采用的导航定位技术。

因此,全球卫星导航定位系统一经问世,在市场需求的牵动下很快就深入到各国军事、安全、经济领域的方方面面,使航空、航海、测绘、机械控制等传统产业的工作方式发生了根本的改变,开拓了位置服务(LBS)等全新的信息服务领域,并迅速发展成为一个新兴的产业——卫星导航定位产业,如图1.10所示。

中国自主知识产权的北斗全球定位系统自2012年底正式全面开放。北斗产业链包括空间卫星、地面系统、终端设备以及运营服务。经过多年发展,北斗产业链上下游产业的研发和

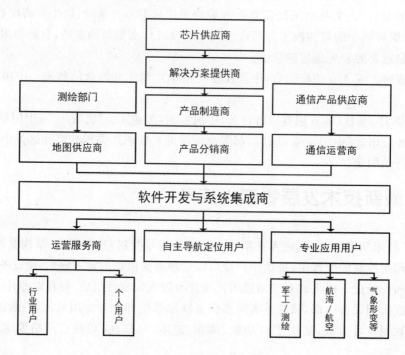

图 1.10　全球卫星导航定位产业

产业化逐渐趋于成熟,2010 年,面向北斗一代系列的芯片、终端、系统集成和运营服务领域市场规模达 15 亿元水平。

2012 年 12 月 27 日,北斗二代系统对亚太地区正式运营以来,其产业化进程不断加快、市场化程度不断深入、行业快速增长长期持续,北斗在行业应用领域遍地开花,正逐步实现大众消费的规模应用,北斗产业正站在高速发展的"黄金十年"的起点。

中国的卫星导航产业相较于国际先进水平还是存在着较大差距。国内的卫星导航产业,由于起步晚、联系不紧密,在行业发展方面缺乏相应的标准。

作为卫星导航产业核心技术的嵌入式技术,也存在着相应的问题。嵌入式软件测试相关产业在国内仍处于起步阶段,嵌入式软件测试企业普遍规模较小,软件开发和应用方对测试的投入费用比例较低,软件评测的技术标准还未制定,都还在探索阶段,嵌入式专业人才培养还未体系化,嵌入式技术项目的实施也没有专业的人才队伍和先进技术平台的支撑。虽然国内已涌现出一些第三方测试机构,但基本仍然处于发展的初级阶段。

卫星导航定位产品没有权威、科学、固定、集中、永不落幕的展示平台和商业化市场化的交流和专业机构的问题严重阻碍着产业发展。

伴随着卫星导航定位产业中的嵌入式软件系统的发展,嵌入式研发平台和测试是质量保证的重要手段,系统化研发、工程、测试的规范、技术、工具和服务目前在我国仍然是一个空白的领域,严重影响了卫星导航产品质量,并且阻碍了北斗卫星导航的自主研发、生产。完善我国嵌入式卫星导航的研发、评测服务体系建设刻不容缓。

全球定位系统在全世界目前已投入使用的有美国的 GPS、俄罗斯的 GLONAS、中国的 COMPASS9(北斗);欧洲的伽利略尚未投入使用。从战略意义上,中国的物联网中涉及的定位系统是具有国家战略意义的应用,得到国家各部门的大力支持。

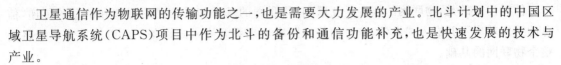

卫星通信作为物联网的传输功能之一，也是需要大力发展的产业。北斗计划中的中国区域卫星导航系统（CAPS）项目中作为北斗的备份和通信功能补充，也是快速发展的技术与产业。

（2）物联网

物联网（Internet of Things）指的是将各种信息传感设备，如射频识别（RFID）装置、红外感应器、全球定位系统、激光扫描器等装置与互联网结合起来而形成的一个巨大网络拓扑。其目的是让所有的物品都与网络连接在一起，系统可以自动的、实时对物体进行识别、定位、追踪、监控并触发相应事件。

物联网是继计算机、互联网与移动通信网之后世界信息产业的第三次浪潮。物联网概念的问世，打破了之前的传统思维。过去的思路一直是将物理基础设施和IT基础设施分开：一方面是机场、公路、建筑物，而另一方面是数据中心、个人计算机、宽带等。而在物联网时代，钢筋混凝土、电缆将与芯片、宽带整合为统一的基础设施，在此意义上，基础设施更像是一块新的地球工地，世界的运转就在它上面进行，其中包括经济管理、生产运行、社会管理乃至个人生活。

我国2010年政府工作报告所附的注释中，对物联网有如下的说明：是指通过信息传感设备，按照约定的协议，把任何物品与互联网连接起来，进行信息交换和通信，以实现智能化识别、定位、跟踪、监控和管理的一种网络。这有两层意思：第一，物联网的核心和基础仍然是互联网，是在互联网基础上延伸和扩展的网络；第二，其用户端延伸和扩展到了任何物品之间进行信息交换和通信。

物联网对促进互联网发展、带动人类进步发挥着重要的作用，并将成为未来经济发展的新增点。目前，美国、欧盟等发达国家和地区都在深入研究和探索物联网。我国也正在高度关注这一新技术。物联网产业被正式列为国家重点发展的五大战略性新兴产业之一。近年来，越来越多的国家开始了基于物联网的发展计划和行动。物联网已经开始在军事、工业、农业、环境监测、建筑、医疗、空间和海洋探索等领域中得到应用。

物联网在全球尚处于起步阶段，各国基本处在同一起跑线上。因此，抓住难得的战略机遇，加快推进物联网发展，是增强我国国际竞争力的必然选择。然而物联网应用广泛、技术集成性高、产业链长、产业分散度高，多数领域的核心技术尚在发展中，从核心构架到各层次的技术与产品接口大多还未实现标准化，物联网大规模应用所需的条件和市场还需要一个长期而渐进的过程。

物联网作为新一代信息通信技术，已发展成为国民经济新的增长点，发展前景十分广阔。中国已在无线智能传感器网络通信技术、微型传感器、传感器终端机和卫星通信、移动基站等方面取得重大进展，目前已拥有从材料、技术、器件、系统到网络的完整产业链。物联网是互联网和通信网网络延伸和应用的拓展，是新一代信息技术的高度集成和综合应用，已成为当今世界新一轮经济和科技发展战略制高点之一，发展物联网对于促进经济发展和社会进步具有重要的现实意义。

物联网相关产业仍处于起步阶段，物联网企业普遍规模较小，软件开发和应用方对测试的投入费用比例较低，软件评测的技术标准还未制定，都还在探索阶段，物联网专业人才培养还未体系化，物联网技术项目的实施也没有专业的人才队伍和先进技术平台的支撑。虽然国内已涌现出一些第三方测试机构，但基本仍然处于发展的初级阶段。

值得注意的是,物联网的核心是互联网,物联网的基础却是信息的感知和信息的传递,信息的感知就离不开嵌入式设备,信息的传递同样也离不开嵌入式设备。所以嵌入式系统将是整个物联网的基础。

(3) 云计算的核心技术是嵌入式技术

1) 云计算本质

云计算试图将硬件与软件一体化管理,解决硬件高速发展时资源的难以管理和浪费,为多样化服务提供有效的透明化的、可伸缩的计算资源构架。所以,云计算的实质是在虚拟化嵌入技术的支撑下将计算机及其相关资源重新配置实现高效、低耗(成本与绿色)、优质服务,达到资源的优化。

2) 云计算是软硬件的有机融合

云是传统IT技术与嵌入式技术的融合。云要落地必须通过虚拟化嵌入式技术,包括云和端。

云:云计算虚拟化技术是将底层的硬件,包括服务器、存储与网络设备全面虚拟化,在虚拟化技术之上,通过建立一个随需而选的资源共享、分配、管控平台,可根据上层的数据和业务形态的不同需求,搭配出各种互相隔离的应用,形成一个服务导向的可伸缩的IT基础构架,从而为用户提供以出租IT基础设施资源为形式的云计算服务。

中间端(人机界面):友好的瘦终端、低计算量、浏览式人机界面。

端:在有快速响应的要求下,包括各种可移动的智能终端在内的端,将使用以低功耗、轻薄小、高速的嵌入式技术。

3) 结 论

目前的主流云计算体系是一个准(弱)嵌入式系统,具有嵌入式系统软硬件耦合的特征(与Windows、Unix不同),实时性不够确定,需要提供透传功能,即可以从人机界面感知、操作底层资源。

云计算的基本服务模式:业务——逻辑资源——物理资源。例如,包括服务器或计算的虚拟化、交换的虚拟化、存储及迁移的虚拟化、虚拟化的安全等。

端有时是一个服务终端。

以上所有服务都需要虚拟化技术的支持,而其支持的效率及可靠性是云计算的依据和基础。

(4) 汽车电子及其软件

现在高级汽车上的软件已超过100万行,比飞机上的软件还多。汽车电子应用部位如图1.11所示。

1) 汽车电子发展阶段

众所周知,嵌入式系统有体积小、低功耗、集成度高、子系统间能通信融合的优点,这就决定了它非常适合应用于汽车工业领域,另外随着汽车技术的发展以及微处理器技术的不断进步,使得嵌入式系统在汽车电子技术中得到了广泛应用。目前,从车身控制、底盘控制、发动机管理、主被动安全系统到车载娱乐、信息系统都离不开嵌入式技术的支持。

嵌入式系统诞生于微型机时代,经历了漫长的独立发展的单片机道路。嵌入式系统的核心是嵌入式微处理器。与嵌入式微处理器的发展类似,汽车嵌入式系统也分为3个发展阶段。

第1章 嵌入式系统及其软件与嵌入技术

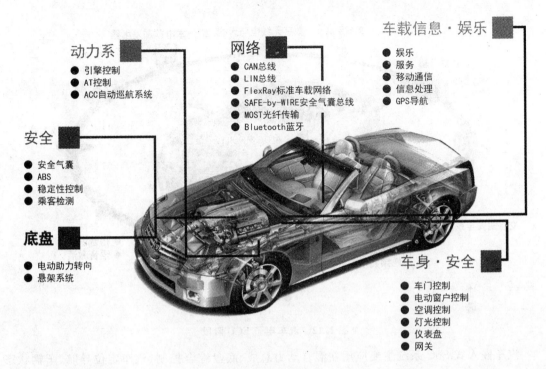

图1.11 汽车电子

第一阶段:SCM(Single Chip Microcomputer)系统

以4位和低档8位微处理器为核心,将CPU和外围电路集成到一个芯片上,配置了外部并行总线、串行通信接口、SFR模块和布尔指令系统。硬件结构和功能相对单一、处理效率低、存储容量小、软件结构也比较简单,不需要嵌入操作系统。

这种底层的汽车SCM系统主要用于任务相对简单、数据处理量小和实时性要求不高的控制场合,如雨刷、车灯系统、仪表盘以及电动门窗等。

第二阶段:MCU(Micro Controller Unit)系统

以高档的8位和16位处理器为核心,集成了较多外部接口功能单元,如A/D转换、PWM、PCA、Watchdog、高速I/O口等,配置了芯片间的串行总线;软件结构比较复杂,程序数据量有明显增加。

第二代汽车嵌入式系统能够完成简单的实时任务,目前在汽车电控系统中得到了最广泛的应用,如ABS系统、智能安全气囊、主动悬架以及发动机管理系统等,如图1.12所示。

第三阶段 SoC 系统

以性能极高的32位甚至64位嵌入式处理器为核心,在对海量离散时间信号要求快速处理的场合使用DSP作为协处理器。为满足汽车系统不断扩展的嵌入式应用需求,不断提高处理速度,增加存储容量与集成度。在嵌入式操作系统的支持下具有实时多任务处理能力,同时与网络的耦合更为紧密。

汽车SoC系统是嵌入式技术在汽车电子上的高端应用,满足了现代汽车电控系统功能不断扩展、逻辑渐趋复杂、子系统间通信频率不断提高的要求,代表着汽车电子技术的发展趋势。

图 1.12 汽车电子 ECU 阶段

汽车嵌入式 SoC 系统主要应用在混合动力总成、底盘综合控制、汽车定位导航、车辆状态记录与监控等领域,如图 1.13 所示。

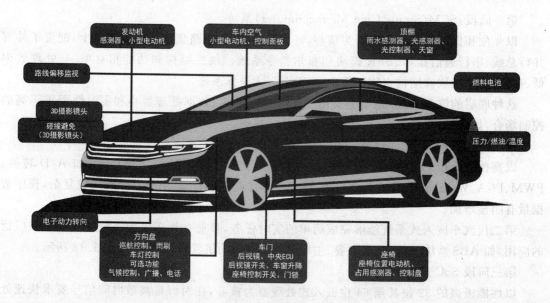

图 1.13 汽车电子 SOC 阶段

2) 汽车嵌入式系统近年来发展非常迅速,随着后 PC 时代的来临,基于网络通信和实时多任务并行处理的嵌入式高端应用将会越来越广泛。汽车嵌入式 SoC 系统在硬件上采用 32 位或 64 位高性能处理器,在软件上嵌入了实时操作系统,具有功能多样、集成度高、通信网络化、开发快捷及成本低廉的特点,在汽车电子控制和车载网络通信系统方面有着广泛的应用,是未来汽车电子的最佳解决方案。

3) 在 SoC 技术的推动下,汽车电子向网络化、智能化、舒适化等高端应用发展的趋势日渐明显,汽车电子控制系统功能持续扩展、逻辑渐趋复杂、子系统间通信日趋频繁、与外界互联互通成为汽车电子技术的发展主流。嵌入式系统在汽车控制系统、通信系统、导航系统、安全系统以及娱乐系统中均可得到有效应用,可以满足其强实时性、高可靠性、可维护性等需求,为整车及零部件开发提供统一的架构,充分体现了其构件化、标准化、集成化、可重用等发展趋势。

嵌入式基础软件作为汽车电子的核心技术,极具基础地位和战略意义。

(5) 嵌入技术与 IT 技术有机结合:汽车的基于位置的服务

结合前面所述卫星导航定位技术,加上无线通信、位置服务、汽车电子技术的综合应用将汽车带入信息化时代,也将嵌入技术与 IT 技术有机结合起来。这种结合可以被视为 CPS 或 ARTIMIS 的典型应用领域,如图 1.14 所示。

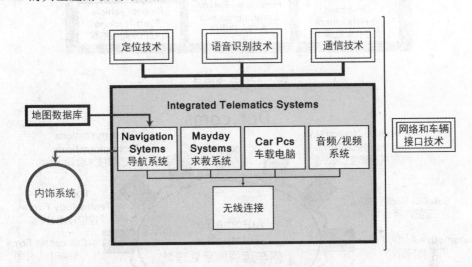

图 1.14 远程信息处理构建模块技术

传统 IT 技术、嵌入式技术进行结合、融合,在强调技术框架解决方案的需求下,提出了服务是面向应用的(Service is facing some Applications),借用 IT 的 SOA 概念是面向服务应用的架构(IT SOA means Service of Archtecture)。这使得各种技术基于服务理念进行了积木式结合,见图 1.15。

当然,涉及的商业领域也非常广泛,见图 1.16。

最终出现了总的终极解决方案(Total solutions),这使得传统 IT 技术与嵌入式技术相结合、相融合。结构示意图如图 1.17 所示。

最终产生出了商业上、技术上的增值联盟,使得远程信息处理应用取决于多样化技术,甚至超越了一个个体公司的范围之外,汽车 OEM 厂商范围之外,传统的汽车供应商的范围之外,电信,消费类电子产品,IT 供应商的范围之外,远程信息处理服务需要多样化类型的内容,客户关系,等等。所以这种联盟需要多样化的技术和技能。

综上所述,云计算、物联网(车联网是其中一种)的底层基础都是嵌入技术。嵌入技术在这里面担当了极其重要的角色,也更加向上一层进军,在与传统 IT 技术进行接轨。

图 1.15 技术组合

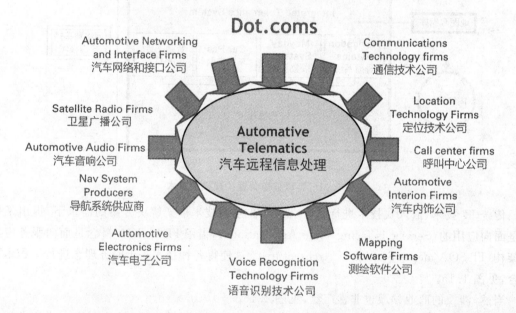

图 1.16 各种介入的商业领域

正因为如此,嵌入技术和产品在国内正受到异乎寻常的重视。嵌入式软件产品的应用在多个领域的需求迅速扩大,包括国防、工业自动化、智能交通、航空、航天、铁路、舰船、冶金、化工、媒体网关、电信增值业务、CTI、呼叫中心和数据通信等。

第1章 嵌入式系统及其软件与嵌入技术

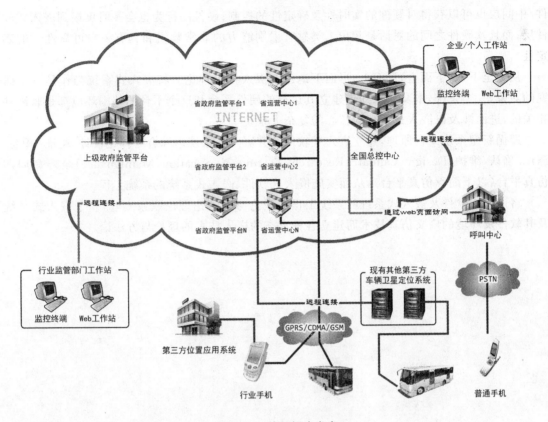

图 1.17 终极解决方案

1.5.2 从技术上看

(1) 集 IT 之大成

嵌入式系统技术与产品凝聚了信息技术发展的最新成果,电子产品升级换代必须采用嵌入式系统。芯片技术、软件技术、通信网络技术等嵌入式系统关键技术的新进展也推动着嵌入式系统升级换代。

(2) 另起炉灶的新东西

举例来说,正如嵌入式软件开发+一般(非嵌入式)软件测试≠嵌入式软件测试一样,嵌入式软件的软件工程决不仅仅是已有传统软件工程的一个子集,至少要重新思考嵌入式工程后重新定义软件工程的内涵和外延。

一个简单的理由就是嵌入式软件是与硬件紧耦合的,难以决然分开;嵌入式软件工程有时是与嵌入式硬件工程一起考虑,甚至是嵌入式系统的系统工程。

(3) 进一步拓展观念

从系统工程的角度提出嵌入式系统及其软件的系统工程和嵌入式软件工程的概念,提出相应的理论体系,并在这个理论体系指导下进行实践。

嵌入式系统是软硬件紧耦合系统,并且具有可以相互替代、转化的可能性。

嵌入式软件是具备不必通过中间件/中间层可与硬件直接对话权的软件,即使通过中间件/中间层也可以获得对硬件的实时性及确定性的控制;硬件的行为也会及时反馈到嵌入式软件层;而且软硬件之间的对话是超出人类感官识别能力的非常频繁和具有一定可靠性下的确定性。

从上至下、从下而上,形而上,形而下地建立嵌入技术理论。将嵌入式系统当作是一个研究的对象,一个系统,本身应该知道建立其运行的硬件平台和这个平台的外围环境都是软硬件相关的,进而涉及以嵌入式系统为核心的复杂大系统。

遵循新型系统工程原理,建立嵌入式软件及其嵌入式系统的综合一体化设计/验证/开发/测试/确认/维护(Design, Validate, Research, Testing, Verification, Maintenance)全寿命周期仿真平台(以下简称仿真平台),从而实施嵌入式软件、嵌入式系统的系统工程。

将嵌入式软件及嵌入式系统的系统工程的理论与方法论理论联系实际,基于嵌入式系统及其软件及环境的广义仿真技术而建立各种形态的嵌入技术的理论与方法论。

第 2 章

软件和嵌入式软件的开发技术和测试

2.1 软件的概念

嵌入式软件属于计算机软件,是极特殊的一类软件,在介绍、定义、描述嵌入式软件之前,首先复习一下一般通用软件的基本概念。

2.1.1 一般软件的定义

软件是计算机系统中与硬件相互依存的另一部分,它是包括程序、数据及其相关文档的完整集合。程序是按事先设计的功能和性能要求执行的指令序列;数据是使程序能够正常操作信息的数据结构;文档是与程序开发、维护和使用有关的图文材料。

尽管这个说法并不是计算机软件的精确定义,但它可帮助读者将其与扩充了含义的广义软件相区别。

当前产业界的经济活动中,除机器设备、车辆、原材料这样的有形实体以外,则可以把技术条件、管理法规以及人员素质这样的无形因素称为广义的软件。

2.1.2 软件的特性

软件是一种逻辑实体,而不是具体的物理实体。

1. 它具有抽象性

软件记录在纸上,保存在计算机中,无法看到它的形态,而必须通过观察、分析、思考、判断去了解它的功能、性能及其他特性。

2. 软件生产与硬件不同

软件开发过程中没有明显的制造过程,也没有重复制造的概念,在制造过程中进行质量控制,以保证产品的质量。

3. 软件是人们的智力活动

软件把知识与技术转化成信息的一种产品,它们大多是"定做"的,常常采用手工艺的开发方式,生产效率低。软件开发和运行受计算机系统限制,依赖于硬件和 OS 等,所以会带来移植问题。

4. 软件可以复制

一旦软件研制成功,可以大量复制,而且复制成本极低。边际成本几乎为零(不考虑维护成本)。

5. 软件没有磨损与用坏之说

软件的错误和问题都是在软件开发和修改过程中引入的,但是会过时和需要改进或增加功能。

6. 软件是复杂的,以后会更加复杂

软件的复杂性是由于它所处理的实际问题的复杂性及程序逻辑结构的复杂性,因为软件涉及人类社会的各行各业、方方面面,软件开发常常涉及其他领域的专门知识。

7. 软件成本相当昂贵

软件开发需要投入大量、高强度的脑力劳动,成本高,风险大。这是因为软件技术落后于需求,软件开销大大超过硬件开销;大多数软件是自行开发的,而不是通过已有的构件组装而来的;软件工作牵涉到很多社会因素;许多软件的开发和运行涉及机构、体制和管理方式等问题,还会涉及人们的观念和心理;对软件的质量控制,必须着重在软件开发和管理方面下功夫。

2.1.3 软件担当的角色

软件担任着双重角色,即它是一种产品,同时又是开发和运行产品的载体。作为一种产品,它表达了由计算机硬件体现的计算和控制潜能;作为开发运行产品的载体,软件是计算机控制(操作系统)的基础、信息通信(网络)的基础,也是创建和控制其他程序(软件工具和环境)的基础。

2.1.4 软件的分类

按软件的功能进行划分:

(1) 系统软件——OS、DBMS、设备驱动程序、通信处理程序等。

(2) 支撑软件——Edit、Format、磁盘向磁带传输数据的程序、程序库系统、支持需求分析、设计、实现、测试和支持管理的软件等。

(3) 应用软件——商业数据处理软件、工程与科学计算软件、计算机辅助设计/制造软件、系统仿真软件、嵌入式软件、医疗与制药软件、事务管理及办公自动化软件、计算机辅助教学软件等。

(4) 按软件工作方式划分:实时软件、分时软件、交互式软件、批处理软件等。嵌入式软件

是带有强烈实时特征的软件。

（5）按软件服务对象的范围划分：项目软件、产品软件等。

（6）按使用的频度进行划分：一次使用、频繁使用等。

（7）按软件失效的影响进行划分：高可靠性软件、一般可靠性软件等。嵌入式软件是带有高可靠性特征的软件。

以上是按照最基本的计算机软硬件划分来定义软件的，是按照一般 IT 技术的传统观念划分的。嵌入式软件被当作其中一种；在软件不可以单独分离开看待时，许多定义要从头再来了。

2.2 嵌入式应用

嵌入式应用越来越表现出软硬结合、资源约束及对外交互等。它经常被硬件体系结构、软件体系结构、操作系统特性、应用需求、编程语言及开发和调试环境的变化所驱动。嵌入式应用与通常说的计算机应用相比，既要满足功能需求，还要满足性能需求（与时间相关），甚至性能需求放在第一位。嵌入式系统开发和通常意义下的计算机应用软件开发有很大不同。它不但要考虑软件设计，还要考虑硬件设计；不但要考虑功能设计，还要考虑性能设计。最为重要的是按照设计思想开发出的嵌入式系统必须进行功能和性能的验证。嵌入式系统开发的最大问题是设计、环境建立和验证，而不仅仅是编程实现。所以按照这种综合性考虑来看嵌入式系统及其软件就要有一个新的境界。

2.3 嵌入式软件

从嵌入式操作系统（Real Time Operation System，RTOS）说起。国外 RTOS 最初的产品只支持一些 8 位、16 位的微处理器，如 31/51、Z80、68K、8086 等。此时的 RTOS 还只有内核，二进制代码为主，产品主要用于军事和电信设备。为特别支持嵌入式软件发展，在美国国防部支持下，Ada 语言应运而生，至今还大量应用在欧美航空、航天、交通等领域。进入 20 世纪 90 年代，现代操作系统的设计思想开始被吸收进入 RTOS。嵌入式操作系统 VxWorks 就是在这个阶段推出的。

在 RTOS 逐渐走向成熟的同时，竞争的焦点已经由操作系统本身转向外围的开发工具以及在开发过程中至关重要的软件工程问题，当然嵌入式操作系统本身还在不断的发展。

安卓（Andriod）等准嵌入式操作系统在智能终端迅猛发展的推动下，与 ARM 等开放性好、价廉物美的芯片结合，占领了很大的市场份额。

现在弱嵌入式应用中，越来越多的电子产品厂商采取 OEM 的方式把硬件制造外包出去，产品的个性化竞争更多地体现在自身进行嵌入式软件的开发上，软件工程师扮演的角色也因此越来越重要，IDC 调查显示，在典型产品开发项目的全部人工费用中，软件工程人员的费用在 20 世纪 90 年代初期到中期约为 55％，如今已经达到 75％。发展嵌入式软件工程和技术是各相关产业腾飞的一个重要突破口。但是对于强嵌入式系统则是鲜为人知另一个方向。

2.3.1 嵌入式软件的复杂度在增高

1. 高新武器装备中的软件

现代化武器装备日趋复杂,软件规模越来越大。20世纪50年代的F-4战斗机机载软件只有2 000行代码,20世纪90年代的F-22战斗机机载软件的代码达1 500 000行。表2.1所列为各代飞行软硬件实现所占的比例。

表2.1 各代飞机软硬件实现所占比例

第X代飞机	型 号	航电系统功能硬件实现	航电系统功能软件实现
第二代	F-111	80%	20%
第三代	F-16	60%	40%
第四代	F-22	20%	80%

从表2.1可以看出最先进的战斗机原来是硬件和软件按八二开,就是说硬件占80%软件占20%,现在倒过来了,二八开,软件占80%。从F-4战斗机进入领先航道到现在的150万行程序,它是非常惊人的,F-35先进战斗机,当然也包括中国的一些实验,一推再推整个定型,就是因为嵌入式系统尤其是软件上的一些不过关。

作者在20多年前的一本拙作中就预言,如按当时的性能价格比推算,2040年美国一年的军事经费只购买一架战斗机。F-35目前的状态就是这种趋势。这是后面第7章将重点讨论这个例子引发的思考。

2. 载人航天工程飞船上的软件

载人航天工程飞船上的各类计算机近200台,软件规模已达十余万行,地面直接参与控制飞行的软件已达上百万行。这些软件作用于从火箭发射、飞船控制到返回舱回收着陆的全过程,在发射、飞行、返回、回收等各个阶段起着至关重要的作用。中国载人航天工程领导曾多次强调"载人航天工程的成败从某种意义上来说关键要看软件"。

2.3.2 嵌入式系统软硬件紧密耦合

非嵌入式系统软硬件非耦合方式与嵌入式系统软硬件耦合方式如图2.1所示。

(a) 非嵌入式　　　　　　(b) 嵌入式

图2.1 嵌入式与非嵌入式系统软硬件耦合方式

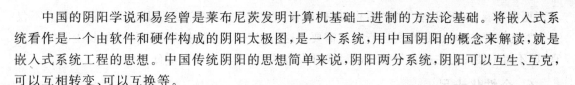

中国的阴阳学说和易经曾是莱布尼茨发明计算机基础二进制的方法论基础。将嵌入式系统看作是一个由软件和硬件构成的阴阳太极图,是一个系统,用中国阴阳的概念来解读,就是嵌入式系统工程的思想。中国传统阴阳的思想简单来说,阴阳两分系统,阴阳可以互生、互克、可以互相转变、可以互换等。

与硬件耦合紧的目的是软件能直接与硬件交互,不像 Windows、Unix 操作系统,将硬件与软件隔离。通常在 Windows,Unix,Linux 操作系统上开发软件的技术人员并不关心硬件的工作特性,顶多只关心硬盘空间有多大,用什么开发系统,至于内存多大,主频多少只是影响编程的程序运算、显示速度,或联系极其微弱。

2.3.3 嵌入式系统及其软件的其他特点

嵌入式系统的特点决定了嵌入式系统及其软件的特点。

1. 软硬件的作用可以互相转化互相替代

一般 IT 领域里,在运算硬件和非嵌入式操作系统一定的环境下,例如 DOS,Windows,Unix,软件只是按照需求专注开发不同语言,例如从早期的 Basic,Fortran 到现在的 C、C++、Net、Java,和使用不同的开发环境包括不同的编译器和调试器。但嵌入式的软硬件耦合性及设计可替代性,使得某些硬件可以用另一些硬件替代,某些软硬件部件可以用另一些软硬件部件替代。

2. 确定性和实时性

非嵌入式系统中基本没有实时性及其确定性概念。嵌入式系统根据不同的应用需求,在毫秒(ms)、微妙(μs)、纳秒(ns)等级别有不同的完成任务的要求,有的是在一定硬件和操作系统中软件运算速度的要求,有的是嵌入式系统某个、某些端口输出各种、某些种电信号的要求。当然,对信号的输入实时性也有要求。

3. 高安全性、高可靠性

有些嵌入式系统是开发以后独立工作或不得不独立工作,甚至超出人类的反应速度和工作生存环境之外,例如航天火箭、卫星、飞机飞行控制系统、无人飞机、火车信号控制系统、汽车发动机控制系统、高速汽车刹车及防侧滑系统、防雷击系统、电力控制系统、核电控制系统等,都是高安全性、高可靠性系统。一旦出问题就是机毁人亡、车毁人亡或极大的破坏性,安全性和可靠性(safty-critical,reliable)要术的严格程度是一般民众所很难想象的。

4. 同等行数功能复杂性比非嵌入式要多很多

软件的行数标志着它的规模和复杂性,当然这是一般的平均编程意义上的说法。由于许多嵌入式软件与硬件的紧耦合性和多重选择性,一般认为涉及嵌入式相关的部分会比非嵌入式复杂 5~10 倍以上。尤其是一些非嵌入式软件没有的指令、功能,如中断、地址跳转(汇编)、驱动等。

5. 开发时看不见、摸不着

许多嵌入式系统的最后工作形态键盘、鼠标、显示器、硬盘等通常都没有,虽然(由于)本身看不见摸不着但(所以)要与能"看得见、摸得着"的设备进行通信或受其控制。这个特点不仅是开发的需要,有时也是真实运行时的需要。这对于开发过程来说还得给它们长上眼睛等五官,即不得不使用宿主机加目标机的经典开发方式(详见下面开发部分)。

6. 个性化十足

由于与硬件相关,与处理器类型、内存、端口、编译器及其版本、开发环境(工具)及其版本等密切相关,个性化是最基本的特征。据不完全统计,全世界从4位处理器到现在的CPU,芯片类型不少于10万余种。世界上生产的芯片大部分是嵌入式芯片。涉及的组合要上千万种。如果要支持这么多种类的开发,任何一个厂商都不仅要退避三舍,而且要避之不及。所以,对于嵌入式系统及其软件,类似与非嵌入IT技术的嵌入技术研发环境(例如IBM的五大软件系列),没有哪个厂商敢涉足或可以涉足。

7. 软硬件及系统软件紧密相连

嵌入式系统中的嵌入式软件是嵌入式应用中的一个重要组成部分,它与构成嵌入式系统的另外重要组成部分即硬件和操作系统紧密相连。这是为了完成单一或一组紧密相关的特定功能,一般具有高性能和实时的要求,并且这些要求正不断增加。嵌入式系统作为设备的一部分,其运行一般不需要人干预。系统的电源、可靠性和安全性通常都是影响设计的重要因素。当然,硬件核心处理器的选择是嵌入式系统设计的关键一步,因为系统的硬件尺寸、电源以及开发费用,如设计费用、开发环境的建立费用等,与处理器紧密相连。

8. FPGA突出显示了软硬的变化和一体化

可编程逻辑电路FPGA是计算机技术发展的一个里程碑。它在一开始就把软硬件一体化对待,先以软件形式设计,然后逻辑和硬件化,不再有操作系统和交叉编译的概念。在图灵机基础上革命性的在冯诺依曼计算机原理基础上打破了传统布局。对嵌入式来说既是一个新的东西又是一个延伸的东西。这个方面未来还会有新的发展,会将非嵌入式与嵌入式结合起来。后面还会有独立篇章介绍。

2.4 嵌入式开发技术

嵌入式开发技术包括在系统化设计指导下的硬件和软件以及综合研发。除暂且分离硬件的EDA研发以外,侧重的就是在一定硬件条件下的系统化设计和软件研发。

一般来说,选好处理器后,软件开发都是说调试(Debug),这种调试多半都是在假定特定开发板目标机能正常工作的硬件条件下嵌入式软件的开发。从直观上和最基础的传统做法,一般采用典型的"宿主机/目标机"交叉方式,利用宿主机上丰富的资源及良好的开发环境开发和仿真调试目标机上的软件,通过串口或网络等将交叉编译生成的目标代码传输并装载到目标机上,用调试器在监控程序或实时内核/操作系统的支持下进行实时分析、测试和调试,目标机在特定的环境(如分布式环境)下运行。下面是一些流行的基本概念介绍,有些概念是重叠的。

2.4.1 嵌入式调试

调试是开发过程中必不可少的环节,通用桌面与嵌入式在调试环境上存在明显的差别。前者,调试器与被调试的程序往往运行在同一台机器上;后者(又称为远程调试),为了向系统开发人员提供灵活、方便的调试界面,调试器是运行于通用桌面操作系统的应用程序,被调试程序则运行于基于特定硬件平台的目标机或其仿真环境。

其实这里还必须介绍一个容易被忽略的重要细节,交叉编译。交叉是CROSS这样的交叉方式,CROSS方式主要指在宿主机上非嵌入式环境下编译嵌入式软件,CROSS编译器都是交叉编译器,而不是常用的一些VC等C语言编译器,它是一个特殊的个性化的编译器。交叉编译以后的程序通过各种通信方式,例如串口、网口,甚至没有什么方式,直接烧到ROM里就可以。把软件下载到目标机上,然后在目标机上运行。就是说在Windows这种本机环境上,CROSS compiling编译软件是在目标机上运行的,目标机的CPU环境和本机的方式是不一样的,在宿主机上对它进行监控和跟踪,一般的开发和调试是这样做的。这个一般的桌面调试和嵌入式调试有什么不同,一般来说,非嵌入式调试过程中,调试和被调试程序肯定是在一台机器上进行,而嵌入式测试则是交叉进行在宿主机和目标机上的,最后宿主机不一定(多半不在)在实际运行中。

这就带来以下问题:调试器与被调试程序如何通信?被调试程序产生异常如何及时通知调试器?调试器如何控制、访问被调试程序?调试器如何识别有关被调试程序的多任务信息并控制某一特定任务,调试器如何处理某些与目标硬件平台相关的信息(如目标平台的寄存器信息、机器代码的反汇编等)?目标机如果没有是否就没办法进行嵌入式软件开发了?对于某一种CPU,制造厂家一般提供一个带有这种CPU的具有各种应用接口的代表性的开发板和仿真器给开发人员(一般要购买),但不可能穷尽应用类型。

2.4.2 嵌入式软件调试器的实现技术

在目标操作系统和调试器内分别加入某些功能模块,二者互通信息来进行调试。调试器与被调试程序的通信通过指定通信端口(串口、网卡、并口),遵循远程调试协议;被调试程序产生异常及时通知调试器;目标机的所有异常处理最终都要转向通信模块,告知调试器当前异常,调试器据此向用户显示被调试程序产生了哪一类异常;调试器控制、访问被调试程序,调试器的这类请求实际上都将转换成对被调试程序的地址空间或目标平台的某些寄存器的访问,目标机接收到这样的请求可以直接处理,对没有虚拟存储概念的简单嵌入式应用而言,完成这些任务十分容易,调试器识别有关被调试程序的多任务信息并控制某一特定任务。

由目标机提供相关接口。目标机根据调试器发送的多任务请求,调用该接口提供相应信息或针对某一特定任务进行控制,并给调试器返回信息。这需要目标机提供支持远程调试协议的通信模块(包括简单的设备驱动)和多任务调试接口,并改写异常处理的有关部分。另外,目标机还需要定义一个设置断点的函数,有的硬件平台提供能产生特定调试陷阱异常的断点指令以支持调试,没有类似指令的机器,就用不能被解释执行的非法(保留)指令代替。目标机添加的这些模块统称为"插桩"。通用OS也有类似的模块,如编译运行于Alpha、Sparc或

PowerPC 平台的 Linux 内核若将 kgdb 开关打开,就相当于加入了插桩,运行于目标机的被调试程序要在入口处调用这个设置断点的函数以产生异常,异常处理程序调用调试端口通信模块,等待主机上的调试器发送信息,双方建立连接后调试器便等待用户发出调试命令,目标系统等待调试器根据用户命令生成的指令。

2.4.3 片上调试(On Chip Debugging,OCD)

片上调试是在处理器内部嵌入额外的控制模块,当满足一定的触发条件时进入某种特殊状态,在该状态下,被调试程序停止运行,主机的调试器可以通过处理器外部特设的通信接口访问各种资源(寄存器、存储器等)并执行指令。为了实现主机通信端口与目标板调试通信接口各引脚信号的匹配,二者往往通过一块简单的信号转换电路板连接,如图 2.2 所示。内嵌的控制模块以基于微码的监控器或纯硬件资源的形式存在,包括一些提供给用户的接口。与插桩方式的缺点相对应,OCD 不占用目标平台的通信端口,无须修改目标系统,能调试目标系统的启动过程,方便了系统开发人员。随之而来的缺点是软件工作量的增加:调试器端除了需补充对目标机多任务的识别、控制等模块,还要针对使用同一芯片的不同开发板编写各类 ROM、RAM 的初始化程序。

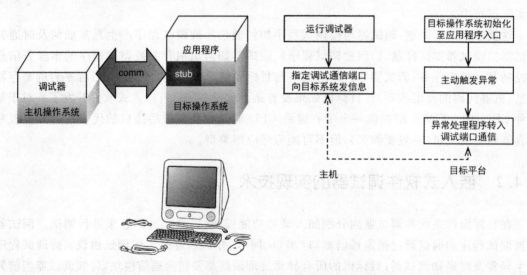

图 2.2 OCD 调试方式

2.4.4 嵌入式软件调试工具

实现了以上调试方式的软件调试工具的目的就是尽可能的揭露 CPU 内部工作情况和软件的执行状态,以找到程序中的错误。嵌入式软件开发者用不同的专业化工具来调试,例如内部电路仿真器(In-Circuit Emulator,ICE)。ICE 是用来仿真 CPU 核心的设备,它可以在不干扰运算器正常运行的情况下,实时地检测 CPU 的内部工作情况。桌面调试软件所提供的复杂的条件断点、先进的实时跟踪、性能分析和端口分析这些功能,它也都能提供。ICE 一般都有一个比较特殊的 CPU,称为外合(Bondout)CPU。这是一种被打开了封装的 CPU,并且通过特殊的连接，可以访问到 CPU 的内部信号，而这些信号，在 CPU 被封装时，是没法"看到"的。当和宿主工作站上强大的调试软件联合使用时，ICE 能提供最全面的调试功能，但 ICE 同样有一些缺点：昂贵；不能全速工作。同样，并不是所有的 CPU 都可以作为外合 CPU 的，从另一个角度说，这些外合 CPU 也不大可能及时的被新出的 CPU 所更换。

2.4.5 参考资料

1. Hooks 与 Bondout 仿真技术及其优缺点

(1) Hooks 仿真技术

Hooks 是一种采用 I/O 复用的仿真技术，大部分 Philips 51 系列单片机中都含有支持 Hooks 技术的硬件电路。当含有 Hooks 的单片机进入 Hooks 仿真状态后，P0/P2 口将分时地输出/输入总线及 P0/P2 端口的值，仿真器用硬件电路将复用 P0/P2 口扩展为独立的仿真总线及用户 P0/P2 口。

(2) Bondout 仿真技术

Bondout 即专用仿真芯片技术；专用仿真芯片在标准芯片的基础上，加入了用于仿真的硬件电路，它不占用标准芯片的 I/O，而是将仿真总线专用的 I/O 引脚引出。

(3) Bondout 仿真技术的优缺点

优点是完全真实仿真和仿真频率高，噪音小。缺点是可仿真芯片种类少，只能仿真标准的 51 系列单片机；并且成本高，因为专用仿真芯片价格高。

(4) Hooks 仿真技术的优缺点

优点有可仿真芯片种类多，大部分 Philips 的 51 系列单片机都可以仿真；并且成本低，不需专用仿真芯片，使用普通的 51 系列单片机即可。缺点有由于 P0/P2 是重造的，因此 P0/P2 口与标准单片机的 P0/P2 口不是 100% 地相同；Hooks 技术的最高仿真频率不如 Bondout 技术高，噪音大于 Bondout 技术。

2. 一些常用的仿真器技术

(1) AEOF 技术（专利技术）

采用伟福公司自行开发的仿真内核，不需更换用户 MCU，就可以仿真标准 51、PIC 芯片。AEOF 是目前国内唯一可以完全真实仿真 P0、P2 和 P4 口的仿真技术。AEOF 支持运行时观察 SFR、REG、DATA 数据，可以根据 SFR、REG、DATA 变化设置断点。

(2) Bondout 专用仿真芯片技术

使用芯片厂家专门为仿真器设计的仿真芯片可以完全真实地仿真相应厂家的 MCU。

(3) Hooks 技术

可以完全真实地仿真 P0、P2 口及定时器、中断，要求被仿真的 MCU 含 Hooks 技术。

(4) SP 技术（专利技术）

用软件的方式重造 P0、P2 口。优点是可以仿真所有带外部总线（有 ALE、PSEN、EA 引脚的）的 MCS51 单片机（P0、P2 口在高速仿真时不实时的），可以更换用户被仿真的 CPU。

(5) CoolHooks 技术（专利技术）

CoolHooks 技术综合了 Hooks 及 SP 技术的优点，当用户 MCU 含 HOOKS 技术时，采用

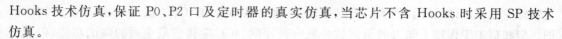

Hooks 技术仿真,保证 P0、P2 口及定时器的真实仿真,当芯片不含 Hooks 时采用 SP 技术仿真。

(6) **JTAG 技术**

仿真支持 JTAG 技术的 MCU,如:ARM、DSP、XC866、XC166 等。

3. 仿真器究竟是什么

仿真器可以替代目标系统中的 MCU,仿真其运行。仿真器运行起来和实际的目标处理器一样,但是增加了其他功能,使用户能够通过桌面计算机或其他调试界面来观察 MCU 中的程序和数据,并控制 MCU 的运行。仿真器是调试嵌入式软件的一个经济、有效的手段。

4. 内部和外部模式

内部模式是指程序和数据位于 MCU 芯片内部,以 Flash 或 EPROM 的形式存在,地址和数据总线对于用户并不可见,由此节省下来的芯片引脚作为 I/O 口提供给用户。内部模式也称单片模式,所有的程序执行都发生在内部 ROM 中。为了有效地仿真这种芯片,要求仿真器使用 Bondout 或增强型 Hooks 芯片。

外部模式是当程序存储器,可能还有部分数据存储器,位于 MCU 外部的情况,由地址和数据总线来访问这部分存储器。外部模式也称扩展模式,用户芯片、Bondout 芯片和增强型 Hooks 芯片都能够产生这种工作模式,这种情况下芯片的地址和数据总线引脚不能作为通用 I/O 口使用。

5. Bondout、增强型 Hooks 芯片和标准产品芯片

这些名词是指仿真器所使用的、用来替代目标 MCU 的 3 种仿真处理器。只有 Bondout 和增强型 Hooks 芯片能够实现单片调试,标准产品芯片不能。和标准产品芯片相比,Bondout 芯片有一些增加的引脚,连接到芯片内部硅片的电路节点上,所有又称"超脚芯片"。P51XA 系列单片机仿真器都使用 Bondout 芯片,EMUL51XA-PC 就是很好的例子。

增强型 Hooks 芯片利用各种芯片引脚上面没有的机器周期来提供地址和数据总线,一些 80C51 系列仿真器就是使用增强型 Hooks 芯片。有趣的是,这些增强型 Hooks 芯片中的一些也是标准的产品芯片。使用增强型 Hooks 芯片作为仿真 CPU 需要一些额外的特殊功能电路来从复用的芯片引脚中分解出地址和数据总线以及一些必需的控制信号,用户的目标板没有这些电路,仍然是单片工作模式。采用 Bondout 芯片和增强型 Hooks 芯片能够实现极为精确的仿真,从功能一直到芯片的功耗。

6. JTAG Technology

JTAG(联合测试行动组)标准在 20 世纪 80 年代是通用的。联合测试行动小组(Joint Test Action Group,JTAG)是一种国际标准测试协议(IEEE 1149.1 兼容),主要用于芯片内部测试。JTAG 技术实际上称为 IEEE1149.1 或边界扫描,由于电子行业几乎每个人都熟悉"JTAG"这个名称,所以"JTAG"用来表示 IEEE1149.1 技术。现在多数的高级器件都支持 JTAG 协议,如 DSP、FPGA 器件等。标准的 JTAG 接口是 4 线:TMS、TCK、TDI、TDO 分别为模式选择、时钟、数据输入和数据输出线。JTAG 最初是用来对芯片进行测试的,基本原理是在器件内部定义一个测试访问口(Test Access Port&#0,TAP),通过专用的 JTAG 测试工具对内部节点进行测试。JTAG 测试允许多个器件通过 JTAG 接口串联在一起,形成一个

JTAG 链,能实现对各个器件分别测试。现在,JTAG 接口还常用于实现在线编程(In-System Programmable,ISP),对 Flash 等器件进行编程。

JTAG 编程方式是在线编程,改变了传统生产流程中先对芯片进行预编程现再装到板上,简化的流程为先固定器件到电路板上,再用 JTAG 编程,从而大大加快工程进度。JTAG 接口可对 DSP 芯片内部的所有部件进行编程。

JTAG 仿真器是针对某些特殊的单片机或 CPU 而言的。这类片子使用符合 JTAG 接口标准定义的数据线与数据时序来实现在线程序下载(ISP)或程序仿真。这种程序仿真有两种形式。一种与传统意义上的仿真器相似,但程序的运行以及 CPU 资源的模拟在仿真器与目标芯片中同时进行。另一种仿真形式仅仅对数据进行时序调制,具体的程序运行与调试均在目标芯片中进行。二者比较而言,后者成本低,仿真器制作简便但效率很低,占用芯片本身的资源多。而前者恰恰相反。据观察,常见的 ARM 仿真器如 EASYARM,TI 公司的 MSP430 单片机的仿真器,还有 ALTERA 的部分 FPGA 的 JTAG 都属于后者。前者一般价格昂贵,很多 XLINK 的 FPGA 的 JTAG 仿真器就采用前者的结构,功能很强大。

2.4.6 ROM 监控器(ROM monitor)

ROM 监控器是一个小程序,驻留在嵌入系统 ROM 中,通过串行的或网络的连接和运行在工作站上的调试软件通信,这是一种便宜的方式,当然也是最低端的技术,它除了要求一个通信端口和少量的内存空间外,不需要其他任何专门的硬件。并提供了如下功能:下载代码、运行控制、断点、单步、以及观察、修改寄存器和内存。因为 ROM 监控器是操作软件的一部分,只有当应用程序运行时,它才会工作。如果想检查 CPU 和应用程序的状态,就必须停下应用程序,再次进入 ROM 监控器在线调试(On-Chip Debugging,OCD)或在线仿真(On-Chip Emulator)。特别的硅基材料以及定制和 CPU 引脚的串行连接,在这种特殊的 CPU 芯片上使用 OCD,才能发挥出 OCD 的特点。用低端适配器就可把 OCD 端口和主工作站及前端调试软件连接起来。从 OCD 的基本形式看来,它的特点和单一的 ROM 监测器是一致的,但是不像后者需要专门的程序以及额外的通信端口。有两种普遍的 OCD 接口:摩托罗拉的背景调试监测(Motorola's Background Debug Monitor,BDM)和 Joint Test Action Group(JTAG)。

2.5 从嵌入式软件测试开始新基本认知

2.5.1 对嵌入式软件测试的基本认识

1. 嵌入式软件的本质

如第 1 章所述的软件特征,软件是大脑的外延,相当于大脑的思维,硬件是身体的外延,相当于大脑。嵌入式系统等是人类能力的可单独存在的外延,嵌入式软件就是其中无形但起控制作用的部分,而且是快速、准确、及时的反应和处理部分。

2. 软件测试、嵌入式软件调试与嵌入式软件测试

为了讲述嵌入式软件测试技术,第1章讲述了嵌入式软件的开发调试。非嵌入式软件测试的基础知识参见参考书。但要说明的是,这两个概念加起来绝不等于嵌入式软件测试,即嵌入式软件开发调试＋软件测试≠嵌入式软件测试。从这一点切入,表明嵌入式已呈现自成体系的特征,要予以区别对待了。

上位机加仿真器(Emulator)加开发板或真实目标机是当前全世界流行的最基础、直观的嵌入式软件研发方式,也是目前嵌入式软件研发的最基本的起步和环境。它的构成完全来自传统的非嵌入式软件研发方式的延伸和机械的方法论。还没有建立完整的系统观念,没有抓到其实质,流于形式的、机械的、简单的开发方式。在这种基础上,直接运用非嵌入式软件测试的概念、方法和工具进行嵌入式软件的测试是行不通的。这个问题在后面建立嵌入式软件的软件工程和测试方法时会从正面和反面逐步、多次地讲到。

2.5.2 嵌入式软件的测试

如上所述,嵌入式软件的调试与非嵌入式软件的调试有本质的不同,嵌入式软件的测试与一般软件测试不一样,它需额外考虑时间和硬件的影响和问题。对于硬件,一般是采用专门的测试仪器进行测试;而对于软件,特别是实时嵌入式软件,则需要有关的测试技术和软硬件测试工具支持,需要采取特定的测试策略。

测试技术指的是软件测试的专门途径,以及提供能够更加有效地运用这些途径的特定技术,例如基于代码的覆盖测试、功能测试、性能测试、可靠性测试及回归测试等。用在软件开发过程中的不同阶段,如开发方的内部测试(单元测试、基于代码的覆盖测试或白盒测试)、第三方的验证和确认测试(功能测试或黑盒测试、性能测试)和维护中的修改和升级测试(回归测试)等。理想的测试工具希望它所支持的测试技术越多越好。覆盖工具、功能验证工具、内存分析工具、性能分析工具、基于 GUI 客户/服务方式的测试工具以及支持回归测试的测试自动化工具。这些都在一台本地计算机上、同一个环境下完成。而嵌入式软件面对的要复杂得多。

1. 嵌入式软件测试难点

嵌入式系统的自身特点使得嵌入式软件很难测试,如实时性(real-timing),内存不丰富,I/O 通道少,开发工具昂贵,并且与硬件紧密相关,CPU 种类繁多等。

嵌入式软件的开发和测试与一般商用软件的开发和测试策略有很大的不同。可以说嵌入式软件是最难测试的一种软件。经典的方法是嵌入式软件开发采用宿主机/目标机(交叉方式),则相应的测试也为 Host-Target 测试,即 Cross-Testing。利用宿主机上丰富的资源及良好的开发环境开发和仿真调试目标机上的软件,通过串口或网络等将交叉编译生成的目标代码传输并装载到目标机上,用调试器在监控程序或实时内核/操作系统的支持下进行实时分析、测试和调试;有时目标机在特定的环境(如分布式环境)下运行。

2. 嵌入式软件测试特点

这种简单的嵌入式测试是交叉测试。交叉测试环境下经常要关注的问题:测试需要多少人员(分单元测试,软件集成,系统测试)? 多少软件应该测试,测试会花费多长时间? 在主机

环境和目标环境有哪些测试软件工具,价格怎样,是否适合?多少目标环境可以提供给开发者,什么时候?主机和目标机之间的连接怎样?被测软件下载到目标机有多快?使用主机与目标环境之间有什么限制(如软件安全标准)?

管理者在进行嵌入式软件测试时都应深入考虑以上问题,结合自身实际情况,选定合理的测试策略和方案。

2.6 嵌入式软件测试的通用策略和一般流程

2.6.1 嵌入式软件测试各个阶段的通用策略

1. 单元测试(Unit Testing)

详细的单元测试的介绍读者可以自行查阅相关参见参考书。这里仅做简要介绍。

单元测试是针对软件设计的最小单位(C语言中的函数或子过程)进行正确性检验的测试工作,目的在于发现各模块内部可能存在的各种差错,一般在编码之后由开发人员完成。目标是检查代码实现是否符合设计(不能检查设计是否正确),尽早发现错误,性价比最好。

单元测试实施效果非常好,但是实施阻力比较大(主要是人员和管理因素)。单元测试不仅要在关键的程序单元中进行,也应在一般单元中实施。有比较系统的理论和方法,但也依赖于系统的特殊性和开发人员的经验。有大量的辅助工具,开发人员也经常自己开发不太专业但实用的测试代码和测试工具。单元测试需要从程序的内部结构出发设计测试用例,多个模块可以平行地独立进行单元测试。

在单元测试时,测试者需要依据详细设计说明书和源程序清单,了解该模块的I/O条件和模块的逻辑结构。主要采用白盒测试的测试用例,辅之以黑盒测试的测试用例,使之对任何合理的输入和不合理的输入都能鉴别和响应。

嵌入式单元测试特别要注意大部分单元级测试都可以在主机环境上模拟目标环境进行,除非特定情况,特别具体指定了单元测试直接在目标环境进行,而这些特定情况往往是嵌入式软件的特点所经常表现出来的。例如外部中断,端口输入输出,涉及资源调度,需要看相应的硬件占用效率和错误等。有时还需要同时监视对硬件的影响和对硬件资源的使用情况,以及整体的效率。所以说没有单纯的嵌入式软件的单元软件测试可以用非嵌入式软件测试的说法。必须生成一些驱动或嵌入式特征的环境才能真正进行嵌入式单元测试。

2. 部件或集成测试

在单元测试的基础上,需要将所有模块按照设计要求组装成为系统。这时需要考虑的问题是在把各个模块连接起来的时候,穿越模块接口的数据是否会丢失;一个模块的功能是否会对另一个模块的功能产生不利的影响;各个子功能组合起来,能否达到预期要求的功能;全局数据结构是否有问题;单个模块的误差累积起来,是否会放大,从而达到不能接受的程度。

在单元测试的同时可进行组装测试发现并排除在模块连接中可能出现的问题,最终构成要求的软件系统。子系统的组装测试特别称为部件测试,它所做的工作是要找出组装后的子系统与系统需求规格说明之间的不一致。通常,把模块组装成为系统的方式有两种:一次性组装方式和增殖式组装方式。

一次性组装方式是一种非增殖式组装方式,也叫作整体拼装。使用这种方式,首先对每个模块分别进行测试,然后再把所有模块组装在一起进行测试,最终得到要求的软件系统,如图 2.3 所示。

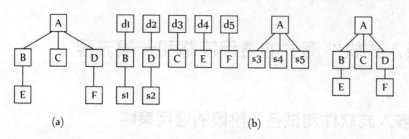

图 2.3　整体拼装

增值式组装方式又称渐增式组装。首先对一个个模块进行测试,然后将这些模块逐步组装成较大的系统。在组装的过程中边连接边测试,以发现连接过程中产生的问题,通过增值逐步组装成为要求的软件系统。

自顶向下的增值方式是将模块按系统程序结构,沿控制层次自顶向下进行组装,在测试过程中较早地验证了主要的控制和判断点。选用按深度方向组装的方式,可以首先实现和验证一个完整的软件功能,如图 2.4 所示。

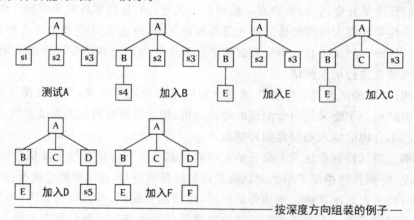

——按深度方向组装的例子——

图 2.4　自顶向下的增值式组装

自底向上的增值方式是从程序模块结构的最底层模块开始组装和测试,如图 2.5 所示。因为模块是自底向上进行组装,对于一个给定层次的模块,它的子模块(包括子模块的所有下属模块)已经组装并测试完成,所以不再需要组装模块。在模块的测试过程中需要从子模块得到的信息可以直接运行子模块得到。

自顶向下增值的方式和自底向上增值的方式各有优缺点,一般来讲,一种方式的优点是另一种方式的缺点。

嵌入式部件测试或继承测试特别要注意:

(1) 软件集成也可在主机环境上模拟完成,在主机平台上模拟目标环境运行,当然在目标环境上重复测试也是必需的,在此级别上的确认测试将确定一些环境上的问题,比如内存定位

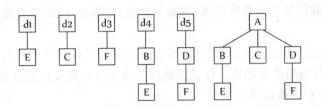

图 2.5　自底向上的增值式组装

和分配上的一些错误。

（2）在主机环境上的集成测试的使用，依赖于目标系统的具体功能有多少。有些嵌入式系统与目标环境耦合的非常紧密，若在主机环境做集成是不切实际的。

（3）一个大型软件的开发可以分几个级别的集成。低级别的软件集成在主机平台上完成有很大优势，越往后的集成越依赖于目标环境。

3．系统测试

将通过测试的软件作为整个基于计算机系统的一个元素，与计算机硬件、外设、操作系统、数据和人员结合在一起，在实际运动的环境下对计算机系统进行一系列的集成测试和确认测试。

传统系统测试一般在目标环境下运行。当单元测试和集成测试完成之后，系统测试功用则在于评估系统环境下软件的性能，发现和捕捉软件中潜在的 Bug。

传统确认测试(Validation Testing)又称有效性测试。任务是验证软件的功能和性能及其他特性是否与用户的要求一致。对软件的功能和性能要求在软件需求规格说明书中已经明确规定。它包含的信息是软件确认测试的基础。有效性测试是在模拟的环境（可能就是开发的环境）下，运用黑盒测试的方法，验证被测软件是否满足需求规格说明书列出的需求，如图 2.6 所示。

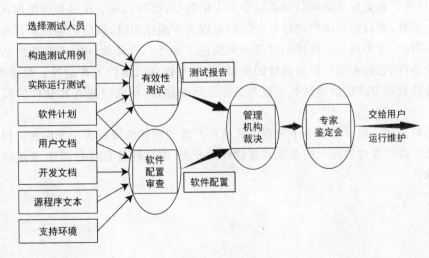

图 2.6　确认测试

首先制定测试计划，规定要做测试的种类。还需要制定一组测试步骤，描述具体的测试用例，通过实施预定的测试计划和测试步骤，确定软件的特性是否与需求相符；所有的文档都是正确且便于使用；同时，对其他软件需求，例如可移植性、兼容性、出错自动恢复、可维护性等也都要进行测试。

在全部软件测试的测试用例运行完后，所有的测试结果可以分为两类：

(1) 测试结果与预期结果相符。这说明软件的这部分功能或性能特征与需求规格说明书相符合，从而这部分程序被接受。

(2) 测试结果与预期结果不符。这说明软件的这部分功能或性能特征与需求规格说明不一致，因此要为它提交一份问题报告。

嵌入式系统测试和确认测试特别要注意：传统中所有的系统测试和确认测试一般在目标环境下执行。确认测试最终的实施舞台必须在目标环境中，系统的确认一般在真实系统之下测试，而不在主机环境下模拟。这关系到嵌入式软件的最终使用。确认测试一般包括恢复测试、安全测试、强度测试、性能测试等。好的交叉测试策略能提高嵌入式软件测试水平和效率。而本书提出的全数字、半数字/半物理、全物理等广义仿真平台技术均可用来做系统测试和确认测试。

2.6.2 嵌入式软件测试一般流程

目前国内外大部分嵌入式软件测试的一般流程：使用测试工具的插桩功能（主机环境）执行静态测试分析，并且为动态覆盖测试准备好一插桩好的软件代码；使用源码在主机环境执行全数字模拟测试，修正软件的错误和测试脚本中的错误；使用插桩后或非插桩的软件代码在虚拟目标机上执行覆盖率测试，添加测试用例或修正软件的错误，保证达到所要求的覆盖率目标；在目标环境下（半数字或全物理）重复，确认软件在目标环境中执行测试的正确性；若测试需要达到极端的完整性，最好在真实目标系统上重复，确定软件的覆盖率没有改变。

通常在主机环境执行的多数测试只是在最终确定测试结果和最后的系统测试才移植到目标环境，这样可以避免发生访问目标系统资源上的瓶颈，也可以减少在昂贵资源如在线仿真器上的费用。另外，若目标系统的硬件由于某种原因而不能使用时，最后的确认测试可以推迟直到目标硬件可用，这为嵌入式软件的开发测试提供了弹性。设计软件的可移植性是成功进行交叉的先决条件，它通常可以提高软件的质量，并且对软件的维护大有益处。很多测试工具，都可以通过各自的方式提供测试在主机与目标之间的移植，从而使嵌入式软件的测试得以方便的执行。

以上是对目前一般认知水平下对嵌入式软件开发和测试的流行看法和做法。但大多数复杂的、重要的、高可靠性的嵌入式系统及其软件的开发、测试往往在这种流于表面的方法下拖延甚至失败。

第 3 章
嵌入式系统及其软件的新理论体系

正如前言和第 1 章中所阐述,从嵌入式系统谈到其软件,浓缩到嵌入式测试尤其是嵌入式软件测试,聚焦其与非嵌入式软件测试的不同,从而从软硬件太极图中偏软的一边,引出要打破一个旧世界建立一个新世界的契机,鉴证这个新理论的诞生。

这一章也可暂时跳过去,看完 4、5、6、7 章后再回过头来看这一章。也可先看一下,能懂多少算多少;等看完 4、5、6、7 章后再回来重看一遍这一章。

3.1 嵌入式系统及其软件的基本理论和原则概述

3.1.1 从嵌入式软件测试说起

在以上讨论嵌入式软件测试的通用原则时发现,将嵌入式软件的所有测试如放在目标平台上会有很多不利因素:测试软件可能会造成与开发者争夺时间的瓶颈,要避免它只有提供更多的硬件目标环境;有时目标环境可能还未完成;正如前面对一般嵌入式开发、测试环境的描述,比起主机平台环境,目标环境通常是不精密的和不方便的;而且一般提供给开发者的目标环境和联合开发环境通常是很昂贵的;直接用真实目标机进行测试工作对目标环境持续的应用有干扰甚至破坏的作用。这些从测试角度看到的挑战性的问题都是一叶障目不见泰山式思维方式引起的。

3.1.2 嵌入式技术的基础理论

为了进一步解决以上这些问题,不被眼前嵌入式繁杂的现象所迷惑,要抛开一般的思维方式,从结构化、通用化的角度,从新系统论的视角上建立嵌入式系统及其软件的嵌入技术理论和原则及其方法。这种理论和原则体系叫作全寿命周期一体化系统,落实到方法上叫作嵌入式系统的仿真方法。

嵌入技术的基本需求、前提、条件包括以下领域:

(1) 嵌入式系统中的嵌入式软件和硬件。这是计算机软件和硬件基本概念的一个平行概念。但如前所述,要有一个系统整体的前提,软硬件是紧密耦合的。

(2) 嵌入式(简单)系统。要完整地反映嵌入式系统本身的特性、特征。但仅仅是计算机软硬件本身,不包括计算机形态以外的非计算机环境,只是把嵌入式系统考虑在内,外部只是一个环境和外部输入。

(3) 嵌入式软件、嵌入式系统的复杂系统。

(4) 基于嵌入式软件、嵌入式系统的包括相关系统的复杂大系统。

(5) 基于嵌入式软件、嵌入式系统的复杂大系统的工程化管理。

嵌入技术要有广泛的适用范围:覆盖、渗透到国民经济、国防军工各个领域、行业,带动嵌入式行业、产业的发展。嵌入技术是个核心,通过各种服务方式(详见第7章)渗透、应用到航天、航空、船舶、电子、机电、通信、电力、化工等各个方面,如图3.1所示。

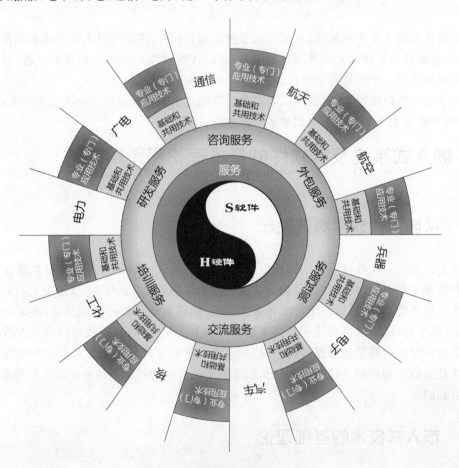

图 3.1 核心技术应用辐射图

嵌入技术要有广泛适用阶段和环节:覆盖各种产品、项目、工程的需求分析(设计)、方案验证、开发、测试、确认、维护等全寿命,即渗透、覆盖设计/验证/开发/测试/确认/维护(Design, Validate, Research, Testing, Verification, Maintenance)等阶段的全寿命周期(Life-Cycle, LC),在以上这些指导方向上建立仿真系统,从而实施嵌入式系统及其软件的系统工程。

第3章 嵌入式系统及其软件的新理论体系

要说明的是,这里是使用、借用了仿真一词,是一种广义的模拟、虚拟的意思,是使用数学模型对真实的一种近似的意思。一般说仿真,在工程界,有半物理实物仿真;在军事上,有作战仿真等。

全寿命周期平台从技术上分为全数字虚拟化、半数字/半物理固件、嵌入式在环全物理3种方法:

(1) 嵌入式目标机的全数字虚拟化工作方式就是脱离真实目标机,在非嵌入式环境下(Windows,Unix 等)模拟嵌入式软件运行所需要的目标机硬件及外部信号并让嵌入式软件像在真实目标机上一样运行(计算和处理)。

(2) 嵌入式目标机的半数字/半物理固件工作方式就是对真实目标机或其外部接口取其一部分予以真实物理实现,其他部分为固件式数字化仿真。与通常所说硬件在环路(Hardware-in-the-Loop)的半物理仿真不是一个范畴的概念。

(3) 嵌入式目标机的嵌入式在环全物理工作方式就是目标机和外围环境全是电信号连接,但目标机和外围环境都可以是使用各种方法构建的信号激励和接收平台,与通常所说硬件在环路(Hardware-in-the-Loop)的半物理不是一个范畴的概念。

3.1.3 嵌入技术仿真平台建立及嵌入式系统工程的理论与方法论

基于新系统论的总体思想有以下几个特点:

广泛性:无处不在,无所不包。这是一个通用性、普适性的原则,是建立一个理论实用性范围的基本要求。

全面性:无所不能。对于嵌入式系统及其软件的行为特征可以全面的描述和研发。

强大性:攻城拔寨。对于任何方面都应有所表达,都可以发现、解决。

渗透性:上善若水。在中国传统哲学的思想里,对于每一个细节都是可观察到、可记录和可穿越的。

不改变原软硬件特征:厚德载物。在仿真的真亦假来假亦真的过程里,要在一定硬件环境下,真实软件一行不改,能像在真的硬件环境中运行起来并进行研发。

高保真:油画加中国水墨画。这种真亦假来假亦真的仿真方法,可以像西方油画一样用单点光线投射、反射的基本原理,结合对事物基本的解剖学的见山是山的方法;还可以用中国水墨画一样用多点透视的高、平、深的基本原理,结合对事物本质的了解的见山不是山的方法。

仿真:真假难分,雄雌难辨,角色反串、时空变换。

3.1.4 仿真平台及嵌入式系统工程理论与方法论的国学方法论

(1) 建立嵌入式仿真平台的关键前提-软硬件分离原则(原理):黑白阴阳太极,负阴抱阳,冲气为合;易之既济、未济卦。

(2) 嵌入式仿真平台的透明度原则(原理):去粗取精,去伪存真,由此及彼,由表及里;易之乾坤卦。

(3) 嵌入式仿真平台的测不准原则(原理):抽刀断水,面目全非;易之泰、否卦。

(4) 嵌入式仿真平台的时空互换原则(原理):斗转星移,穿越时空(乾坤可颠倒),鱼和熊掌兼得；易之坎、离卦。

（5）嵌入式仿真平台目标机灵活性原则（原理）：真的像假的，假的像真的，一切皆是假象。

（6）嵌入式仿真平台环境搭配原则（原理）：表里如一，内外搭配。

（7）嵌入式设计/开发/测试/确认/维护的无缝平滑过渡原则（原理）：一体化，首尾相顾，善始善终。

（8）嵌入式仿真平台测发一体化原则（原理）：一箭双雕，一石二鸟，事半功倍。

（9）嵌入式仿真平台实时性原则（原理）：地上一年，天上一天。

（10）嵌入式仿真平台测试的黑白结合系统工程原则（原理）：从上至下、从下而上；从里而外，从外而里。以内御外，以外御内，里应外合。

（11）嵌入式仿真平台的静态与动态有机结合GPS原则（原理）：以静制动，以动观静。静中有动，动中有静。

（12）嵌入式仿真平台的综合兼顾原则（原理）：时间、空间、过程、方位、里外、对象、环境，全面兼顾。

（13）嵌入式仿真平台积木式原则（原理）：形而上成气，形而下成器。

（14）嵌入式仿真平台可靠性增长原则（原理）：心随境转，境由心生，知行合一。

（15）嵌入式仿真平台的需求一致性原则（原理）：首尾相连，牵一发动全身。

（16）嵌入式仿真平台解决方案原则（原理）：矩阵式方案纵横捭阖，点线面结合，阴阳结合。

（17）嵌入式仿真平台工厂流水线理念原则（原理）：一气呵成，行云流水。

（18）嵌入式仿真平台嵌入式在环原则（原理）：前后一致，一气呵成。

（19）嵌入式仿真平台虚实结合原则（原理）：以虚写实，以实代虚。

（20）嵌入式仿真平台化扩展性原则（原理）：大而无其外，小而无其内。

（21）嵌入式仿真平台人与环境一体化原则（原理）：天人合一。

（22）嵌入式仿真平台的全面性原则（原理）：心随境转，境由心生，知行合一。

3.2 实现的原则（原理）

（1）嵌入式仿真平台的关键前提是软硬件分离原则（原理）

国学方法论：黑白阴阳太极，负阴抱阳，冲气为合。

嵌入式系统是软硬件耦合系统，把软硬件分离开来，建立嵌入式软件的相对独立的运行环境是一个关键。如果把嵌入式系统看成是一个阴阳太极图，阴阳是软硬件，那是一个动态的耦合过程，是不能或很难拆开的。本书就是要在这种认知的基础上打太极，将阴（软件）予以阳（硬件）中，将阳予以阴中。在动态平衡中将阴阳相对区分开。例如，要把软硬件分离开来，建立嵌入式软件的独立的运行环境必然要带着与其相关的硬件特征。而这种硬件特征随全寿命不同阶段和不同目的的不同而有所区别。从而会有全数字虚拟化方法、半数字半物理固件方法、嵌入式在环全物理方法等。这种分离具体要考虑的因素有CPU、语言、操作系统及其版本、编译器及其版本、开发环境及其版本、内存、寄存器、输入输出等其他硬件配置等。

第3章 嵌入式系统及其软件的新理论体系

只有在首先认识到软硬件紧耦合的前提下,在仿真硬件特征时考虑同时反映软件的运行和其特征,才能全面的记录、反映实时状态下的系统特征,分离下耦合,耦合下分离。

(2) 嵌入式软件仿真平台的透明度原则(原理)

国学方法论:去粗取精,去伪存真,由此及彼,由表及里。

嵌入式软件测试透明度原理是要让软硬件行为在整个过程中清晰可见。嵌入式仿真平台的要点、重点、关键是在整个过程中从看不见、摸不到,要把其可视化、透明化、可操作化(可采集、可输入、可输出、可操控、可跟踪),从技术上说是要将软硬件行为在原则(1)的基础上从整个嵌入式系统中剥离出来,"抠"出来。单独研发嵌入式硬件有各种EDA软件,但研发嵌入式系统及其软件则要困难得多,特别是在记录嵌入式硬件行为的同时记录嵌入式软件的行为,进行快照、录相,并要在以下诸原则约束下工作,更是难上加难。

(3) 嵌入式仿真平台的不确定性或测不准原则(原理)

国学方法论:抽刀断水,面目全非。

物理学中有个不确定性或测不准原理,说的是在微观测量中用光去测量微小粒子时,二者动量数量级已可比较,所以这种测量会带来极大误差。这种测不准物理试验中,用将光照到一个粒子上的方式来测量一个粒子的位置和速度,一部分光波被此粒子散射开来,由此指明其位置。但人们不可能将粒子的位置确定到比光的两个波峰之间的距离更小的程度,所以为了精确测定粒子的位置,必须用段波长的光。但普朗克的量子假设人们不能用任意小量的光,至少要用一个光量子。这量子会扰动粒子,并以一种不能预见的方式改变粒子的速度。所以,位置要测得越准确,所需波长就要越短,单个量子的能量就越大,这样粒子的速度就被扰动得更厉害。换言之,对粒子位置测得越准确,对粒子速度的测量就越不准确,反之亦然。经过一番推理计算,海森伯得出:$\Delta q \Delta p \geqslant h/2\pi$。海森伯写道:"在位置被测定的一瞬,即当光子正被电子偏转时,电子的动量发生一个不连续的变化,因此,在确知电子位置的瞬间,关于它的动量就只能知道相应于其不连续变化的大小程度。于是,位置测定得越准确,动量的测定就越不准确,反之亦然。"

同理,嵌入式系统的软硬件性能和定位精度从严格意义上也是无法同时得到的(鱼和熊掌不可兼得);对嵌入式系统施加的操作是一个对其施加干扰的过程,如果想得到定位的一定准确性,就有可能丧失性能的准确性;反之亦然;测试性能和测试定位精度是一个平衡,即在二者之间找一个平衡。而这种平衡的方法如想鱼与熊掌二者兼得,就要用时间换空间或用空间换时间。请看下一个原则。

(4) 嵌入式仿真平台的时空互换原则(原理)

国学方法论:斗转星移,穿越时空(乾坤可颠倒),鱼和熊掌兼得。

由于不确定性或测不准原理的制约,如想性能和定位精度鱼与熊掌二者兼得,就要用时间换空间或用空间换时间。当然前提是不能丧失嵌入式系统的实时性(见原则(8))。

用时间换空间:例如使用跟踪记录的方式为不插桩/不干预/不侵入的方式,没有预处理,在最小时间步长里走一步记录一步,对比一步,操作一步。这样做的结果会消耗大量资源。

空间换时间:例如使用插桩/干预/侵入的方式,进行预处理,在需要记录、对比、操作的时候进行动作,节约大量资源。但如预先没有涉及的情况就很难处理。

近些年来的数据挖掘和现在正在发展的大数据技术,在嵌入技术的仿真技术中也可进行运用,以期得到时间、空间的节约和互换。

更巧妙的是进一步的放大、缩小时间、空间,将测不准原理彻底消灭,详见原则(8)。

(5) 嵌入式仿真平台目标机灵活性原则(原理)

国学方法论:真的像假的,假的像真的,一切皆是假象。

在全寿命周期的不同阶段,针对不同的研发目的,在前面(1)~(4)的原则基础上,首先要建立嵌入式系统目标机运行的仿真平台,会使用各种手段,包括全数字、半数字/半物理、全物理等各种包括嵌入式系统的目标机及其环境的非目标机的仿真平台,可能包括虚拟、部分真实、真实目标机及其目标机非真实仿真环境等。

如前所述,这些仿真平台,从全数字虚拟化到半数字/半物理和全物理,实物接入越多,灵活性越差,以墙上时钟为代表的现实时间(clock time)与可控的仿真时间(simulited time)(详见原则(8))越接近1:1,实时性越强,可操控性越差,可操作化(可采集、可输入、可输出、可操控、可跟踪)越差,灵活性逐渐下降。

在全寿命周期的不同阶段需要不同的技术手段。清醒地认识到这一点才能把目标机本身的仿真做好。

(6) 嵌入式仿真平台环境搭配原则(原理)

国学方法论:表里如一,内外搭配。

原则(5)是讲为了解决不同问题,灵活地选择目标机仿真的形式。本原则是讲为了建立嵌入式系统的仿真平台的外部环境,全数字、半数字/半物理、全物理方法可以巧妙搭配使用,以达到对不同目标机输入输出及其外部环境匹配的目的。

目标机与其外部环境的连接必须是一致的手段;而其他则可以是按目的任意组合。

(7) 嵌入式仿真平台验证/开发/测试/确认/维护全寿命周期的无缝平滑过渡原则(原理)

国学方法论:一体化,首尾相顾,善始善终。

全寿命周期各个阶段中,研发过程包括设计/验证/开发/测试/确认/维护,各个阶段应可以使用同一构架,无缝平滑过渡研发(Development)的各个阶段对验证/开发/测试/确认/维护等应统一考虑方法和手段。本原则和原则(15)、(16)和(17)密切相关。

例如,在早期概念设计、方案验证阶段或硬件还未生产出来时,全数字虚拟化仿真是一个不错的选择;随着研发工作的深入,部分硬件的引入是想当然的选择,而这些根据不同需要引入的不同半数字/半物理仿真,可以借鉴全数字时的经验;各种硬件的替换可与全数字虚拟化相对比;直至许多软件逐步重定向到硬件行为上;随着更多硬件的引入,全数字虚拟化的灵活性降低,一比一的实时性在增加,加速与欠实时的可能性在减少。在这个过程中尤其要与原则(15)、(16)和(17)结合以保证其可操作性。

(8) 嵌入式仿真平台一体化原则(原理)

国学方法论:一箭双雕,一石二鸟,事半功倍。

把测试当作开发(Research,Debug)的一个组成部分,将这两部分无缝集成。尽可能利用开发的手段和工具,在开发工程师的平台上进行嵌入式软件测试,这包括被测目标机及其测试环境。这样开发工程师的经验也被充分利用,仿真、测试用例也可较快写出。

许多开发工程师对测试、仿真有一定的抵触情绪,讳疾忌医;或者是在一定硬件环境下开发出来的软件不愿再去测试,或不愿在另外的仿真环境下测试、验证。还有与原则(17)有关,搞仿真的只注重原理性仿真,而嵌入式的实现是另一批或两批人。为了解决这些问题,需要将开发、测试在统一的仿真环境下进行,力求在开发的同时,就能将调试、开发的过程予以记录、纪实,把测试的功能随时加上去,使得可将开发、测试进程一体化。一体化平台如图 3.2 所示。

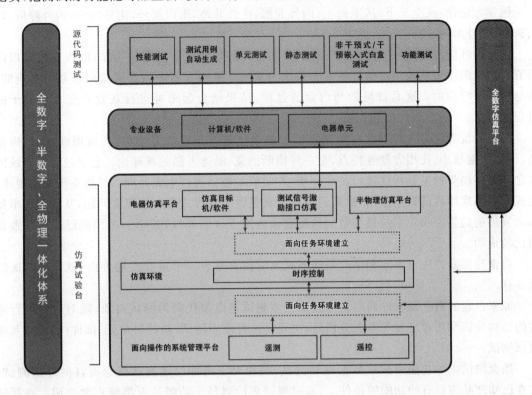

图 3.2　一体化平台

(9) 嵌入式仿真平台实时性原则(原理)

国学方法论:地上一年,天上一天。

在建立、使用嵌入式仿真技术时,不论使用什么技术手段,都要尽可能保持性能的正确性和一定的精度,是一个极大的挑战。

实时的仿真(Real Time Simulation)与仿真的实时(Simulated Real Time)概念上有很大差异。一般来说现实世界不管考虑相对论还是量子力学效应,从人的肉眼角度,墙上的时钟(Clock-On-the-Wall,COW)对应一般所说的实时(Real Time),在这个意义上所做的仿真叫作实时仿真(Real Time Simulation)。一般半物理仿真和硬件在回路仿真(Hardware-in-the-Loop,HIL)都是在这种意义下进行的。仿真世界里的实时有点像盗梦空间里的多层次,又像是天上一天,地下一年的同一时刻的不同度量带来的相对论效应。实际上,以墙上时钟 COW 为物理概念基础的虚拟仿真就像 DVD 的快进和慢进与暂停一样,都是实际实时仿真的产物,只是人的肉眼凡胎被误导而已。这种仿真仍然保证了实时性,叫作仿真的实时(Simulated Real Time)。实时的仿真(Real Time Simulation)与仿真的实时(Simulated Real Time)技术的混合使用是一种很高超的艺术。与前面的原则(4)、(5)、(6)和(7)结合,方可达到这个境界。

时间尺度对不同嵌入式系统及不同分系统、不同层次都可能是不同的。像录像快进、慢进、暂停、欠实时、实时、超实时;也可能像盗梦空间一样,多频率,多层次。

（10）嵌入式仿真平台黑白结合的太极盒原则（原理）

国学方法论：从上至下、从下而上；内外兼修、内外兼治，由内而外，由外而内，内外呼应，以内御外，以外御内，内外兼施，里应外合。

内与外呼应：以外在黑盒的经络系统、诊断望闻问切数据聚类系统为基础，内在白盒以阴阳五行理论的内藏藏像对应的五脏五腑系统为基础。最伟大的一点是黑盒白盒是可对应的，外与内是可呼应的。这是将黑盒与白盒的过程、结果结合起来可进行灰盒直至太极盒子的过程。

灰色系统理论是一种对含有不确定因素的系统进行预测的方法，具有通用性强、精确度高、所需数据量小、使用方便等特点，是一种横断面宽、渗透力强的新理论。它通过鉴别系统因素之间发展趋势的差异程度进行关联分析，并对原始数据进行生成处理以寻找系统变动规律，生成有较强规律性的数据序列，然后通过建立灰色微分方程式来表达现实问题，从而预测事物未来发展的趋势。灰色系统模型数列预测曾被应用于许多领域，其中一些预测已经被实践证明比较成功。

白盒与黑盒方法有机地相结合是嵌入式实时仿真平台一个重要发展方向（就像中西医结合一样）。

原来白盒的概念是软件的白盒测试。白盒测试是以源代码为测试对象，除对软件进行通常的结构分析和质量度量等静态分析外，主要是进行动态测试，包括对单元、部件（集成）、系统局部测试。

黑盒测试也称功能测试或数据驱动测试，是相对于内部白盒测试概念而言的外部测试。它在已知产品应具有的功能的条件下，通过测试来检测每个功能是否都能正常使用。在测试时，把程序看作一个不能打开的黑盒子，在完全不考虑程序内部结构和内部特性的情况下，测试者在程序接口进行测试。它只检查程序功能是否按照需求规格说明书的规定正常使用，程序是否能适当地接收输入数据而产生正确的输出信息，并且保持外部信息（如数据库或文件）的完整性。黑盒方法着眼于程序外部结构、不考虑内部逻辑结构、针对软件界面和软件功能进行测试。

黑盒测试方法是在程序接口上进行测试，主要是为了发现以下错误：是否有不正确或遗漏了的功能？在接口上，输入能否正确地接受？能否输出正确的结果？是否有数据结构错误或外部信息（例如数据文件）访问错误？性能上是否能够满足要求？是否有初始化或终止性错误？

白盒测试方法把测试对象看做一个透明的盒子，它允许测试人员利用程序内部的逻辑结构及有关信息，设计或选择测试用例，对程序所有逻辑路径进行测试，通过在不同点检查程序的状态，确定实际的状态是否与预期的状态一致。因此白盒测试又称为结构测试或逻辑驱动测试。白盒测试一般分为静态测试与动态测试。静态测试不实际运行软件，主要是对软件的编程格式、结构等方面进行评估。而动态测试需要在 Host 环境或 Target 环境中实际运行软件，并使用设计的测试用例去探测软件漏洞。黑盒测试和白盒测试的比较如图 3.3 所示。

黑盒测试与白盒测试总结如下：
- "黑盒"测试是将嵌入式软件当作一个黑盒子，只关注系统的输入输出；
- 目前的测试做法是以硬件方式将被测系统的输入输出端口用硬件对应连接，使用实时处理机和宿主机对被测系统进行激励和输入，进行驱动，然后获取输出结果进行分析，

第3章 嵌入式系统及其软件的新理论体系

策略种类	黑盒测试	白盒测试
测试对象	程序的功能	程序的结构
测试要求	逐一验证程序的功能	程序的每一组成部分至少被测试一次
采用技术	等价分类法 边界分析法 错误猜测法 因果图法	逻辑覆盖法 路径测试法

图 3.3 黑盒与白盒测试比较

进行开环或闭环测试;
- 优点是实时性强;
- 缺点是这种测试实际上是对整个被测系统的测试,是一种确认性测试,如发生问题,不知道是硬件还是软件发生的问题,还是软硬件耦合发生的问题;
- 如果目标机未设计制造出或无法得到,这种测试无法进行。

白盒是对软件源代码的测试。如果没有源代码这种测试是不能进行的。

将黑盒和白盒的概念扩大到一般的嵌入式仿真,黑盒视为是系统软件综合硬件外部功能、性能行为,白盒是嵌入式系统软硬件内部功能、性能行为。

黑白盒结合是一个非常有挑战的课题,截至目前,几乎没有可参考的资料。与灰盒理论和系统辨识理论与密切关系,但又不尽相同。可以使用灰盒理论对黑白盒的数据进行综合分析,就如同数据不完全一样。但实际上本书研究范围可以认为白盒与黑盒数据都足够完整,只是能否结合、怎样结合的问题。

如要谈这个问题,就不得不提前谈一点基于国学方法论的超系统论的新系统论。第8章将详细谈到超系统论。经典的系统概念总是有一个既定的对象,对界定了这个对象的系统进行描述,这个对象的外部就是环境。巨系统、复杂系统的概念也不例外。而超系统的概念是一个开放的、无边界或动态定义下边界的"大而无其外,小而无其内",无内无外、无前无后、无左无右、无先无后的多层次系统。将局部的白盒方法与这个局部的外部环境系统的黑盒方法融合为一体来看,就是黑白盒相结合的太极盒方法。

整体性与协同性:功能是整体的属性,不是部分的属性,也不是要素的属性。功能由整体的结构决定,但功能与结构之间并不一定不存在——对应的关系,超系统理论对系统功能的描述,不脱离具象结构,但不把某一部分孤立看待,而注意到各部分互相作用后形成的新属性,形成新的相干性、协同性。

黑盒的经络是测试理论里的敏感性、强度、错误注入等的使用。图 3.4 所示为黑白盒测试同时进行。

(11) 嵌入式仿真平台的静态与动态有机结合 GPS 原则(原理)

国学方法论:以静制动,以动观静。静中有动,动中有静。正经十二脉、奇经八脉,大小周天,针灸周身大小穴位拿捏准确,草药循经。

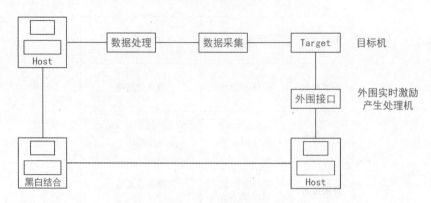

图 3.4　黑白盒同时进行

　　尽可能地把静态分析结果应用到动态测试中。前面讲黑白盒时已简单提到了静态、动态分析方法。静态分析一部分是对程序的控制流图和调用图的分析，它是对整个程序的所有结构和运行的可能性的分析。如把这一部分结果与动态测试结合起来，可以清晰地看到在某种测试条件下的软件在整个结构中运行的情况。这种状态就像是 GPS 卫星定位先画出城市的道路交通图一样，通过结构静态分析画出调用图和控制流图等。

　　静态结构分析主要是以图形的方式表现程序的内部结构，帮助理解程序函数调用关系图，以直观的图形方式描述一个应用程序中各个函数的调用和被调用关系；控制流图显示一个函数的逻辑结构，它由许多节点组成，一个节点代表一条语句或数条语句，连接节点的叫边，边表示节点间的控制流向；数据流图显示程序中声明的符号或变量被引用的情况。

　　这种类似城市道路交通图一样的程序图，软件根据不同的初始和外部运行条件，嵌入式软件还与硬件特性相关，像一辆运动的汽车在 GPS 定位信号传出后其跑路的轨迹在电子地图上可显示得一清二楚一样，软件运行和调用的情况，包括覆盖率情况和硬件地址、内存占用等情况，都可用图形化方式显示出来，像地图信息（GIS）一样。

　　静态测试还包括需求评审、设计评审、代码检查、代码质量度量等。代码检查包括代码走查、桌面检查、代码审查等，主要检查代码和设计的一致性，代码对标准的遵循和可读性，代码逻辑表达的正确性，代码结构的合理性等，可以发现违背程序编写标准的问题，程序中不安全、不明确和模糊的部分；可以找出程序中不可移植部分、违背编程风格的问题，包括变量检查、命名和类型审查、程序逻辑审查、程序语法检查和程序结构检查等内容。

　　代码质量度量根据 ISO/IEC 9126 国际标准所定义的软件质量包括 6 个方面：功能性、可靠性、易用性、效率、可维护性和可移植性，如图 3.5 所示。软件的质量是软件属性的各种标准度量的组合。ISO 目前已推出的有关软件质量评价方面的标准是 ISO/IEC14589 系列标准。它从软件质量模型概述、软件评价策划与管理、开发人员评价过程、顾客评价过程、评价者评价过程以及评价模块 6 个方面描述了软件质量评价的过程和步骤。软件质量度量模型的研究是与软件质量度量与评价的实践相结合的，目前已经研究出了几百种软件质量度量和评价方法，其中有些方法经过实践检验，如 McCabe 控制结构复杂性度量方法、FP 功能点度量方法及 Halstead 源代码复杂性度量等。

　　针对软件的可维护性，目前业界主要存在 3 种度量参数：Line 复杂度、Halstead 复杂度和 McCabe 复杂度。Line 复杂度以代码的行数作为计算的基准。Halstead 以程序中使用到的运算符与运算元数量作为计数目标(直接测量指标),然后可以计算出程序容量、工作量等。McCabe复杂度一般称为圈复杂度(Cyclomatic Complexity),它将软件的流程图转化为有向图,然后以图论来衡量软件的质量。McCabe复杂度包括圈复杂度、基本复杂度、模块设计复杂度、设计复杂度和集成复杂度。软件质量度量如图3.5所示。

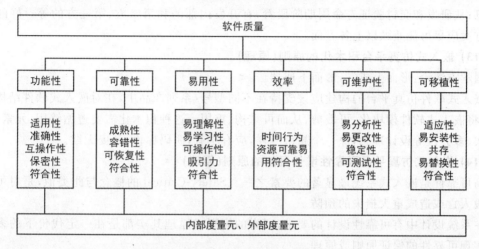

图3.5 软件质量度量

动态测试包括单元测试、集成测试、系统测试、用户的验收测试、回归测试等。具体地说包括功能确认与接口测试、覆盖率分析、性能分析、内存分析等。功能确认与接口测试是已知产品的功能设计规格与接口设计规格,来进行测试证明每个实现了的功能与接口是否符合要求,包括:各个单元功能的正确执行和单元间的接口,即单元接口、局部数据结构、重要的执行路径、错误处理的路径和影响上述几点的边界条件等内容。

性能分析可用静态分析与动态测试方法来研究代码运行缓慢问题,这是开发过程中的一个重要问题。一个应用程序运行速度较慢,程序员不容易找到是在哪里出现了问题,如不能解决应用程序的性能问题,将降低并极大地影响应用程序质量,查找和修改性能瓶颈成为调整整个代码性能的关键。

目前性能分析工具大致分为纯软件的测试工具、纯硬件的测试工具(如逻辑分析仪和仿真器等)、软硬件结合的测试工具。对内存泄漏分析可用静态分析与动态执行两种方式。使用C语言作为嵌入式软件开发的工具极易产生内存泄漏,会导致系统运行的崩溃,尤其对于嵌入式系统这种资源比较匮乏、应用非常广泛,而且往往又处于重要部位的,将可能导致无法预料的重大损失。通过测量内存使用情况,可以了解程序内存分配的真实情况,发现对内存的不正常使用,在问题出现前发现征兆,在系统崩溃前发现内存泄漏错误。内存泄漏分析有静态分析和动态执行检测,目的是发现内存分配错误,并精确显示发生错误时的上下文情况,指出发生错误的缘由。

覆盖测试即逻辑测试,是以程序内部的逻辑结构为基础设计测试用例的技术,通常参考流程图来设计测试用例,它考察的重点是图中的判定框,因为这些判定通常是与选择结构有关或与循环结构有关,是决定程序结构的关键成分。

在本章中这些概念都被延伸使用到全寿命周期中,而不仅仅是一个狭义测试的概念。

(12) 嵌入式仿真平台的综合兼顾原则(原理)

国学方法论:时间、空间、过程、方位、里外、对象、环境,全面兼顾。

嵌入式软件仿真平台,从分析手段上看,按照原则(11)有静态和动态的;从系统方法上看,按照原则(10),有白盒和黑盒;从对象来看,按照原则(19)和(20),有单元、部件和系统,甚至人与信息;从研发和交付验证寿命周期阶段看,有开发内部的和第二方、第三方的等。好的仿真平台方案应尽可能兼顾以上各方面。

(13) 嵌入式仿真平台积木化的原则(原理)

国学方法论:形而上成气,形而下成器。

嵌入式软件仿真平台的构建应该支持在不同型号/系列产品中,在对嵌入式软件结构化基础上,将嵌入式软件模块化、可裁剪,从而可重构、重用。这种积木化需要遵循够用、元素齐全、多层次、多方位等设计理念,像一个超市一样,应有尽有,明码标价,童叟无欺。

(14) 嵌入式仿真平台可靠性增长目的的原则(原理)

高可靠性是嵌入式系统最显著的要素之一。Safety-Critical 的概念与此类似,是对可能造成机毁人亡或造成重大损失的预防。

在系统设计中有可靠性设计的要求,所有的原则或原理其实都是在一定代价下的多快好省地实现可靠性的保证原则或原理。

在积木化过程中,要有意识地在多型号、项目中不断修正积累,不断验证模块的正确性、完整性、可叠加性、可重用性,在全寿命周期中,结合(7)原则,达到设计可靠性的不断增长。

(15) 嵌入式软件仿真平台的需求一致性原则(原理)

国学方法论:首尾相连,牵一发动全身。

在设计、编码、测试(狭义)、确认、维护等全寿命周期各个阶段都要对需求与设计实现进行一致性比对与修正,达到真正对软件的需求管理和需求变更管理;有时上层需求有所修改,往后产生变更影响;有时是从下层修改向上或横向造成影响。这种影响随着复杂性的增加,可能迅速、大量蔓延,甚至产生蝴蝶效应。在第 8 章会更多地阐述非线性产生需求变更的必然性。

为了解决这种效应,广义测试的概念被引了进来:即在设计、编码、测试(狭义)、确认、维护各个阶段都要进行测试、验证;为达到以上目的,必须建立各种文档与嵌入式源代码、硬件各种设计手段生成的设计、文档,并可以将其按照某种标准和需要进行之间的自动化关联和连接。在需求管理与变更时提供计算机辅助的理想解决方案。为此世界上各大公司做出了巨大努力,但收效不大。要形成双向、多级追溯方可奏效。

(16) 解决方案理念:矩阵式方案

国学方法论:纵横捭阖,点线面结合,阴阳结合。

总体思想:建立嵌入式系统仿真平台综合一体化设计/验证/开发/测试/确认/维护全寿命的系统平台,从而就需要构建一个既能满足嵌入式系统软件本身的从单元到单机系统,以需求为导向的设计、验证、开发、测试、确认(交付)、维护的一体化(研发)的综合平台,又能满足与其他相关系统平台的复杂系统的研发一体化综合平台(以下简称综合系统平台),不是一个个信息孤岛,而是局部与整体相关的有机整体系统。使软件开发技术系统化、规范化、高效化,能稳步、可持续性发展,并保障软件的质量,提高软件的可靠性。

从组织架构上,即管理流,可以形成矩阵式体系,如图 3.6 所示。

产品研发过程中形成的综合系统平台嵌入式软硬件解决方案的特点:除了单机系统以外

第3章 嵌入式系统及其软件的新理论体系

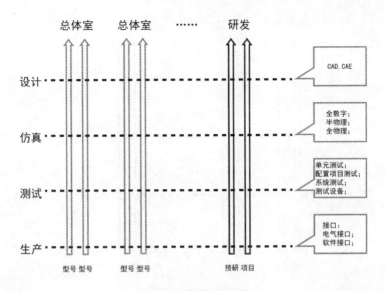

图 3.6 矩阵式管理流

还要考虑其他的相关部分而构成的复杂系统,被考虑对象可能不是一个分系统及其工具,但每一个工具即可自成体系,单独完成某些功能;又必须可以被集成进综合系统平台,完成一个完整的大系统功能。

总体布局环境以实时时序控制和面向任务的工作环境建立手段为主体。分为目标系统、仿真平台(其他相关部件和信号)、时序部分和工作环境创建4部分,各部分根据系统的情况,通过总线、TCP/IP 网络通信等方式进行数据传输。信号仿真系统、外系统等效器仿真系统、并在整个环境中进行软件开发/测试。

解决方案理念:矩阵式方案或综合系统平台的嵌入式软件解决方案。

业务流:建立综合一体化设计/验证/开发/测试/确认/维护全寿命周期综合系统平台(以下简称综合系统平台)。

管理流:建立基于需求导向的嵌入式软件全寿命集成平台(以下简称全寿命集成平台)。

业务流构建综合系统平台框架环境的基本方法:

(1) 建立实时协同仿真环境;

(2) 建立全数字、半物理、全物理综合系统平台;

(3) 构建全寿命集成平台框架环境;

(2) 在嵌入式软件全寿命周期中,要时刻保持与需求一致。一是要建立对各种文档的需求管理;一是建立各种文档与源码间的自动化联接机制,实现真正的需求管理。

从技术架构上,即业务流,可以形成矩阵式体系,如图3.7所示。

(17) 嵌入式仿真平台工厂、流水线(生产线)原则(理论)

国学方法论:一气呵成,行云流水。

目前传统一般流程如下:

第一阶段是纸面上需求分析、概要、详细设计。

第二阶段是原理性验证,半物理仿真。目前的图形化建模方法可进行原理验证,可自动生成源码,但生成的源码不可读,且效率低,一般不会作为真正运行的代码或还有大部分代码要

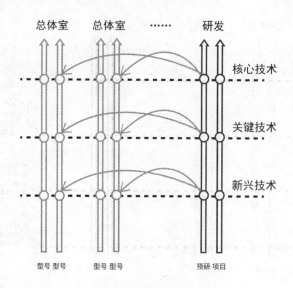

图 3.7 矩阵式业务流

用另外开发方式、开发工具开发。

第三阶段是用另外开发方式、开发工具开发嵌入式硬件、软件。

第四阶阶段是进行嵌入式仿真、确认。

第五阶段是测试。根据需求和开发文档写内部测试方案文档,通过测试手段,将从需求的探索联系搭建起来,形成追溯关系。所以它的前提是软件工程、系统工程做得足够好,逻辑关系较清晰而且错误较少。必要时进行第三方软件测试。

第六阶段是内部、第三方系统确认测试、交付。

第七阶段是维护。

第八阶段是退出。

以可用的工具为例。

第一阶段本身就是需要很好的实施,而不仅仅是文档的文字游戏。第一阶段实施可以叫需求工程平台,CRESTS/RV 或 DOORS;

第二阶段需要图形化建模工具 MBD,像 MWorks、Matlab、MATRIXX、Labview、UML 及各个领域都有的图形建模,并且最好是能自动生成源代码的工具。

第三阶段:编码阶段,最好不仅是简单的 Debug 工具,要使用形式化图形全局性编码平台 CRESTS/AIDE,CCS,Labview,Keil。

第四阶段:在有嵌入式源码后再用仿真平台和仿真环境进行验证和测试。这一阶段是嵌入式仿真平台与环境(CRESTS/Cosim,VTsysSim,ATAT,TESS,CodeCast,TESSC,prototype,EASTsys)。

第五、六、七阶段:用科锐时仿真平台和仿真环境进行验证和测试(CRESTS/Cosim,VTsysSim,ATAT,TESS,CodeCast,TESSC,H-TEST,prototype,EASTsys)。

在以上各个阶段都要用 REGuide Validate 进行多级双向追溯(参见第9章)。

试图把各个过程都认为是关联确定的是非常错误的,就像相对论不能适应量子力学一样,不确定性是广泛存在的。

第3章 嵌入式系统及其软件的新理论体系

目前一般流程的实施存在的问题:传统的快速原型机仅是验证算法和原理,生成的代码并不是运行在真正的最终 CPU 上;在验证、验算完部分算法后还要由软件开发人员再根据验证、验算的原理,编写源代码。这造成开发阶段断层,开发流程不连续,验证、验算完的部分算法的经验也不能完全传递;并且许多输入输出、实时特性在验证、验算时也无法充分验证。快速原型开发与传统开发模式的比较如图 3.8 所示。支持国际流行的图形化处模流水线解决方案如图 3.9 所示。

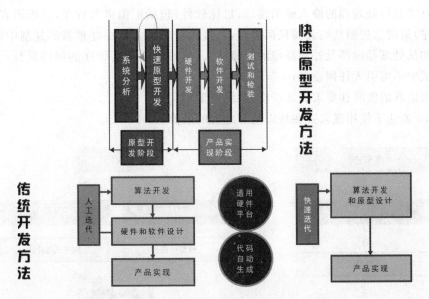

图 3.8 快速原型开发与传统开发模式的比较

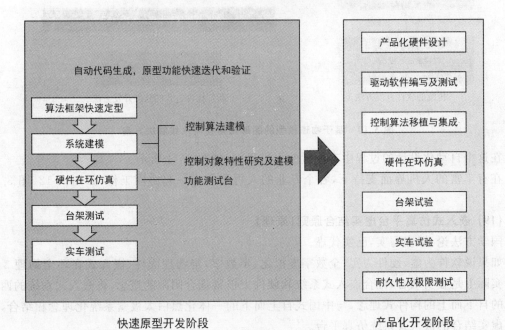

图 3.9 支持国际流行的图形化建模流水线解决方案

(18) 嵌入式仿真平台嵌入式在环原则(理论)

国学方法论：前后一致，一气呵成。

本作者基于前面的原则提出、提倡嵌入式在环和人在环路的仿真解决方法：提供真实的目标机 CPU 或其 CPU 快速原型的虚拟和复制；支持用户使用 Matlab/Simulink 编写的控制策略模型，仅需非常简单的操作，控制策略即可通过自动代码生成技术（自动生成 a2l.hex 文件）刷写到电子控制单元之中，立即进行实验验证。

仿真真实目标处理器的输入输出接口；目标软件（包括汇编语言程序，高级语言程序和混合语言程序）最终二进制代码无需任何修改，直接执行于真实目标处理器的复制中；支持针对目标软件和从处理器内部及外部环境的故障注入；实现被测应用程序的闭环运行。这样就可在软件测试中不需引入任何设备；

可使用仿真的实时性要求非常严格；系统可重用。

图 3.10 表达了使用嵌入式在环以前和之后的景像。

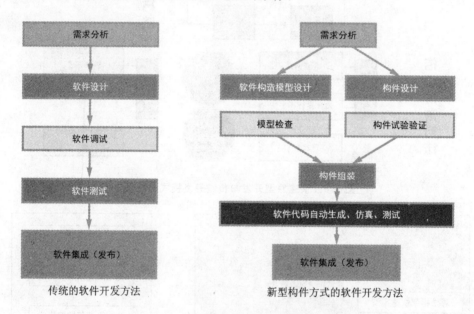

图 3.10　基于物理模型的图形化建模流水线解决方案

在这个自动化设计的过程中有大量的人机界面，如图 3.11 所示。

在有丰富的人机界面支持下，各个专业的人可聚集在一起协同工作，如图 3.12、图 3.13 所示。

(19) 嵌入式仿真平台虚实结合原则(原理)

国学方法论：以虚写实，已实代虚。

如果说软件为虚，硬件为实，全数字虚拟化、半数字/半物理固件、嵌入式在环全物理 3 种方法实际上是虚实结合，配合嵌入式系统软硬件太极紧耦合阴阳的概念，将嵌入式系统的西方文化的自下而上的构件式理念，与中国式自上而下的一体化黑白太极盒系统化理念相结合，创造了虚实结合的嵌入式系统仿真平台。

第 3 章 嵌入式系统及其软件的新理论体系

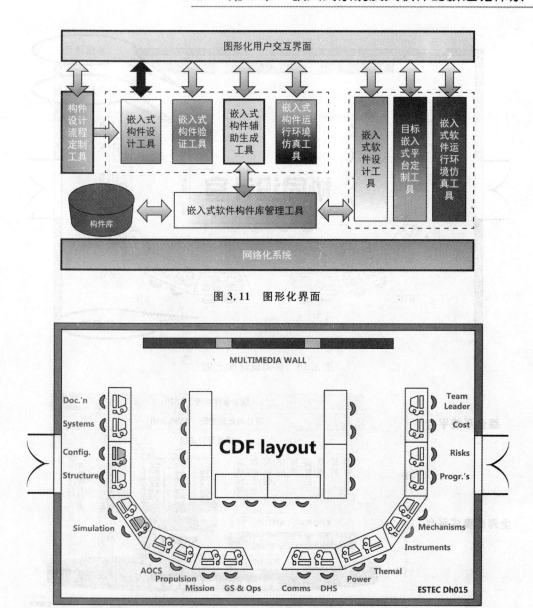

图 3.11 图形化界面

图 3.12 从内容到形式的统一

(20) 嵌入式仿真平台化扩展性原则(原理)

国学方法论:大而无其外,小而无其内。

从嵌入式系统软硬件来说,分单元、部件、系统,从更大、更多系统来说,是复杂系统;从人、物、信息来说,是原则(20)里说的。不论多大、多小的系统,仿真平台都是可扩展的。

(21) 嵌入式仿真平台人与环境一体化原则(原理)

国学方法论:天人合一。

在第 8 章中将人、机、物有机地结合在一起,跨越了 ARTIMIS、赛博空间 CPS 的理念,将人类的自然语言与计算机的非自然语言,本着中国传统的天人合一理念,进行融合,结合原则(16)和(17),对非线性复杂系统的解决方案迈进坚实一步,如图 3.14 所示。

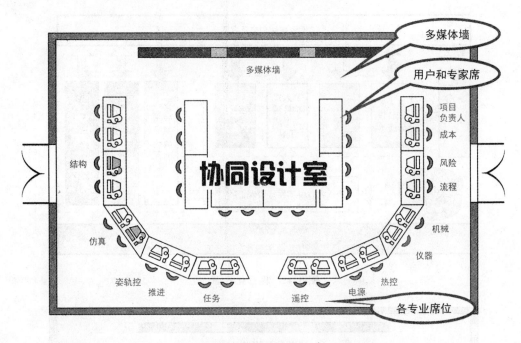

图 3.13　协同设计本土化

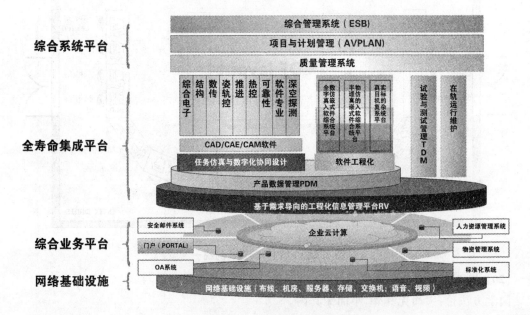

图 3.14　人机物一体化

(22) 嵌入式仿真平台的全面性原则(原理)

国学方法论:心随境转,境由心生,知行合一。

实践与方法衔接,覆盖整个全寿命周期,不遗漏任何一个阶段,如图 3.15 和图 3.16 所示。

第 3 章　嵌入式系统及其软件的新理论体系

图 3.15　全寿命过程与产品示意图

图 3.16　全寿命魔方图

第 4 章
全数字虚拟化方法

4.1 单机系统的全数字仿真技术

4.1.1 嵌入式系统及其软件开发环境的仿真方式

如前所述,一般软件调试用来定位和排除错误。对于嵌入式应用,无论是软件的测试还是调试,有效的方法仍是借助硬件仿真或软件模拟的手段辅助来进行测试和调试。

目前众所周知的流行的硬件仿真一般由硬件和软件构成。硬件提供监控、控制和保护功能,包含仿真控制的处理器和所有的存储外围设备接口、通信口和在线仿真所需的硬件。而在仿真器里的软件提供状态和控制功能以及与宿主机的通信。在宿主机上工作的软件提供操作仿真器的用户接口。

全数字软件仿真通过数字化的形式仿真嵌入式软件的运行环境,包含支撑嵌入式应用的 CPU 的虚拟目标机,支撑嵌入式软件工作的外围硬件的数字仿真手段。其中又分干预(插桩)和非干预(非插桩)两大类方法;如果将 EDA 电路设计与软件运行过程的白盒相结合,则是软硬件协同验证。

硬件仿真与软件仿真相比,其主要优点是嵌入式软件是在真实的 CPU 上运行;它的不足是很难构造一个完整的嵌入式应用环境,很难支持嵌入式软件的早期开发、测试和调试。

4.1.2 传统"白盒"测试工具的局限性

一般容易看到的资料和先例是软件或所谓嵌入式软件的白盒测试,所以先讲这个事例。

1. 传统"白盒"测试工具共同的缺陷之一

所有的结构测试都要求插桩。嵌入式软件"白盒"测试的插桩概念如图 4.1 所示。

现在国外大部分插桩是函数解释法(详见有关软件测试书籍),使得被测软件代码急剧膨胀,甚至达到 100% 以上膨胀(且不说只是主要面对单元),使本来就匮乏的嵌入式系统资源更

第4章 全数字虚拟化方法

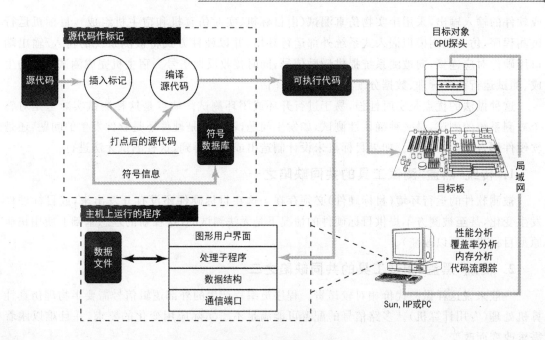

图4.1 嵌入式白盒插桩方法

加紧张。尤其是汇编程序,由于它是低级语言,即它的结构化能力弱,指令功能低级,要构造复杂的算法,需要大量的汇编子程序调用、条件判断以及程序跳转指令,插桩后代码膨胀更为明显。

代码膨胀有可能导致系统错误(被测程序设计中的代码和数据分配受到影响)、时序错误(被测程序的中断与端口输入/输出的时序延时),甚至逻辑错误(汇编程序中相对调用或跳转的目的地址可能越界),从而影响软件运行的真实性和实时性,影响对软件运行起来后进行实时跟踪。现在流行的国外知名软件都使用这种方法,并牵强的用于嵌入式软件测试,好在主要是单元测试。对于没有嵌入式特征的逻辑测试和软件度量还有价值,但对于具有嵌入式特征的软件,就捉襟见肘了。下面还会多次、多方面展开阐述这个问题。

2. 传统"白盒"测试工具共同的缺陷之二

外部事件的激励很难引入。没有系统的概念和针对嵌入式系统及其软件,所以很难引入外部事件的激励。例如,中断事件、输入/输出事件以及其他相关事件无法按逻辑时序产生;无法构造能使被测软件闭环运行的测试环境;只能做有限的无嵌入式特征的单元测试。

3. 传统"白盒"测试工具共同的缺陷之三

由于没有建立嵌入式系统及其软件的概念,没有嵌入式软件运行的环境,基于宿主机/目标机工作方式的"白盒"测试工具其目标机的地址空间难以做到对用户全部开放(部分被占用)。

4.1.3 传统"黑盒"测试工具的局限性

嵌入式软件"黑盒"测试的传统方法是将嵌入式系统或软件当作一个黑盒子,只关注系统或软件的输入输出,采用半实物仿真测试(由目标机、实时仿真机和宿主机组成),目标机运行被测程序,仿真机则模拟嵌入式系统外部运行环境,并以硬件方式将被测系统的输入/输出端口用硬件对应连接,向被测系统提供激励信号,同时接收反馈信号。宿主机完成测试用例的生成、测试运行调度管理、数据分配及测试结果评估。

这种做法的优点是实时性强,易于进行开环或闭环测试。缺点是这种测试实际上是对整个被测系统的测试,是一种确认性测试,如发生问题,不知道是硬件还是软件发生的问题,还是软硬件耦合发生的问题。如果目标机未设计制造出或无法得到,这种测试无法进行。

1. 传统"黑盒"测试工具的共同缺陷之一

被测软件的运行环境(目标硬件)必须存在。这在目标硬件还没有开发出来,或目标硬件发生变化,甚至被测方不提供目标硬件的情况下是无法测试的(这在新的理念基础上使用快速原型目标机后可以改变)。

2. 传统"黑盒"测试工具的共同缺陷之二

一般来说这样做的代价相对较昂贵。程序员编程产生的外部逻辑信号需要半物理仿真计算机处理(专用计算机)。多路信号的配置可能满足不了实际应用变化的要求,并且难以跟着需求改变而改变。

3. 传统"黑盒"测试工具的共同缺陷之三

半物理仿真相对于全数字虚拟化仿真来说,维护困难,易损坏。

4. 传统"黑盒"测试工具的共同缺陷之四

在半物理实物仿真中注入故障是一个非常困难的事情。一般对于电路信号的可操作性是有限的,而全数字虚拟化的方法是非常有弹性的。

4.2 全数字虚拟化软硬件的分离需要考虑的方面

总的指导思想是按照第3章嵌入式系统及其软件嵌入式仿真平台原则的第(1)、(2)、(3)、(4)、(7)、(8)、(10)、(11)和(12)条。软硬件的划分不是简单地将功能分解,在进行软硬件任务分配时已经在进行系统的架构设计,其中,非常重要的部分是软硬件的接口设计。嵌入式系统的软硬件接口从基本的寄存器到高级的系统接口都非常重要。在软硬件任务分配时,主要考虑系统软件与硬件之间的接口,以及那些影响最终软硬件集成、调试的软硬件接口。

对于软硬件接口,微处理器的指令集架构起到了桥墩作用。这个指令集架构为软件层与硬件层的接口提供了基本保证。基本上,指令集架构包括以下内容。

1) 就软件而言,指令集架构提供了汇编语言。一连串的汇编语言形成了一段程序代码,描述了微处理器应有的行为动作,同时也意味着微处理器该有的运行流程。这是最底层的接口,也是最接近硬件的接口。

2) 就硬件而言,指令集架构提供了寄存器,即提供了可以暂时存入数据的空间。微处理器架构会提供一组用户看得见的寄存器。

嵌入式系统软硬件接口设计开发的软件层通过寄存器与所有周边设备进行沟通。有些寄存器用来控制外围设备的行为,有些用来显示外围设备的状态,有些用来存入数据。无论如何,外围设备的规格说明书中一定描述了这些寄存器的字段意义与使用方法。

软硬件接口的另一个重要工作是进行硬件初始化。初始化代码(或者叫作启动代码)使处理器从复位状态进入操作系统能够运行的状态,也就是在把控制权交给操作系统或应用程序之前,硬件和底层软件(驱动)所必须做的一些工作。它通常需配置存储控制器、处理器高速缓存和初始化一些设备。在一个简单的系统中,操作系统可被一个简单的任务调度器或调度监控器所代替。

4.3 全数字仿真用于嵌入式系统及其软件的解决方案

软硬件的分离方法之一是建立嵌入式全数字仿真平台,即仅在 Windows、Linux、UNIX 环境下把嵌入式软件运行的硬件环境搭建起来,并且考虑按照嵌入式仿真平台的诸多原则,在嵌入式软硬件运行时,将有关全寿命周期的需求都在这个平台上予以实施。

4.3.1 全数字仿真概念

搭建一个嵌入式软件运行的虚拟化全数字的硬件环境:目标机完全是全数字仿真的,包括 CPU,内存,寄存器和 I/O;外围激励也是全数字仿真的。不依赖于任何硬件,即虚拟目标机,是对指令集的仿真,并通过地址对内存、寄存器、I/O 进行模拟。比如对 I/O 的模拟是通过对 I/O 地址的操作来实现的。嵌入式软件的全数字仿真就是脱离目标机,用数字模拟硬件或电路的信号并将结果交给嵌入式软件计算和处理。

对嵌入式软件预处理的方式分侵入/非侵入(干预/非干预,插桩/不插桩),与原则(3)和(4)关联。更为特别的是非侵入(非干预/不插桩)方式模拟并解释了 CPU 的指令和相关时序,从而避免了插桩。

非侵入嵌入式软件全数字仿真平台(非干预式)总体结构图如图 4.2 所示。

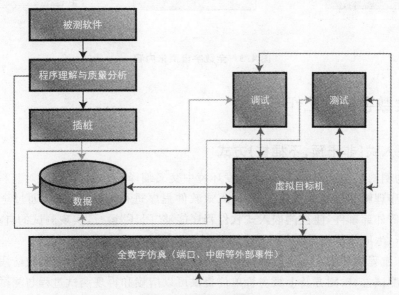

图 4.2 全数字仿真概念

通过虚拟目标机解释执行嵌入式软件和对外围电路和外部事件进行全数字化仿真,可以很好地解决前面提到的代码膨胀问题(非侵入式)和硬件环境无法搭建问题。嵌入式软件在虚拟目标机环境的运行效率相对低(以时间换空间)。现在计算机配置越来越高,性能越来越好,速度越来越快,内存越来越大,运行效率低已不是主要问题了。其中非侵入(不插桩)的方式尤其适合针对汇编语言提供分析与测试工具。可以为嵌入式系统提供全数字仿真平台,实现对嵌入式系统进行实时(仿真的实时)、闭环的、侵入/非侵入(干预/非干预,插桩/不插桩)的单元、组件、系统测试。在该平台上能够对被测软件进行静态分析、模拟运行、高级调试和综合测试,实现了嵌入式软件外部事件的全数字仿真,嵌入式软件就像在真实硬件环境下连续不中断地运行。全数字虚拟化内容如图4.3所示。

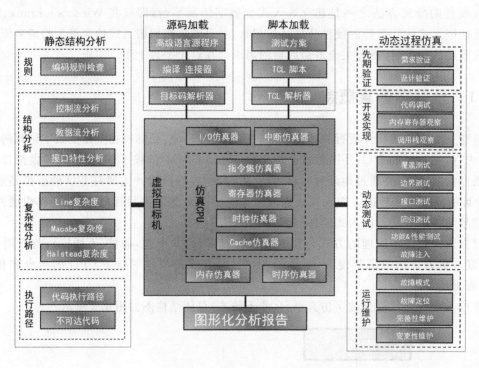

图 4.3 全数字虚拟化内容

4.3.2 全数字仿真工作方式

1. 非侵入式(非干预,不插桩)方式

以测试为例的工作流程为:装载在开发环境中交叉编译后的运行软件,对其程序进行静态分析,生成程序理解和质量度量数据,对嵌入式软件程序进行测试和调试,通过全数字仿真模拟端口、中断等外部事件,使被测嵌入式软件程序能够"闭环"运行,实现测试的自动化,对测试结果进行分析,生成测试报告。

上述工作流程能够满足嵌入式软件开发阶段的内部测试和调试以及验收阶段验收测试的要求,能够为测试方、被测方及上级主管单位提供可以信赖和再现测试过程与测试问题的测试报告。

2. 侵入式(干预,插桩)方式

以测试为例的工作流程为：对源程序进行插桩预处理,装载在开发环境中交叉编译后的被测软件,对被测程序进行静态分析,生成程序理解和质量度量的数据,对被测嵌入式软件程序进行测试和调试,通过全数字仿真模拟端口、中断等外部事件,使被测嵌入式软件程序能够"闭环"运行,实现测试的自动化,对测试结果进行分析,生成测试报告。

上述工作流程能够满足嵌入式软件开发阶段的内部测试和调试以及验收阶段验收测试的要求,能够为测试方、被测方及上级主管单位提供可以信赖和再现测试过程与测试问题的测试报告。

4.4 全数字仿真嵌入式软件测试的功能

全数字仿真方法为嵌入式软件的测试提供了有效的、统一的协同工作平台。在该平台下能够完成程序的分析与检查、代码的运行与调试、单元的配置与测试、系统的仿真与测试、中文测试报告生成。

这样,有效地结合了测试与调试的能力,规范了汇编语言的测试流程、程序分析与检查功能;程序分析与检查功能支持代码编程规则检查,并对影响程序结构化的代码进行警告;提供程序控制流图、程序控制流轮廓图、程序调用树、程序被调用树和程序危害性递归等;给出度量程序质量的多种度量元(如 McCabe 的圈复杂度、程序跳转数、程序扇入/扇出数、程序注释率、程序调用深度、程序长度、程序体积、程序调用及被调用描述等)。

代码运行与调试功能为汇编用户提供了不需真实硬件 CPU 的模拟运行环境,在该环境下解释执行所有的 CPU 指令、模拟所有指令的时序、模拟定时中断等;支持程序的各种调试,包括控制程序运行方式、修改程序运行状态、观察程序运行结果等。

对单元测试来说,提供单元配置与测试功能和 CPU 上下文场景的自编程配置能力,解决了对嵌入式软件尤其是汇编程序进行单元测试的需求,用户可根据单元测试的要求,灵活方便地对 CPU 上下文场景进行配置,形成程序单元执行的驱动。

对系统级测试来说,系统仿真与测试功能提供了对程序进行功能测试与覆盖测试的手段。其中,覆盖测试支持程序的语句、分支和调用覆盖测试,并最好支持图形化显示;而外部事件的编程仿真方式解决了外部激励、系统闭环运行和功能测试的要求。测试报告给出被测程序的分析和动态测试的各种结果及结果统计。

4.4.1 外部事件仿真技术

用 TCL 高级脚本编程(参见附录 1)可以模拟 I/O 与中断事件的产生,使得被测程序在模拟环境运行过程中,尽管存在大量的 I/O 与中断事件产生的要求,也能够与真实硬件环境一样连续不中断地运行。不仅是测试,在设计初期,在真正的硬件制造出来之前,或设计要进行变化以及进行维护等,这一点都非常重要。端口 I/O 与中断事件产生的自编程模拟功能很好地解决了程序在模拟运行环境下的闭环测试问题,实现了测试过程的自动化。被测程序的测试用例可用 TCL 脚本语言编写和管理。对各种测试需求的支持包括：

（1）端口 I/O 与中断事件产生的自编程模拟功能以及所选程序上下文场景的自编程配置能力，提供了"黑盒"测试及白盒封装起来测试的手段。

（2）支持汇编程序检查分析、汇编代码运行调试、"白盒"测试。单元与集成测试等和"黑盒"测试。

（3）支持"灰盒"测试技术的应用。

4.4.2 各种白盒测试

1) 单元测试

一般单元测试的主要内容是模块接口测试、局部数据接口测试、路径测试、错误处理测试和边界测试。可以根据控制流程图，方便容易地编写测试用例，利用覆盖图可以分析代码执行情况，以及如何高效地设计测试用例。

单元测试方法及其步骤：

（1）推荐采用自低向上的方法进行单元测试。

（2）搭建单元测试环境。

（3）编写测试用例。

（4）编写测试用例脚本（配置 CPU 脚本和测试用例脚本）。

（5）执行测试。

（6）测试结果分析。

2) 集成测试

一般在单元测试的基础上将模块组装成子系统或系统，测试各单元之间的互操作性。这是一个随集成程度的不断提高而迭代进行的过程。常常组成系统的各单元来自于不同的开发部门，不完整的或错误单元将在集成测试中暴露出来。在集成测试中可能用到白盒和黑盒测试技术。

根据系统调用图，高效地划分集成模块，更加直观有效地分析和设计集成测试用例。

集成测试方法及其步骤：

（1）先小集成，再大集成，最后成系统。

（2）搭建集成测试环境。

（3）编写测试用例。

（4）编写测试用例脚本（配置 CPU 脚本和测试用例脚本）。

（5）执行测试。

（6）测试结果分析。

3) 系统测试

一般系统测试是在具备整体功能的软件上进行的。它包括从最终用户的角度检查系统的功能，由开发组织或最终用户完成。如系统测试由用户进行，也称作验收测试。

系统测试的内容是测试该构造是否达到了系统需求和功能规格说明中的要求，一般需要进行功能测试、性能测试、外部接口测试、人机界面测试、强度测试、冗余测试、可靠性测试、安全性测试、恢复测试等。

功能测试、性能测试统计、看门狗喂狗时间以及模块使用的频度统计等都是十分方便地,大大提高了测试效率。

系统测试方法及其步骤:

(1) 搭建集成测试环境。

(2) 组织编写修改测试用例。

(3) 编写修改测试用例脚本。

(4) 执行测试。

(5) 测试结果分析。

4.4.3　汇编语言(目标码、机器码)全数字仿真

1. 汇编语言是低级语言

(1) 逻辑描述、模块化、结构化等能力弱,与硬件的关联较多,因此汇编应用程序的代码可读性差。

(2) 汇编指令的随意使用,如间接寻址、跳转、嵌套调用等使得汇编应用程序的开发与维护相当困难,汇编应用程序出错的可能性大大地增加。

(3) 对汇编应用程序进行静态分析及动态测试难度加大,甚至在某种情况下对汇编应用程序进行分析和测试不可能。

2. 对编写汇编应用程序进行约定

(1) 增强程序的逻辑性和模块化及结构化,减少汇编程序出错的可能性。

(2) 改善编程人员的编程活动,加强汇编程序的编程一致性和有效性。

(3) 使应用程序易分解、易集成、易读、易维护与易移植,更重要的是易分析和易测试。而这些是与软件质量特性紧密相连的。

(4) 对编写汇编应用程序进行约定也能够保证测试软件的最佳使用。

(5) 禁止在程序跳转、子程序调用和返回指令中使用寄存器间接寻址。

(6) 汇编子程序的结束语句应是汇编子程序的返回指令。

(7) 汇编子程序应是单入口和单出口,汇编子程序中应全部为代码,禁止放数据(如常数),汇编代码应具有内聚力。

(8) 在汇编子程序的起始地址(既其他汇编子程序调用它的地址)及汇编子程序的结束地址(返回指令的地址)之间封装了该汇编子程序的全部代码或指令。

(9) 所有汇编跳转指令的跳转目的地址不能在汇编子程序的起始地址和汇编子程序的结束地址之外。也就是说不允许在这之外还存在着代码或指令。

(10) 中断处理入口处可编写数条指令(如 8031/8051 等),要求中断处理程序单写,并在中断处理入口处编写跳转到中断处理程序的长跳转指令。

3. 汇编应用程序的质量判定准则

汇编语言是低级语言,其结构化能力弱,很难将高级语言的有关质量度量与评估的理论及模型完整地予以应用。

对这些理论或模型进行适应性变化和改造。为此提出了如下汇编应用程序的质量判定准则,目的是提高汇编应用程序的代码质量和代码可靠性。该准则主要是针对汇编程序中各汇编子程序进行要求的:

(1) McCabe 的圈复杂度不超过 15。
(2) 指令跳转数不超过 10。
(3) 子程序调用深度不超过 6。
(4) 汇编应用程序中不允许使用递归调用。
(5) 汇编子程序中不允许嵌套汇编子程序。
(6) 程序长度不要超过 100(指令数)。
(7) 程序体积不要超过 200(字节数)。

对汇编语言全数字仿真测试最好用非侵入(非干预,不插桩)的方式,尤其是涉及间接寻址、跳转、嵌套调用和中断等。

4.4.4 高级语言全数字仿真

对于相对于机器汇编语言而言的高级语言,全数字仿真技术含量最大的是程序分析技术和符号解释技术。

虚拟目标机就是通过软件模拟的方式实现 CPU 指令集的解释、CPU 时序的模拟、CPU 端口动作的仿真、CPU 中断机制以及 CPU 流水、缓冲和并行指令等。

1. 程序理解

在程序理解方面要做的工作是解决 C 语言函数之间的调用关系、被调用关系以及函数内部的控制流程关系的表示和图形显示。

2. 软件质量度量

在国际软件质量标准 ISO/IEC 9126 和权威理论基础上,给出那些严重影响程序整体质量的度量元,实现 McCabe 的圈复杂性度量,FP 功能点度量及 Halstead 源代码复杂性度量等。

3. 软件测试

(1) 支持软件测试常用的覆盖测试、功能测试、单元测试、系统测试及回归测试。
(2) 支持测试用例或测试脚本的应用,支持"闭环"测试和测试过程的自动化。
(3) 对于覆盖测试要支持调用覆盖、分支覆盖以及语句覆盖的图形显示。

4. 软件调试

(1) 高级符号调试器要具备控制程序运行,观察或改变程序运行状态的功能。
(2) 实现程序的单步运行、连续运行、设置断点等手段控制程序的运行,实现代码、数据、寄存器内容以及高级符号变量的读/写或改变程序的运行状态。

5. 端口全数字仿真

提供模拟外部设备产生外部激励信号的机制(全数字仿真),即用 TCL 脚本语言编写端口事件、中断事件以及其他外部事件的逻辑流程。

6. 软件分析与测试总结报告

软件分析与测试总结报告给出被测程序的程序理解信息、质量度量信息、程序运行信息以及测试结果统计信息等。

4.4.5 对通用开发环境的测试支持与集成

嵌入式软件测发一体化原则中的原则(7)：把测试当作是研发(Development)的一个组成部分，将这两部分无缝集成。尽可能利用开发的手段和工具，在开发工程师的平台上进行嵌入式软件测试，这包括被测目标机及其测试环境。

许多CPU厂家开发了与之配套的通用开发环境，例如 TI DSP CCS、AD DSP VDSP 等(软 Simulator 方式)。许多研发机构都使用这些通用开发环境，并在这些通用开发环境上配好了开发条件。

根据嵌入式软件测试的静态与动态有机结合 GPS 原则，尽可能地把静态分析结果应用到动态测试中；静态分析一部分是对程序的控制流图和调用图的分析，它是对整个程序的所有结构和运行的可能性的分析。如把这一部分结果与动态测试结合起来，可以清晰地看到在某种测试条件下软件在整个结构中运行的情况，这种状态就像是 GPS 卫星定位一样。

在研发机构配好了的通用开发环境上运行软件，将测试所需要的数据取出，与静态分析相结合，得出测试结果。

4.4.6 全数字仿真的实时

通过对时钟频率的设置，指令的运行和时钟节拍的真实物理事件是一致的，即可以做到仿真的实时。真实系统中如果需要在某一时间完成的动作，仿真系统中可能需要长许多倍的时间完成相应的动作过程。

4.5 详论全数字仿真侵入/干预/插桩方式

非侵入(非干预,不插桩)的基本思想是指令集模拟并解释执行。侵入(干预,插桩)的基本思想是在源码中预先插入一些标记，然后再在指令集中模拟执行，是以空间换时间。其大部分功能与非侵入(非干预,不插桩)相同，关键在于插桩的膨胀率。侵入式嵌入式软件全数字仿真测试总体结构图如图 4.4 所示。

同非侵入式一样，能够做到图 4.4 中的功能：静态测试，单元测试，系统测试和黑白盒测试。但仿真速度比非侵入式快，并且可以连续长时间运行。要注意的是插桩所带来的膨胀率要控制在一定范围内(15%左右)。

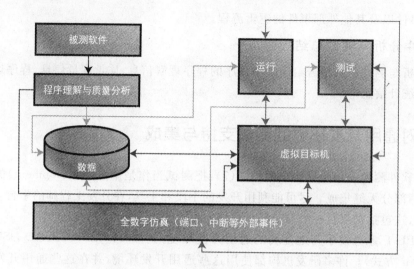

图 4.4　侵入式嵌入式软件全数字仿真测试总体结构图

4.5.1　非嵌入式打点与嵌入式打点的例子

程序插桩(干预)技术是在保证被测程序原有逻辑完整性的基础上在程序中插入一些探针(又称为"探测仪"),通过探针的执行并抛出程序运行的特征数据,通过对这些数据的分析,可以获得程序的控制流和数据流信息,进而得到逻辑覆盖等动态信息,从而实现测试目的的方法。

在覆盖测试工具中常用的插桩技术采用对源代码插桩,众多的覆盖测试工具中都采用了程序插桩技术,但是各有各的优缺点。

插桩前的源代码:

```
static int processing(int * input, int * output)
{
    int size = BUFSIZE;

    int a,b,c,d;

    if(a&&b||c&&d)
    {
        * output + + = * input + + ;
    }

    while(size - - ){
        * output + + = * input + + * gain;
    }


    return(TRUE);
}
```

以下是采用非嵌入式插桩方式插桩后的源代码。以下插桩代码是最高级别 MC/DC 插桩技术,采用<*? *:*>三目运算符技术,插桩后源代码的行号保持不变,并且保证被测程序原有逻辑完整性。插入的代码标黑重体,插桩前的源代码未标黑重体。

```
        static int processing(int * input, int * output)
        {_ct_tag_t _ct_reg[1];ctTag(0x74E00002);{          //函数入口插桩点
            int size = BUFSIZE;
            int a,b,c,d;
                                                            //MCDC 插桩点
            if(((_ct_reg[0]=0x575FFFF6,((a&&(_ct_reg[0]+=3,1))&&(b&&(_ct_reg[0]+=3,1))||(c&&
        (_ct_reg[0]+=1,1))&&(d&&(_ct_reg[0]+=1,1))))? (ctTag(_ct_reg[0]),1):(ctTag(_ct_reg[0]),0)))
            {
                * output++ = * input++;
            }
                                                            //DC 插桩点
            while(((size--)? (ctTag(0x577FFFF5),1):(ctTag(0x577FFFF4),0))){
                * output++ = * input++ * gain;
            }

            {ctTag(0x563FFFF3);return(TRUE);}              //函数出口插桩点
        }}
```

非嵌入式插桩和数据采集处理过程如下:

(1) 对源代码进行预编译,通常是进行宏替换。

(2) 对预编译后的文件进行插桩,生成插桩后的 .C 文件和 .IDB 的插桩符号数据库文件。

预编译完成后,插装器(即源代码分析程序)根据不同的参数对预编译后的源代码按照语句覆盖、分支覆盖或者 MCDC 覆盖的模式自动插桩,即在需要插桩的位置写入插桩函数调用(如 ctTag(0x74100010)),并把插入的标记送入数据库文件中生成一个符号数据库暂存起来,为以后的分析时调用。

(3) 插桩函数的实现。

软采集数据的非嵌入式插桩方式主要是在插桩点插入一个函数,ctTag(ID),其作用主要是记录插桩数据,保存或传递出插桩数据,插桩函数 ctTag(ID) 必须实现几个基本功能:

① 分析插桩数据的类型,是函数入口还是出口,是否覆盖率数据。

② 得到当前时间,便于对函数执行时间性能进行分析。

③ 保存到数据内存、数据文件,或者通过网络等端口传出数据。

以下是插桩函数 ctTag(ID) 的实现思路,从这些代码可以看出,除了函数调用时的入栈出栈指令,还有函数调用的跳转指令,相对于赋值语句对应一条机器指令,插桩函数调用会产生多条机器指令,同时还要执行插桩函数 ctTag 实现的基本功能,这些都是比较耗时的操作。所以,多个插桩函数 ctTag 的调用,会引起代码膨胀,以及执行时间变长,引起时间性能变坏。代码膨胀率大概在 30%~60% 之间,执行时间会延长 2~10 倍。

```
Void ctTag(int tagID)
{
    GetsysTime();
```

```
saveData();
SendData();
}
```

(4) 采用原开发工具的编译器对插桩后的代码进行编译生成可执行目标代码,在相应的环境下运行,同时运行数据处理模块,接收和处理插桩数据。

(5) 当程序在目标系统运行到插桩点的位置时,插桩函数会把插桩数据传递到数据处理模块,实现插桩数据的软件采集过程,因此称为纯软采集的非嵌入式插桩技术。

(6) 通过与前面生成的符号数据库中的数据进行比较,就此得知当前程序的运行状态,借此完成对嵌入式软件的性能分析,高级覆盖率分析,内存分析和大容量的代码跟踪。

4.5.2 嵌入式插桩的例子

嵌入式软件插桩方式,采用简单的赋值语句,插桩后的源代码如下:

```
#define  amc_ctrl   *((DWORD*)0x8002)   //通过宏定义,对应于指定地址的内存

static int processing(int * input, int * output)
{_ct_tag_t _ct_reg[1]; amc_ctrl= 0x74E00002;{            //函数入口插桩点
    int size = BUFSIZE;
    int a,b,c,d;
                                                          //MCDC 插桩点
if((_ct_reg[0]=0x575FFFF6,((a&&(_ct_reg[0]+=3,1))&&(b&&(_ct_reg[0]+=3,1))||(c&&(_ct_reg[0]+=1,1))&&(d&&(_ct_reg[0]+=1,1))))? ( amc_ctrl=_ct_reg[0],1):( amc_ctrl= _ct_reg[0],0)))
    {
        *output++ = *input++;
    }
                                                          //DC 插桩点
    while(((size--)? ( amc_ctrl =0x577FFFF5,1):( amc_ctrl =0x577FFFF4,0))){
        *output++ = *input++ * gain;
    }
    { amc_ctrl =0x563FFFF3;return(TRUE);}                 //函数出口插桩点
}}
```

插桩是在插桩点插入一条赋值语句 amc_ctrl=0x74100010,赋值语句是最常用的语句,一般对应一条机器指令,执行时间很短,产生的额外代码也是最小的。

这里没有插桩函数,插桩数据如何获取?这就是嵌入式插桩和非嵌入式插桩的本质差别。嵌入式插桩技术工作原理如下:

(1) 调用原编译器对插桩后的代码进行编译生成可执行目标代码,并在嵌入式目标板上运行。

(2) 当程序在目标系统运行到插桩点的位置时,赋值语句会产生访问内存空间的写操作,把插桩的数据写入到指定地址的内存空间,这样目标板的控制总线和地址总线上会出现相应的写操作控制信号和地址信号,并且数据总线上会出现写入的数据,即插桩的数据信息。

(3) 通过辅助硬件(总线信号捕获探头)从控制总线和地址总线上监视到符合以上条件的信号时,从数据总线上把数据捕获回来送到数据出局模块对数据进行预处理和分析,通过与前面生成的符号数据库中的数据进行比较,得知当前程序的运行状态,完成对嵌入式软件的性能分析,高级覆盖率分析,内存分析和大容量的代码跟踪。

所以,把此种模式称为硬件辅助嵌入式插桩技术,完成嵌入式软件的测试与分析。此种模式,插入的是一条赋值语句,它在汇编级也是一条语句,所以它执行的时间非常短,占用的空间也非常少,同时避免了被其他的中断所中断,数据的采集工作采用硬件辅助完成,所以它对目标系统的时间性能影响非常小(1%~15%)。同时代码膨胀率也比较小(1%~15%)。

4.6 简化的自动化单元测试

这一部分主要通过一个在软仿真器 Simulator 上运行的单元测试方法,介绍单元测试的自动化实现方式。自动化包括:完整测试装置的构建、测试生成、测试执行和代码覆盖。分析、回归测试和代码复杂性及基本路径分析的静态测量。

4.6.1 过 程

扫描源代码并自动生成构成用于主机和嵌入式环境的可执行测试装置所必需的测试代码。利用测试系统组建的模拟模型总是保持最新。构建隔离各个软件组件所需的测试环境。另外还提供实用程序构建并执行测试实例,生成试验所需的报告。

4.6.2 环境构造器

提供分析的所有源代码和要求用于测试隔离单元的测试装置代码生成(包括程序段和驱动创建),"环境"结构程序段是一个专用测试装置的应用,这种可执行程序用于操作被测部件中的所有子程序。

环境构造器有以下优点:

(1) 测试码生成全部自动化;
(2) 测试装备部件提供已格式化好的源代码;
(3) 支持自下向上或由上而下的测试。

测试实例生成器是一个交互式的实用程序,通过相关的提示信息准许客户指定测试实例,测试实例是由被测部件的子程序正式参数和相关的程序段单元的数据值组成。全部数据对象也能用此实用程序进行处理。

测试实例生成器实用程序有如下优点:

(1) 快速交互式测试和手写实例创建;
(2) 控制所有输入、输出以及全部数据;
(3) 无须重新编译测试数据的实时控制;
(4) 完整控制和接近标量以及复杂性类型,包括指针类型的动态分配;
(5) 具有说明需求信息测试实例的能力;

(6) 预期结果的定义;

(7) 自动创建最小,中间和最大的测试实例;

(8) 所有可能输入的和预期结果的测试实例模板;

(9) 在一套测试实例标量数据的范围值测试。

4.6.3 测试实例执行管理器

允许客户调用被测部件中前面任何一个创建的测试实例,当测试完成时,将测试实例数据加载到环境中,调用环境驱动器,并获得测试结果。测试还可以在调试控制下运行。

测试执行管理器实用程序具有以下优点:

(1) 执行单一或批量测试实例;

(2) 测试结果的实时检查;

(3) 未经编译的修改测试实例的执行程序;

(4) 快速"what – if"交互测试;

(5) 自动比较预期结果和实际结果;

(6) 调试程序控制下的测试实例的执行。

4.6.4 测试报告生成器

准许用户构造文本文件报告,并总结一个专用测试实例的执行程序结果。这些报告有如下作用:终端屏幕可视化或局部文件的打印并包括项目测试文档。

测试报告生成器实用程序有以下特点:

(1) 测试文本和格式一致性好;

(2) 执行过程显示单元之间控制和数据流;

(3) 对比和总结期望结果和实际结果;

(4) 记录测试故障作为单路状态;

(5) 报告满足例如 MIL – STD2167a,490 和联邦航空管理局 FAA 标准的 RTCA/DO – 178B 标准测试或国军标报告的要求。

4.6.5 代码覆盖率

工具可以通过一套或多套测试实例数据向用户显示已执行的源代码线路(语句)或源代码分支指令(分支指令),生成的报告向客户显示其成套测试程序的完整性,并且向客户提交未覆盖的代码,客户很容易返回到设计测试实例中,去执行未覆盖的代码部分,这是最大化故障识别和排除并提高产品质量的关键。

代码覆盖率工具有如下优点:

(1) 语句,分支和 MCDC 支持;

(2) 图形化的覆盖率视图器快速的识别已测试和未测试部分;

(3) 在单一测试实例和所有测试实例基础上生成报告。

4.7 超实时、欠实时全数字仿真

实时仿真的概念来自硬件在环半物理实时仿真范畴。有时要求在保证实时性的前提下要进行比实际现实时间快的超实时仿真。就像看 DVD 一样进行快进,这叫超实时。有时还要求想看 DVD 一样慢进,叫欠实时。半物理实时仿真经常带有许多硬件,无法做超实时或欠实时仿真。

嵌入式全数字虚拟化仿真目标机是异构计算,需要高速计算机。即使是世界上最快的所谓超级计算机,实际上是并行计算,对于串行仿真过程也无能为力,许多并行算法不能解决这个问题。而单机最快也就 3 点几个 G 主频,对于像 DSP 这样已达几百兆主频的 CPU,进行异构仿真计算,加速的瓶颈已显而易见。

关于超实时、欠实时问题可详见第 7 章复杂系统仿真。

4.8 软硬件协同验证全数字仿真技术

4.8.1 EDA 设计概述

在计算机类软/硬件综合系统设计中,传统的面板式系统原型研制方式在软/硬件调试过程中如果出现问题,很难确定故障点的位置,这给系统的设计验证进程带来了很大影响。应用电子设计自动化(EDA)中的硬件仿真环境,设计者可以用各种设计工具来输入系统设计,运用仿真功能来进行设计验证,从而提高了系统的研制效率。

4.8.2 问题的提出

理想情况下,系统的软件应该与硬件并行开发、并行验证。而现有的 EDA 环境只能进行单纯的硬件系统仿真,并不具有在仿真的同时进行软件调试的能力,不能适应嵌入式系统的开发。这就迫切的需要一种将真实的软件与仿真的硬件结合起来,充分利用 EDA 工具进行协同验证的设计方法。它能在含有智能型芯片(如 CPU)的硬件系统的仿真中,利用某种机制让软件运行于硬件仿真的 CPU 中,以便完成像真实系统那样的软硬件交互工作(Co Simulation),实现对系统各个模块的功能验证。

4.8.3 协同仿真 Co Simulation 环境

Co Simulation(协同仿真环境)一般都建立在 EDA 环境中。随着 EDA 设计方法的不断改进,仿真技术的实现方式也在不断变化着。

协同仿真主要指的是硬件原型系统与为其开发的软件共同进行仿真(这里的硬件原型系统可以是以物理方式实现的,也可以是在硬件仿真环境中实现的)。其重要的观点是:在仿真的过程,仿真的硬件系统可以与软件人员熟悉的软件开发调试环境进行通信交互:硬件执行软件的指令，软件从硬件的仿真中提取必需的硬件信息。

现阶段，许多硬件设计人员仍然在以在线式仿真器(In Circuit Emulator)为核心进行系统的综合仿真，这种方式最大的缺点是：硬件系统实现以前，应用软件无法进行开发和调试工作，对于嵌入式系统尤其是这样。而利用硬件仿真器组成的 EDA 环境进行软硬件协同仿真将是最好的解决途径。由于硬件系统中的智能芯片（如 CPU 等）是功能最复杂的，所以最关键的是利用适当的 CPU 模型来实现软件的指令。

20 世纪 90 年代以来，虚拟原形设计环境(Virtual Prototype Design Environment)的建立将使得设计者得到一种系统级的解决方案。从系统的外部环境讲，它是包括了信息系统应用环境的一种仿真验证设计环境(Test bed)；从系统设计本身讲，它是一种集 EDA 工具与硬件仿真系统为一体的原形设计验证环境。过去以设备的现场联试为验证手段，现在则可以用系统级的建模、构造宏模块、大型仿真能力和系统级 EDA 工具的支持来建立产品的虚拟设计环境，它不仅包括 EDA 工具和硬件仿真的集成，还包括用户建立的通用和专用设计库 IP Lib (Intellectual Property)。这样，设计者在设计时可以利用已经实现的功能模块来组合实现新的系统设计，并利用高级的 VHDL 工具来自动实现设计的物理生成，这大大缩短了设计周期。

在整个设计流程中，针对某 CPU 首先需要建立其模型，并结合软件开发环境和硬件仿真环境进行协同验证仿真。其特性如下：协同仿真核心控制软件与硬件间的通信允许建立各种可从指令集仿真进入的地址空间的各个层面，决定是否将这些请求传到总线界面或直接到本地内存。要联通软硬件环境，需要做：

(1) 定义指令集仿真器运行交叉编译的应在目标机软件部分；
(2) 定义处理器与硬件仿真器之间的界面；
(3) 优化硬件/软件内存模型加快仿真；
(4) 调试界面控制指令集仿真器和单步调试以及典型的各种调试功能。

协同仿真环境系统结构框图如图 4.5 所示，系统结构框图如图 4.6 所示。

图 4.5 协同仿真环境

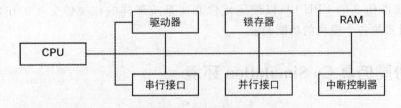

图 4.6 系统结构框图

4.8.4 软硬件协同验证的模型开发

软硬件协同验证的完整解决方案包括软件的调试环境、协同验证环境、硬件仿真环境、全功能仿真模型 PSP 以及能构建物理原型加快仿真进程的硬件仿真器。

执行时间长短取决于如下因素的影响：
1) 能否具有 CPU/DSP 等处理器的指令集仿真器及其仿真器质量。
2) 处理器的复杂程度，包括处理器的集成度和处理器是否必须具有精确周期。
3) 处理器确定套件的可用性。
4) 模型开发队伍的专业水平。

总的来说，一个指令精确的模型通常能够很容易从指令集仿真器中抽取出来。通过制订和改编接口层到指令集仿真器的规范以及制订引脚规范对总线接口模型建立是卓有成效的。

4.8.5 里程与实施

制订一份正式的实施文档，该文档由模型开发小组准备内容并提交给模型开发专家组审阅。该模板主要包含如下的内容：

(1) 产品规范的描述：要求必须概述产品规范，并包含对如下支持的声明：
- Processor Features；
- Co-Simulation Features；
- Product Licensing；
- Operating Systems；
- Performance Expectations；
- Simulator Interface；
- Debugger Interface；
- Documentation Plan；
- Support Plan and Tools；
- Release Plan。

(2) 功能规范的描述：要求必须概述出通用模型的功能执行规范，并包括：
- Model Registration；
- Initialization and Loading of SW；
- Rest；
- State Machine Analysis；
- Control Flow；
- How Performance Objectives Will Be Met；
- When Licensing Is Checked；
- Details on All Co-Simulation Specific Features；
- Partitioning of The HW and SW Side Implementation；
- Specific Processor Model Features and Functions may be Documented as Required。

(3) 验证计划描述：验证计划文档要求概述出模型开发过程中每一个版本的验证工具制订与实施细则。对不能测试到的特性和估计到的冒险性要特别指出并给出清晰的详细描述。

4.8.6 计划实施的时间与内容分配

1. 初始计划阶段(0%)

各方通过电话和电子邮件进行技术交流和沟通，经过产品规范的最终制订而完成。

2. 培训阶段(10%)

面对面的技术交流，随着功能性规范和验证计划的制订而完成。

初始培训课程依序通过几个模型例子的训练对开发者进行锻炼，并开始特定处理器模型的建模。

3. 计划完善(20%)

各方通过电话和电子邮件进行技术交流和沟通，随着功能性规范和验证计划的制订而完成。

已进入建模的中期，进行建模工作的总结，并发布初始版本。

4. 中期技术总结(50%)

第二次面对面交流。在建模工作完成80%的时候。

此模型必须能够做最小的工作示范过程，它能完成简单的读、写(优化与不优化)和适当地响应复位，模型开发小组将提供模型的软件用于运行与观察，模型验收小组将运行提交的验收模型，并提出意见。

5. 创建回顾(65%)

各方通过电话和电子邮件进行技术交流和沟通。完善已建的模型，重新提交完全的模型产品；所有的产品测试将执行与完成；模型封装、安装、文档、支持工具、评估套件都将完成。

6. 初级版本发布(90%)

各方通过各种渠道保持联系；客户发布其研发模型的 BETA 评估版，需要一个月左右时间。

4.9 全数字仿真嵌入式软件测试应用适用性

4.9.1 适用性

适用于嵌入式产品研发的整个过程，特别是以下场合：
——软硬件需要并行开发；
——硬件有了，但并不是每个开发人员都拥有硬件；
——需要隔离软件或硬件的错误；

——对于测试单位，可能拿不到硬件，即使有了硬件无法产生外围激励，或者有些硬件的接线很复杂，测试时需配硬件工程师；

——搭建外围激励价格昂贵，或时间不够；

——足够的灵活性；

——继承性与可靠性增长。

4.9.2 局限性

全数字仿真方法需相对填补之处：

(1) 计算机指令异构仿真，对仿真速度有极大压力；

(2) 用时间换空间；

(3) 不能代替在目标机上的验证；

(4) 不能代替其他的方法；

(5) 第二种方法对人员要求较高。

第 5 章
半数字/半物理固件方法

5.1 基于仿真目标机的嵌入式仿真(单机系统)

5.1.1 原 则

根据第 3 章嵌入技术仿真实现的原则(原理):(1)软硬件分离原则,(2)透明度原则,(3)灵活性原则,(8)实时性原则,(9)测试环境搭配原则等。为了建立嵌入式仿真平台和环境,使用各种手段,包括数字(虚拟化)、物理、半数字/半物理、全物理等。在本节中可能包括的形态有目标机实物、非目标机实物的仿真平台、目标机真实环境、目标机非真实仿真环境。

5.1.2 软硬件分离

回顾第 4 章全数字仿真软硬件分离的原理:
(1) 是用指令集作为桥梁分离软硬件,指令集是一个可以仿真的对象,通过对它及内存寄存器等的仿真创造了嵌入式软件运行的环境。
(2) 还是用指令集作为桥梁分离软硬件,指令集是一个可以仿真的对象,但在软硬件协同验证中指令集是和 EDA 设计的硬件系统的数字仿真系统协同工作。
而本节要说的是基于仿真目标机半数字/半物理嵌入式仿真,软硬件分离原则为:
(1) 认为目标机是由 CPU、内存和端口组成。
(2) 目标机是把 CPU、内存设置为真实的,把端口设置为数字仿真的,在 CPU、内存与端口之间建立通信机制。

5.1.3 构 成

如图 5.1 所示,可以搭建完成一个半数字/半物理的目标机 CPU 和全数字的仿真环境。为了更明确的说明概念,还是以测试尤其是针对嵌入式系统及其软件的测试为例。目标

第 5 章 半数字/半物理固件方法

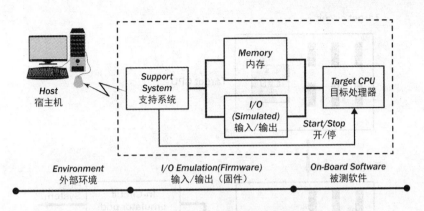

图 5.1 半数字、半物理嵌入式环境

机包括 CPU、内存,是真实的;外围激励是全数字仿真(为了阐明概念并与国际接轨,下面也有时同时用一些英文表达)。

5.1.4 基本概念

要在全寿命周期中使用仿真的硬件进行实时开发、测试和仿真。

(Real-time Embedded System and its Software, developing, testing, Simulation throughout a projects life cycle using simulated hardware)

1. 问题的提出(The problem)

在嵌入式系统及其软件全寿命周期的大部分时间里,没有让软件运行的硬件(No hardware available Software on, during most parts of the Software life cycle)。

例如:硬件还未知(hardware not yetknow),硬件还未造出(hardware not yet known)或硬件被其他用途所占用(hardware needed for other purpose)。对航天来说有个极致情况:硬件被发射出去了(hardware launched)。

2. 可能的解决方案(A possible solution)

(1) 复制一个系统(Build a copy of System),具备实时特性(real-time features),但可能昂贵(expensive),并且只能在工程晚期(available late in the project),还缺乏一些错误注入功能(no fault injection possible)。

(2) 软件仿真(Emulate all hardware in software):可以完全建模,非常灵活(can be fully modeled, very flexible)。速度有限制,较慢,所有软件都要解释(slow, all On-board software has interpreted))。

3. 二者折中(Best of both, the concept)

(1) 片上软件在真实 CPU 上运行,硬件在环(On-board software executes on the real CPU, Hardware-in-the-loop)。特点是:快,接近实时(fast, near real-time)。

(2) 所有 I/O 是仿真的(All I/O is simulated):特点是不贵(not expensive),可以完全建模,非常灵活(can be fully modeled, very flexible),并且有错误注入功能("fault Injections")。

在线仿真器结构如图 5.2 所示。

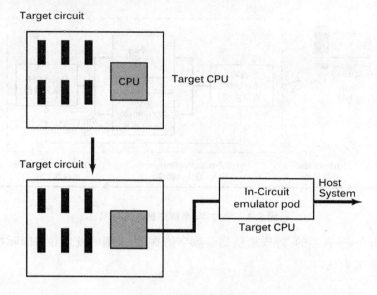

图 5.2 在线仿真器

软件可操作模型(Software Handling Module):(ex-circuit emulator)离线仿真,特点是 CPU(内存)是真的(Only the CPU is real(and its memory)),所有 I/O 是仿真的(All I/O is simulated)。

5.1.5 目　的

由能够运行目标软件的目标处理器的仿真和高精度的目标软件外部感知环境的仿真模型共同组成的测试环境-软件验证设备(Software Validation Facilities,SVF),能够有效地降低嵌入式软件的开发成本。为此,提出一个软件处理模块(Software Handling Moduler,SHAM)的概念。线外仿真器如图 5.3 所示。

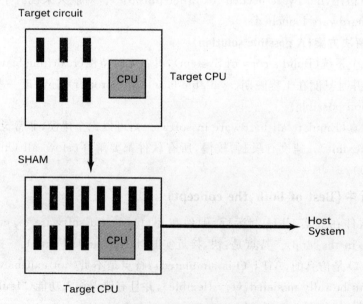

图 5.3 线外仿真器

第 5 章 半数字/半物理固件方法

与在线仿真器(in-circuit emulator)概念不同的线外仿真器(ex-circuit emulator)的概念是固件仿真方式,如图 5.4 所示。对 CPU 的总线进行仿真。而这种软硬件结合实现的系统统可以称其为固件(firmware)。

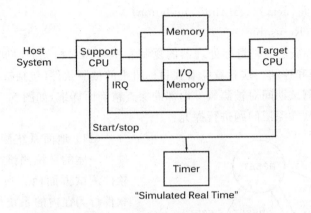

图 5.4 固件仿真方式

5.1.6 仿真实时(Simulated Real Time)(源自原则(8))

被测汇编语言程序、高级语言程序和混合语言程序的最终二进制代码无须任何修改,直接执行于真实目标处理器的复制品中,软件运行在真实的实时环境中,当中止真实目标处理器的复制运行时,其同一运行过程还可继续。暂停事件对被测软件运行过程没用破坏和终止作用。在被测软件看来,一切都没有停止,时间还在继续。模拟实时(SRT)停止,现实时间还在继续,支持与控制系统可以利用此特性进行输入输出的模拟。仿真实时可以最大限度地实现测试平台的高度实时性的要求。

The on board software which is executing on the target processor experiences a real time behaviour! When the target CPU is stopped all time references for the on-board software are stopped also. The on-board software does not notice this "black out", it thinks the time continues. The Simulated Real Time(SRT) is stopped, while the "wall clock time" continues. This allows the firmware to do I/O emulation.

5.1.7 特点(Features)

(1) 实时仿真真实目标处理器的输入/输出接口(Fully modeling of all I/O)。
(2) 被测软件(包括被测汇编语言程序,高级别语言程序,混合语言程序)最终二进制代码无须任何修改,直接执行于真实目标处理器的复制中(No instrumentation of On-board software (unmodified binary))。
(3) 支持在目标处理器的所有内存和输入/输出的所有地址空间设置断点(Breakpoints on all memory and I/O locations)。
(4) 支持在被测软件运行的任何时间设置断点(Breakpoints on any mement in time)。
(5) 支持针对被测软件(包括被测汇编语言程序、高级别语言程序、混合语言程序)从处理器内部及外部环境的故障注入(Fault injection)。

(6) 支持运行在真实目标处理器复制基础上的覆盖率分析(Coverage analyser)。

(7) 缓冲区跟踪,跟踪空间达 1k Trace buffer(back tracing, logic ananlyser)。

(8) 实时仿真时间(near)(real-time emulation)。

(9) 系统可重用(Re-usable)。

(10) 最重要的特征之一是目标处理器的复制和所有和它相关的时间关系都可以被支持系统与控制系统管理和控制。这就意味着在目标机上的被测软件(包括被测汇编语言程序)完全可以控制,可以在测试期间对被测软件内部的探查精确而详细,如图 5.5 所示。可以进行更多软件测试,对被测软件深层问题进行探究。

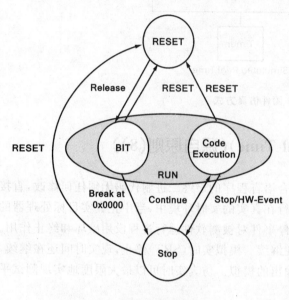

图 5.5 被测软件可被控制

(11) 地面系统测试是对包括软件及硬件一体的系统测试,这种测试方式对于软件测试方面而言所得到的结果是包括软件行为在内的系统行为,所以较难辨识软件是行为特征,所以通常只能作为确认测试的方法之一。而仿真目标机则弥补了这个空白。

(12) 仿真目标机系统的目标处理器的复制加电启动以后处于 RESET 状态,当目标处理器的复制被释放,它就开始进入初始自检(Built-In Test, BIT)。当 BIT 完成,目标处理器的复制跳到内存地址起始处开始执行。这时控制与支持系统设置断点,所以目标处理器的复制处于 Stop 状态。支持与控制系统调整模拟时间(Simulated Real Time, SRT),应用真实时间或模拟时间。当加载被测软件时,目标处理器的复制必须继续工作,转入 RUN 状态,目标处理器的复制的运行可以随时被停止,转入 Stop 状态。当目标处理器的复制收到仿真目标机的系统硬件产生的确定事件,其运行可以自动停止。断点可在任意时间,设在内存和输入输出的任意地址。

(13) 仿真目标机对汇编语言程序,高级别语言程序和混合语言程序覆盖分析是基于读标记位/写标记位(R-FLAG/W-FLAG)来实现的。当被测汇编语言程序运行的时候,被测汇编语言程序、高级别语言程序和混合语言程序访问过的地址对应的读标记位或写标记位(R-FLAG/W-FLAG)自动设置为真。仿真目标机可用到的手段可以映射运行被测汇编语言程序、高级别语言程序和混合语言程序的目标处理器的没有地址空间读标记位或写标记位(R-FLAG/W-FLAG)到所对应的被测汇编语言程序、高级别语言程序、混合语言程序运行期间的二进制代码,经过进一步分析、探寻、处理的工作,以至进一步对应到被测汇编语言程序、高级别语言程序、混合语言程序自身运行系统的汇编语言程序代码或高级别语言代码。

5.1.8 开环测试

开环测试如图 5.6 所示。

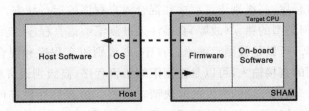

图 5.6 开环测试

(1) 仿真目标机可以作为完整的半实物测试台对嵌入式软件进行开环测试,测试中不需要额外的设备。提供了真实目标处理器的一个复制,可以模拟所有的输入/输出。所以提供了一个最接近真实计算机的嵌入式软件测试运行环境,被测汇编语言程序、高级别语言程序和混合语言程序最终二进制代码无须任何修改,直接执行于真实目标处理器的复制中,软件运行在真实的实时环境中,从而使软件测试人员可以专注于针对软件的测试工作,排除了真实计算机硬件与被测软件耦合性错误。从而可以对被测软件进行更准确、更客观的评价,可以提高测试效率,减小测试难度。

(2) 在开环测试中,宿主机与仿真目标机的支持与控制系统组成软件测试台,提供所有输入/输出的模拟,向被测软件注入测试数据及故障,接手被测软件的运行输出显示运行数据,提供系统与测试人员的接口,对各种参数,数据的设置、显示、打印机后处理工作,测试结果存储、处理及打印。并且控制整个测试过程,通过模拟时间机制,被测软件的运行测试过程完全可控,而且避免了通过硬件进行数据注入,对一些边界及特定情况考察较难,可以充分地观察软件的运行情况,可以很方便、容易的进行软件测试。

5.1.9 闭环测试

(1) 可以作为完整的半实物仿真试验台,对嵌入式软件进行闭环测试。仿真目标机的支持与控制系统有独立的处理器,具有高性能的处理能量。支持与控制系统可以用作仿真模拟机运行。提供被测汇编语言程序、高级别语言程序和混合语言程序的外部感知环境。在闭环测试中与运行被测汇编语言程序、高级别语言程序和混合语言程序的目标处理器系统组成闭环。宿主机作为测试计算机进行用例注入、知行信息跟踪、结果显示等工作。系统可重用度很高。这已是复杂系统的范畴。

(2) 仿真目标机可以和其他仿真模拟软件无缝集成使用,仿真模拟软件用于建立如传感器(地球传感器、太阳地平仪等)、助动器(如助推器等)、运动学、动力学模型。仿真目标机保证无需测试人员干预、介入仿真过程就可精确地长时间运行。最重要的一个特性是如果当前的仿真过程被停止,仿真目标机保存所有的运行记录、和运行现场的环境。该仿真过程可以随时恢复和继续。通过模拟时间机制,被测软件(包括被测汇编语言程序、高级别语言程序和混合语言程序)的运行测试过程完全可控。

5.1.10 故障注入

(1) 能够访问和控制所有的内存地址空间,输入/输出的所有地址空间,可以完全地控制和修改被测汇编语言程序,高级别语言程序和混合语言程序的运行状态。因此,仿真目标机可以在任何时间,对任何类型的错误(故障)直接注入被测汇编语言程序、高级别语言程序和混合语言程序的运行过程。可以是被测汇编语言程序、高级别语言程序和混合语言程序外部感知环境的非法测试用例的直接输入,可以是被测汇编语言程序、高级别语言程序和混合语言程序运行过程中外部输入/输出环境的突发的非法请求数据。仿真目标机都可以很敏锐地捕捉到出现的错误,监控和记录软件对错误的处理过程,以提供测试人员有力的分析数据。

(2) 由于可以读/写目标处理器内部的任意地址,所以可以从目标处理器内部任意的内存地址,在任意时间,写入任意数据,模拟目标处理器背部的随机突发的不可预见的错误运行状态,例如:目标处理器的物理性质发生变化,产生 0,1 翻转的错误。另一很重要的特性就是提供故障指令,如冻结子程序状态指令,不规则错误指令,提供方便易用的故障注入手段。

5.1.11 测 试

测试主要完成汇编语言程序、高级语言程序的动态覆盖分析。覆盖率和执行时间统计软件主要实现以下功能:

(1) 被测软件的测试语句覆盖率、分支覆盖率统计;

(2) 测试语句的真实执行时间统计,应具备随意设置统计的起始语句与结束语句的能力;

(3) 能够满足嵌入式软件开发阶段的内部测试和调试以及验收阶段的测试要求,并能够为测试方、被测试方及上级主管单位提供可以信赖和再现测试过程与测试问题的测试报告。

(4) 在该平台下,可以实现虚拟目标机环境、程序结构分析、软件质量度量、支持结构测试、故障注入、全数字仿真、软件分析与测试总结报告。

5.1.12 广义测试(源自原则(7))

广义测试可以应用于软件生命周期的各个阶段,如总体设计、详细设计、跟踪调试、验证确认、应用培训、后期维护,如图 5.7 所示。在开发阶段可以使星载软件系统的开发、测试和相应

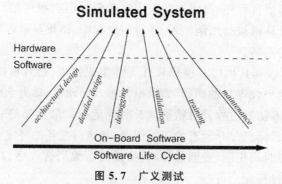

图 5.7 广义测试

硬件系统的开发并行进行。在后期维护阶段可以提供上天卫星版本升级软件的确认测试(已上天卫星真实的目标机已不可能得到,如进行其软件修改的测试工作,将是一个巨大的挑战,提供了这样一种可靠的手段)。许多成功的项目证明,应用仿真目标机可以明显地提高软件测试的质量,提高软件测试效率,大大减低软件测试费用。

5.1.13 总　结

仿真目标机平台可以完成以下工作:
(1) 完成整个软件的模拟;
(2) 对不同方案进行比较与综合;
(3) 故障注入;
(4) 对被测软件进行白盒、黑盒及灰盒测试;
(5) 提供扩展接口,可以接入其他软硬件系统,进一步开展软/硬件协同测试;
(6) 在没有真实目标机条件下,使用与目标机 CPU 一致的仿真目标机,达到比全数字进一步(不包括环境的)的实时性开发/测试。

5.2　基于真实目标机的半数字半物理嵌入式仿真(单机系统)

5.2.1 原　则

根据嵌入式软件测试原则:(1)软硬件分离原则,(2)透明度原则,(5)灵活性原则,(8)实时性原则和(9)测试环境搭配原则等,为了建立嵌入式软件测试的平台和环境,使用各种手段,包括数字、半物理等,会用到目标机实物、非目标机的仿真平台、目标机真实环境、目标机非真实仿真环境。

为了更明确地说明概念,还是经常以测试尤其是针对嵌入式系统及其软件测试为例。

5.2.2 软硬件分离

从前面全数字仿真软硬件分离和基于仿真目标机半物理仿真软硬件分离学到了全数字仿真软硬件分离的原理:
(1) 是用指令集作为桥梁分离软硬件,指令集是一个可以仿真的对象,通过对它及*内存寄存器等的仿真*创造了嵌入式软件运行的环境;
(2) 还是用指令集作为桥梁分离软硬件,指令集是一个可以仿真的对象,但在软硬件协同验证中指令集是和 EDA 设计的硬件系统的数字仿真系统协同工作。

基于仿真目标机半物理仿真嵌入式软件测试软硬件分离原则:
(1) 认为目标机是由 CPU、内存和端口组成。
(2) 把目标机的 CPU、*内存设置为真实的*,把端口设置为数字仿真的,在 CPU、内存与端口之间建立通信机制。

将上页斜体字抽出,即得到基于真实目标机半数字半物理、仿真嵌入式软硬件分离的模型。

基于真实目标机半数字仿真嵌入式软件测试的软硬件分离方案(单机系统):目标机是真实的,端口的输入输出(外围激励)是数字的,是通过像全数字仿真一样的方法对其的读/写操作而实现的。

5.2.3 构　成

如图 5.8 所示,可以搭建完成一个真实的测试对象目标机和全数字的仿真环境:目标机是真实的;外围激励是全数字仿真的。

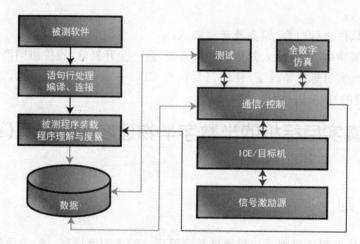

图 5.8　基于真实目标机的半数字仿真原理

5.2.4 基本概念

在硬件已制造出来,软件基本开发完,原理样机阶段,进行软件测试(Real-time Software testing in a projects prototype milestone using the real hardwarel)。

(1) 问题的提出:软件测试人员对硬件不够了解;外围激励建立不起来;外围激励建立不全;外围激励建立过于昂贵;外围激励被占用。外围激励许多故障注入难以产生,尤其是对软件即使有了外围激励,软件难以进行白盒测试。

(2) 可能解决的方案

提出一种新的技术途径来解决嵌入式软件单元测试、覆盖测试中要求不插桩的关键技术问题,同时能在嵌入式软件调试环境下利用高级符号调试技术、外部事件全数字仿真技术以及其他相关技术实现嵌入式软件的覆盖测试、单元测试、集成测试和系统测试等功能。并支持测试用例的加载和测试过程的自动化,实现在真实目标机上对嵌入式系统进行实时、闭环的和非侵入式(不插桩)的系统测试。

第5章 半数字/半物理固件方法

5.2.5 目 的

由能够运行目标软件的真实目标机和高精度的目标软件外部感知环境的仿真模型共同组成的测试环境-软件验证设备能够有效地降低嵌入式软件的开发成本。

5.2.6 仿真的实时 Simulated Real Time(原则(8))

被测汇编语言程序、高级语言程序和混合语言程序的最终二进制代码无须任何修改,直接执行于真实目标处理器中,软件运行在真实的实时环境中。当中止真实目标处理器的复制运行时,所有和被测软件相关的时间环境也停止了。但被测软件还处于运行过程中,其同一运行过程还可继续。暂停事件对被测软件该运行过程没有破坏和终止作用。在被测软件看来,一切都没有停止,时间还在继续。模拟实时(SRT)停止,现实时间还在继续,支持与控制系统可以利用此特性进行输入输出的模拟。模拟实时最大限度地实现测试平台的高度实时性的要求。

5.2.7 特 点

这种方法有以下特点:
(1) 对被测软件的程序进行语句行处理;
(2) 交叉编译、链接被测程序,生成含有调试符号信息的可执行目标程序;
(3) 装载在开发环境中交叉编译后的可调试目标程序;
(4) 对被测程序进行静态分析,生成程序理解数据和质量度量数据;
(5) 对被测嵌入式软件程序进行测试;
(6) 通过 JTAG 接口与目标机进行通信与控制;
(7) 通过全数字仿真模拟端口、中断等外部事件,使被测嵌入式软件程序能够"闭环"运行;
(8) 对测试结果进行分析,生成测试报告。

最重要的特性之一是目标处理器和所有与它相关的时间关系都可以被支持系统与控制系统管理和控制。这就意味着在真实目标机上的被测软件(包括被测汇编语言程序、高级语言程序和混合语言程序)的行为过程完全可以控制,可以在测试期间对被测软件内部的探查精确而详细。可以进行更多软件测试,对被测软件深层问题进行探究。

地面系统测试是对包括软件及硬件一体的系统测试,这种测试方式对于软件测试而言所得到的结果是包括软件行为在内的系统行为,所以较难辨识软件的行为特性,通常只能作为确认测试的方法之一。而对真实目标机的这种测试方法则弥补了这个空白。

5.2.8 开环测试

仿真目标机可以作为完整的半实物测试台,对嵌入式软件进行开环测试,测试中不需要额外的设备,在真实目标机上可以模拟所有的输入输出。所以提供了一个真实计算机的嵌入式软件测试运行环境,被测汇编语言程序,高级语言程序和混合语言程序最终二进制代码无需任何修改,直接执行于真实目标机中,软件运行在真实的实时环境中,从而使软件测试人员可以专注于针对软件的测试工作,验证了在真实计算机硬件上被测软件的错误。从而可以对被测软件进行更准确,更客观的评价。可以提高测试的效率,减小测试难度。为开环确认测试打下扎实的基础。

5.2.9　闭环测试

这已是复杂系统的范畴。可以作为完整的半实物仿真试验台对嵌入式软件进行闭环测试。提供被测汇编语言程序,高级别语言程序和混合语言程序的外部感知环境。在闭环测试中与目标处理器系统组成闭环。宿主机作为测试计算机进行用例注入,执行信息跟踪,结果显示等工作。系统可重用度很高。为闭环确认测试打下扎实的基础。

5.2.10　故障注入

能够访问和控制所有的内存地址空间,输入输出的所有地址空间,可以完全地控制和修改被测汇编语言程序,高级别语言程序和混合语言程序的运行状态。因此,对真实目标机可以在任何时间,对任何类型的错误(故障)直接注入被测汇编语言程序,高级别语言程序和混合语言程序的运行过程,外部感知环境的非法测试用例的直接输入或者是外部输入输出环境突发的非法请求数据。仿真目标机都可以很敏锐地捕捉到出现的错误,监控和记录软件对错误的处理过程,并对测试人员提供有力的分析依据。

由于可以读写目标处理器内部的任意地址,所以可以从目标机处理器的内部任意地址,在任意时间,写入任意数据,模拟目标处理器内部随机突发的不可预见的错误运行状态,例如:目标处理器的物理性质发生变化,产生0/1翻转的错误。另一很重要的特性就是提供故障指令,如冻结子程序状态指令,不规则错误指令等,提供方便易用的故障注入手段。

5.2.11　测　试

使用这种方法能对汇编语言程序、高级别语言程序在真实目标机环境下进行动态覆盖分析。

覆盖率和执行时间统计软件主要实现以下功能:
(1)被测软件的测试语句覆盖率、分支覆盖率统计;
(2)测试语句的真实执行时间统计,应具备随意设置统计的起始语句与结束语句的能力;
(3)但是对于速度较快的音像会出现中断现象。

5.2.12　总　结

基于真实目标机平台的测试可以完成以下工作:
(1)完成整个软件环境的模拟;

(2) 对不同方案进行比较与综合；
(3) 故障注入；
(4) 对被测软件进白盒、黑盒及灰盒测试；
(5) 提供扩展接口，可以接入其他软硬件系统，进一步开展软/硬件协同测试；
(6) 在真实目标机条件下，达到比全数字仿真、仿真目标机进一步(不包括环境的)的实时性开发/测试。

5.3 基于原型目标机半数字仿真嵌入式仿真(单机系统)

5.3.1 原则

根据嵌入式软件测试原则：(1)软硬件分离原则，(2)透明度原则，(5)灵活性原则，(8)实时性原则和(9)测试环境搭配原则等。为了建立嵌入式软件测试的平台和环境，使用各种手段，包括数字、半物理、物理等；会出现目标机实物、非目标机的仿真平台、目标机真实环境、目标机非真实仿真环境。

为了更明确地说明概念，还是以测试尤其是针对嵌入式系统及其软件的测试为例。

5.3.2 软硬件分离

从全数字仿真软硬件分离和基于仿真目标机半物理仿真软硬件分离以及基于真实目标机嵌入式软硬件分离可以学到全数字仿真软硬件分离的原理(见斜体字)：

(1) 用指令集作为桥梁分离软硬件，指令集是一个可以仿真的对象，通过对它及*内存寄存器等的仿真创造了嵌入式软件的运行环境*。

(2) 还是用指令集作为桥梁分离软硬件，指令集是一个可以仿真的对象，但在软硬件协同验证中指令集是和 EDA 设计的硬件系统的数字仿真系统协同工作。

基于仿真目标机半物理仿真嵌入式软硬件分离原则：

(1) 认为目标机是由 CPU、内存和端口组成。

(2) 把*CPU、内存设置为真实的，把端口设置为数字仿真的，在 CPU、内存与端口之间建立通信机制*。

基于真实目标机半数字仿真嵌入式软硬件分离方案(单机系统)：

目标机是真实的，端口的输入输出(外围激励)是数字的，通过像全数字仿真一样的方法对其进行读写操作实现的。

将以上斜体字抽出，即得到基于原型目标机半数字仿真嵌入式软件测试软硬件分离的模型。

基于原型目标机半数字仿真嵌入式软硬件分离方案(单机系统)：原型目标机对真实目标机是冗余的，端口的输入输出(外围激励)是数字仿真的，是通过像全数字仿真一样对其进行读写操作而实现的。

5.3.3 构 成

基于原型目标机半数字仿真嵌入式方案(单机系统),如结构图 5.9 所示,可以搭建完成一个真实的测试对象目标机的原型机和全数字的测试环境:原型目标机的 CPU、内存是真实的;要构造尽可能多样化和冗余的接口(不一定真实现)。外围激励可以是数字化虚拟的(对于未物理实现的端口来说)。

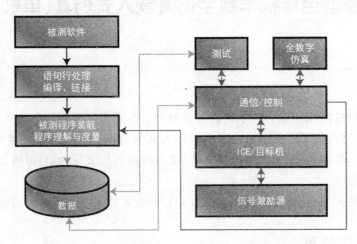

图 5.9 基于原型目标机的半数字仿真原理

5.3.4 基本概念

在全寿命周期使用仿真硬件进行实时测试(Real-time Software testing throughout a projects life cycle using simulated hardware)。

(1) 问题的提出

在软件全寿命周期的大部分时间里,没有让软件可以运行的硬件(No hardware available to run the software, during most parts of the Software life cycle)。例如:硬件已知部分或全部要求(Hardware not yet known very well);硬件还未造出(Hardware not yet build);硬件被其他测试所占用(hardware needed for other tests);硬件被发射出去了(Hardware launched);软件测试人员对硬件不够了解;外围激励建立不起来;外围激励建立不全;外围激励建立过于昂贵;外围激励被占用;外围激励许多故障注入难以产生,尤其是对软件;即使有了外围激励,软件难以进行白盒测试。

(2) 可能的解决方案

提出一种新的技术途径来解决嵌入式软件单元测试、覆盖测试中要求不插桩的关键技术问题,同时能在嵌入式软件调试环境下利用高级符号调试技术、外部事件全数字仿真技术以及其他相关技术实现嵌入式软件的覆盖测试、单元测试、集成测试和系统测试等功能。并支持测试用例的加载和测试过程的自动化,实现在近似目标机上对嵌入式系统进行实时、闭环的和非侵入式(不插桩)的系统测试。

5.3.5 目 的

由能够运行目标软件的近似真实目标机和高精度的目标软件外部感知环境的仿真模型共同组成的测试环境—软件验证设备(Software Validation Facilities,SVF),能够有效地降低嵌入式软件的开发成本。

5.3.6 仿真的实时(Simulated Real Time)(原则(8))

被测汇编语言程序、高级语言程序和混合语言程序的最终二进制代码无须任何修改,直接执行于真实目标处理器中,软件运行在真实的实时环境中。当中止真实目标处理器的复制运行时,所有和被测软件相关的时间环境也停止了。但被测软件还处于运行过程中,其同一运行过程还可继续。暂停事件对被测软件该运行过程没有破坏和终止作用。在被测软件看来,一切都没有停止,时间还在继续。模拟实时(SRT)停止,现实时间还在继续,支持与控制系统可以利用此特性进行输入输出的模拟。模拟实时最大限度地实现测试平台高度实时性的要求。

5.3.7 特 点

这种方法的特点是:对被测软件的程序进行语句行处理;交叉编译、链接被测程序,生成含有调试符号信息的可执行目标程序;装载在开发环境中交叉编译后的可调试目标程序;对被测程序进行静态分析,生成程序理解数据和质量度量数据;对被测嵌入式软件程序进行测试;通过JTAG接口与目标机进行通信与控制;通过全数字仿真模拟端口、中断等外部事件,使被测嵌入式软件程序能够"闭环"运行;对测试结果进行分析,生成测试报告。

最重要的特性之一是目标处理器和所有与它相关的时间关系都可以被支持系统与控制系统管理和控制。这就意味着在真实目标机上的被测软件(包括被测汇编语言程序、高级语言程序和混合语言程序)的行为过程完全可以控制,可以在测试期间对被测软件内部的探查精确而详细。可以进行更多软件测试,对被测软件深层问题进行探究。

地面系统测试是对包括软件及硬件一体的系统测试。这种测试方式对于测试而言所得到的结果,是包括软件行为在内的系统行为,所以较难辨识软件的行为特性,通常只能作为确认测试的方法之一。而对原型目标机的这种测试方法则弥补了这个空白。

5.3.8 开环测试

原型目标机可以作为完整的半实物测试台,对嵌入式软件进行开环测试,测试中不需要额外的设备,在原型目标机上可以模拟所有的输入/输出。所以提供了一个原型计算机的嵌入式软件测试运行环境,被测汇编语言程序、高级语言程序、混合语言程序最终二进制代码无需任何修改,直接执行于原型目标机中,软件运行在真实的实时环境中,从而使软件测试人员可以专注于针对软件的测试工作,验证了在原型计算机硬件上被测软件的错误。从而可以对被测软件进行更准确,更客观的评价。可以提高测试的效率,减小测试难度。为开环确认测试打下扎实的基础。

5.3.9 闭环测试

这已是复杂系统的范畴。可以作为完整的半实物仿真试验台,对嵌入式软件进行闭环测试。提供被测汇编语言程序,高级别语言程序和混合语言程序的外部感知环境。在闭环测试中与目标处理器系统组成闭环。宿主机作为测试计算机进行用例注入,执行信息跟踪和结果显示等工作。系统可重用度很高。为闭环确认测试打下扎实的基础。

5.3.10 故障注入

能够访问和控制所有的内存地址空间,输入输出的所有地址空间,可以完全地控制和修改被测汇编语言程序,高级别语言程序和混合语言程序的运行状态。因此,对原型目标机可以在任何时间,对任何类型的错误(故障)直接注入被测汇编语言程序,高级别语言程序和混合语言程序的运行过程。可以是外部感知环境的非法测试用例的直接输入,或者是运行过程中外部输入输出环境突发的非法请求数据。仿真目标机都可以很敏锐地捕捉到出现的错误,监控和记录软件对错误的处理过程,以提供测试人员有力的分析依据。

由于可以读写目标处理器内部的任意地址,所以可以从目标处理器内部任意的内存地址,在任意时间,写入任意数据,模拟目标处理器内部随机突发的不可预见的错误运行状态,例如:目标处理器的物理性质发生变化,产生0/1翻转的错误。另一很重要的特性就是提供故障指令,如冻结子程序状态指令,不规则错误指令等,提供方便易用的故障注入手段。

5.3.11 测 试

使用这种方法能对汇编语言程序、高级别语言程序在真实目标机环境下进行动态覆盖分析。覆盖率和执行时间统计软件主要实现以下功能:被测软件的测试语句覆盖率、分支覆盖率统计;测试语句的真实执行时间统计,应具备随意设置统计的起始语句与结束语句的能力。

5.3.12 总 结

基于原型目标机平台的测试可以完成以下工作:完成整个软件环境的模拟;对不同方案进行比较与综合;故障注入;对被测软件进白盒、黑盒及灰盒测试;提供扩展接口,可以接入其他软硬件系统,进一步开展软/硬件协同测试;在原型目标机条件下,达到比全数字仿真、仿真目标机进一步(不包括环境的)的实时性开发/测试。

5.4 对通用开发环境的测试支持与集成

5.4.1 测发一体化原则的应用

原则(7)嵌入式软件测发一体化原则:把测试当作是研发(Development)的一个组成部分,将这两部分无缝集成。尽可能利用开发的手段和工具,在开发工程师的平台上进行嵌入式软件测试,这包括被测目标机及其测试环境。许多 CPU 厂家开发了与之配套的通用开发环境,例如 TI DSP CCS,AD DSP VDSP 等(软 Simulator 方式)。许多研发机构都使用这些通用开发环境,并在这些通用开发环境上配好了开发条件。

5.4.2 GPS 原则的应用

根据嵌入式软件测试的原则(11)(静态与动态有机结合 GPS 原则):尽可能地把静态分析结果应用到动态测试中;静态分析一部分是对程序的控制流图和调用图的分析,它是对整个程序的所有结构和运行的可能性的分析。如把这一部分结果与动态测试结合起来,可以清晰地看到在某种测试条件下的软件在整个结构中运行的情况;这种状态就像是 GPS 卫星定位一样。

在基于真实目标机和原型目标机方法中,研发机构配好了的通用开发环境上,将软件运行,将测试所需要的数据取出,与静态分析相结合,得出测试结果。

5.5 半物理仿真侵入/干预/插桩方式

5.5.1 侵入(干预,插桩)的基本思想

非侵入(非干预,不插桩)的基本思想是指不插桩直接交叉编译下载到真实 CPU 上执行,以时间换空间,不会因插入标记而造成源代码膨胀而失真。

侵入(干预,插桩)的基本思想是在源码中预先插入一些标记,然后再交叉编译下载到真实 CPU 上执行。

侵入是以空间换时间,大部分功能与非侵入(非干预,不插桩)相同,关键在于插桩的膨胀率。

5.5.2 侵入/干预/插桩方式的功能

同非侵入式一样,能够做到前 6 种功能:静态测试,单元测试,系统测试,黑白盒测试,但仿真速度比非侵入式快。要注意的是插桩所带来的膨胀率要控制在一定范围内(15% 左右)。

5.6 半物理半数字仿真嵌入式软件测试应用适用性

5.6.1 适用性

基于仿真目标机和原型机的方法适用于嵌入式产品研发的整个过程,特别是以下的场合:
——软硬件需要并行开发;
——硬件有了,但并不是每个开发人员都拥有硬件;
——需要隔离软件或硬件的错误;
——测试单位可能拿不到硬件;
——有了硬件无法产生外围激励,或者有些硬件的接线很复杂,测试时需配硬件工程师;
——搭建外围激励价格昂贵,或时间不够;
——足够的灵活性;
——继承性与可靠性增长。

5.6.2 局限性

半物理半数字仿真方法需相对填补之处:基于仿真目标机的方法一种设备只能对应一种CPU。基于真实目标机的方法基本采用不插桩方法,是调试的方式,所以过程比较慢。不能代替在真实目标机上加载物理信号的验证。不能代替其他方法。

第 6 章
嵌入式在环的全物理方法

6.1 对真实目标机进行实时白盒开发/测试(硬件辅助实时在线)

6.1.1 问题的提出

在嵌入式开发、测试、仿真等研发中,需要在嵌入式系统实时在线时对硬件资源的有效性及相关软件运行的效率、性能做出评估。

嵌入式系统开发、测试的特点是交叉、实时、在线、精确、可靠。在嵌入式开发领域中,迫切的需要采用合适的工具,从单元、集成、系统、现场等各个阶段,对用户真实的目标系统的软件进行实时在线测试和分析,保证系统的性能和可靠性。

6.1.2 方案比较和基本方法

以往实时在线硬件信号的采集用示波器、逻辑分析仪,对硬件引脚使用探头、卡子、采集到电信号,只能对目前硬件的运行波形、电平信号、电压和电流等进行纯硬件的外部电信号运行情况的分析,而无法将这些信号与内部硬件资源及占用这些资源的软件运行状态进行分析。

以往的基于传统仿真器(Emulator)、串口等的分析无法进行实时在线连续的嵌入式软件测试。如使用硬件辅助方法实时在线对 CPU 控制、地址、数据三总线进行数据采集,采集的触发基于对硬件特定地址实时监控,这种触发利用对软件重要事件的预先标记处理,对该硬件特定地址的事先写入而发生,从而开始采集硬件电平信号。记录下来的信号可以离线进行处理,得出硬件资源占用与软件运行之间的关系,得到符合国军标的动态性能测试结果和开发的追踪结果如图 6.1 所示。

物理拓扑如图 6.2 所示。
原理图如图 6.3 所示。
插桩方法如图 6.4 所示。
采集原理如图 6.5 所示。

纯软件测试工具	硬件辅助在线实时白盒测试工具CRESTS/H-TEST	纯硬件工具

软件打点的方式可在cache打开下工作 对目标系统影响较大(膨胀率往往超过50%) 占用目标系统资源如：CPU时间，内存，通信通道等 缺乏很好的性能分析 缺乏覆盖率分析 缺乏内存分配分析 精度偏低	对目标系统影响小(1%～15%) 不占用目标系统资源 软件打点技术 可在cache打开方式下工作 强大的性能分析 强大的覆盖率分析 强大的内存分配分析 可测量操作系统的任务性能 可显示函数的调用关系，软件的运行流程 支持高级覆盖率测试(如DMC/DC) 非常准确、价格较便宜	不打点 不占用系统资源 不影响目标系统 采样数据量不够多 无法在cache打开下工作 有限或没有性能分析 有限或没有覆盖率分析 没有内存分配分析 精确性随情况变化 通过仿真器工作 价格昂贵

图 6.1　几种方式比较

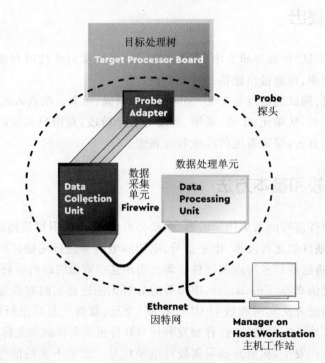

图 6.2　物理拓扑图

第6章 嵌入式在环的全物理方法

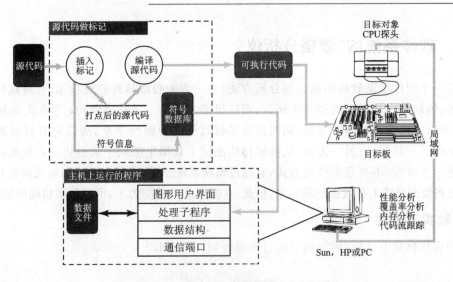

图 6.3 原理图

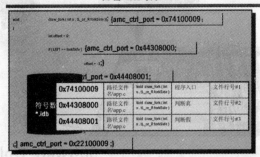

图 6.4 插桩方法

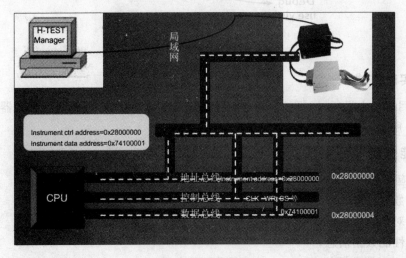

图 6.5 采集原理

6.1.3 软件系统的"逻辑分析仪"

这是一个硬件辅助软件的测试与分析方法,它一方面吸取软件打点技术,并对这种技术进行了改善,纯软件工具插入的是一个函数,而这里插入的是一条赋值语句,它在汇编级也是一条语句,所以它执行的时间非常短,同时避免了被其他的中断所中断,所以它对目标系统的影响非常小(1%~15%)。另一方面,从纯硬件的测试工具那里吸取了从总线捕获数据的技术并且对它进行了改善,不再是采样的方式,它通过监视系统总线,当程序运行到插入的特殊点时才会主动地到数据总线上把数据捕获回来,借此,在同样的处理能力下,可以做到精确的数据观察。

1. 软实时方式

程序在目标机上运行,运行信息通过网络传到主机,如图 6.6 所示。

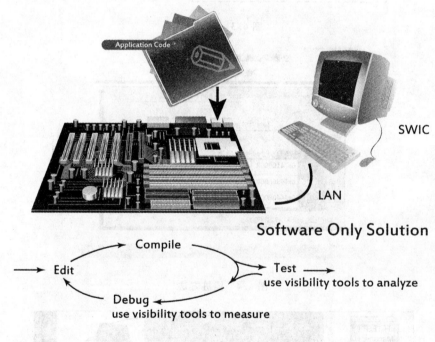

图 6.6 软实时(SWIC)方式

2. 硬实时方式

程序在目标机上运行,运行信息通过数据采集器在总线获取,经过数据处理器处理送到主机,如图 6.7 所示。

3. 性能分析

能测量应用程序,验证并提高性能方面的有关问题,包括以下 4 部分信息:
- 任务数据信息;
- 调用对数据信息;
- 函数性能数据信息;
- A/B 定时器数据信息。

第 6 章 嵌入式在环的全物理方法

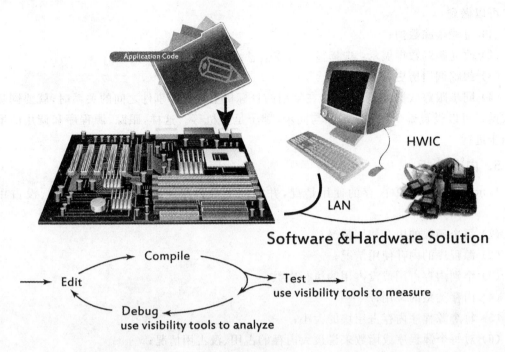

图 6.7 硬实时方式

(1) 任务数据信息:任务数据信息主要指在每一个实时操作系统中任务所花费的时间。
- 决定 CPU 哪个过程正在执行;
- 验证不断被切换的任务;
- 验证一个任务花费的平均时间;
- 验证哪个任务在执行哪个任务没有在执行(这样可以判断优先级问题):任务数据显示任务和中断服务程序的名字,在测量的过程中进入每个任务和中断程序的数量,它也指出了每个任务和中断服务程序的最大、最小、平均及总的执行时间。

(2) 调用对数据信息:主要显示调用函数和被调用函数之间的关系。
(3) 函数性能数据:通过测量函数的可执行时间分析函数的性能,验证执行程序是否符合要求。
(4) A/B 定时器数据:可以显示每一个 A/B 定时器的最小、最大和平均可执行时间,也可以显示 A/B 定时器已执行的次数及所有 CPU 已执行的百分比。

4. 跟踪功能

跟踪功能可以测量基于一定范围内的一些触发事件:
(1) 捕捉一些特殊事件或事件之间的触发跟踪;
(2) 在特殊的相关事件内捕捉跟踪;
(3) 能控制大部分的跟踪捕捉;
(4) 在一个事件之前或之后捕捉触发;
(5) 在探测到外部触发信号时捕捉跟踪数据;
(6) 同步复用跟踪数据;
(7) 用一定的格式查看、打印和导出跟踪数据。

可以做到：
（1）过滤跟踪数据；
（2）改变跟踪数据展示：选择显示所需信息或隐藏不需显示的信息；
（3）跟踪调用历史；
（4）同步跟踪数据：用于当连接在复用的目标机上或需要事件之间的关系时，就要同步跟踪数据。可以设置哪个跟踪数据参与同步，哪个是主机等。这样，跟踪、源程序和调用的堆都能同步进行。

5. 内存分析

显示并报告程序中内存的使用情况，并能证实源程序和函数关键内存占用、没占用的情况。
（1）每个函数的内存使用情况；
（2）源程序的内存使用情况；
（3）个别内存占用或没占用的执行次数；
（4）内存类型的调用；
（5）每个源程序内存占用块的大小；
（6）对每个源程序或函数来说最大内存的占用、没占用情况；
（7）函数最大内存的使用情况；
（8）被一个调用程序当前占用内存的数量，以占用当前总内存的百分比的形式出现；
（9）释放占用的块；
（10）在执行期间产生的内存错误。

6. 覆盖率分析

覆盖率标准：
（1）语句覆盖率；
（2）决策覆盖率；
（3）语句、决策覆盖率。
显示特点：
（1）执行的代码是有颜色的；
（2）覆盖率也着色；
（3）标注不着色。

6.2 实时仿真技术概述

6.2.1 概 述

目前，流行的传统的系统仿真开发分为瀑布模式、"V"型模式和迭代式模式三种不同的过程，而不同的仿真开发过程基于的平台和环境是不同的。随着业界认识的深入和实际项目经验的总结，复杂系统采用的以体系框架为中心，模型驱动的迭代式增量开发过程是公认的开发

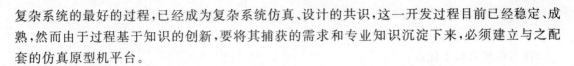

复杂系统的最好的过程,已经成为复杂系统仿真、设计的共识,这一开发过程目前已经稳定、成熟,然而由于过程基于知识的创新,要将其捕获的需求和专业知识沉淀下来,必须建立与之配套的仿真原型机平台。

1. 瀑布式

瀑布式的开发是指严格按照顺序单向前进的过程,如图6.8所示。

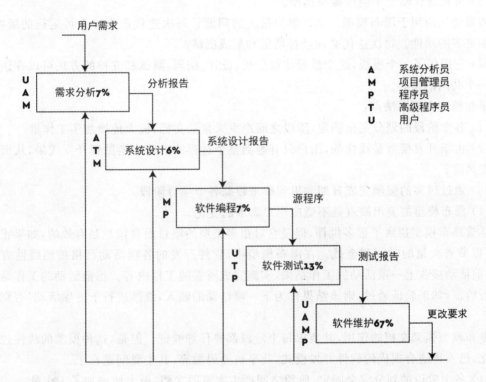

图6.8 瀑布式开发

迭代化开发的每一个迭代中都包含了瀑布式开发中的全部或者部分阶段。或者说每一个迭代都是一个小瀑布,或者是不完整的瀑布。

瀑布模型是将软件生存周期的各项活动规定为按固定顺序而连接的若干阶段工作,形如瀑布流水,最终得到软件产品。核心思想是按工序将问题化简,将功能的实现与设计分开,便于分工协作,即采用结构化的分析与设计方法将逻辑实现与物理实现分开。将软件生命周期划分为制定计划、需求分析、软件设计、程序编写、软件测试和运行维护6个基本活动,并且规定了它们自上而下、相互衔接的固定次序,如同瀑布流水,逐级下落。

瀑布模型是将软件生存周期的各项活动规定为按固定顺序而连接的若干阶段工作,形如瀑布流水,最终得到软件产品。

1970年温斯顿·罗伊斯(Winston Royce)提出了著名的"瀑布模型",直到20世纪80年代早期,它一直是唯一被广泛采用的软件开发模型。

瀑布模型是最早出现的软件开发模型,在软件工程中占有重要的地位,它提供了软件开发的基本框架。其过程是从上一项活动接收该项活动的工作对象作为输入,利用这一输入实施该项活动应完成的内容给出该项活动的工作成果,并作为输出传给下一项活动。同时评审该项活动的实施,若确认,则继续下一项活动;否则返回前面,甚至更前面的活动。对于经常变化的项目而言,瀑布模型毫无价值。

瀑布模型有以下优点:

(1) 为项目提供了按阶段划分的检查点。

(2) 当前一阶段完成后,人们只需要去关注后续阶段。

(3) 可在迭代模型中应用瀑布模型。

增量迭代应用于瀑布模型。迭代解决最大的问题。每次迭代产生一个可运行的版本,同时增加更多的功能。每次迭代必须经过质量和集成测试。

(4) 它提供了一个模板,这个模板使得分析、设计、编码、测试和支持的方法可以在该模板下有一个共同的指导。

瀑布模型有以下缺点:

(1) 各个阶段的划分完全固定,阶段之间产生大量的文档,极大地增加了工作量。

(2) 由于开发模型是线性的,用户只有等到整个过程的末期才能见到开发成果,从而增加了开发风险。

(3) 通过过多的强制完成日期和里程碑来跟踪各个项目阶段。

(4) 瀑布模型的突出缺点是不适应用户需求的变化。

尽管瀑布模型招致了很多批评,但是它对很多类型的项目而言依然是有效的,如果正确使用,可以节省大量的时间和金钱。在瀑布模型中,软件开发的各项活动严格按照线性方式进行,当前活动接收上一项活动的工作结果,实施完成所需的工作内容。当前活动的工作结果需要进行验证,如果验证通过,则该结果作为下一项活动的输入,继续进行下一项活动,否则返回修改。

瀑布模型强调文档的作用,并要求每个阶段都要仔细验证。但是,这种模型的线性过程太理想化,已不再适合现代的软件开发模式,几乎被业界抛弃,其主要问题在于:

(1) 各个阶段的划分完全固定,阶段之间产生大量的文档,极大地增加了工作量。

(2) 由于开发模型是线性的,用户只有等到整个过程的末期才能见到开发成果,从而增加了开发的风险。

(3) 早期的错误可能要等到开发后期的测试阶段才能发现,进而带来严重的后果。

按照瀑布模型的阶段划分,软件测试可以分为单元测试,集成测试,系统测试。

2. "V"模式

经过多年探索,工业界在瀑布式模型基础上改良普遍采用基于模型的开发"V"模式,如图 6.9 所示。该模式可以很大程度地减少反复过程、缩短开发周期,以节省成本。该模式除应用于汽车用 ECU 开发外,也已成功应用到航空、国防、"白色"家电、医疗设备、工业过程控制等领域。下面按照"V"模式图横向对应的先后环节顺序作简单阐述。

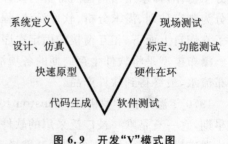

图 6.9 开发"V"模式图

系统定义:根据控制系统设计要求,完成设计规范,如算法、对象参数等。往往需要以往的设计经验、试验数据作参考。

第6章 嵌入式在环的全物理方法

设计、仿真：根据控制系统定义，将整个系统在计算机软件环境下实现，即对控制器的控制逻辑、控制对象环境进行建模仿真，以帮助设计者在先期就对系统指标、误差等进行快速评估。

快速原型：在这里，快速控制原型(Rapid Control Prototype，简称快速原型)概念区别于机械制造中根据 CAD 数据自动构建物理模型的快速成型技术。因为软件仿真不能完全体现实际的动态环境，需要开发一个控制器硬件原型用以在真实环境下验证算法，即将控制器模型下载到一个实时硬件平台，并通过 I/O 连接至真实环境中的传感器、执行器并进行测试，该过程即快速原型，也常称为软件在环。选用实时硬件平台是为了仿真的时效性、确定性和稳定性。

代码生成与软件测试：控制器模型在通过快速原型环节验证之后，将该模型自动或手工生成 C 代码或其他支持类型的代码，并下载到 ECU 的微控制器。并对所产生的目标代码进行测试。

硬件在环：硬件在环(Hardware in the Loop)是指将已下载目标代码的 CPU 通过 I/O 连接至先前建立的环境模型(硬件在环仿真器)，并测试该 CPU 在各种工况下的功能性和稳定性。硬件在环是一个闭环的测试系统，可重复地进行动态仿真；可在试验室里仿真试验，无需真实的测试环境组件，节约测试成本；可进行临界条件测试和模拟极限工况；并可通过软件(模型)、硬件(故障输入模块)来模拟开路、与地短接、引脚间短接等错误，以及模拟传感器、执行器出错情况。

系统标定和测试：在完成关键的硬件在环之后，将修正后的控制器连接至真实 I/O 环境，并进行台架试验、道路试验，直至最后生产出厂。

"V"模式已成为一套行之有效的方法。对于其中快速原型和硬件在环两个关键环节，设计者可根据 CPU I/O 数量和控制逻辑的复杂度选择对应的平台，且整个系统是在图形化设计工具下实现的，无需复杂的软硬件知识；均具有成本低、开发时间短、可扩展性、通用性等特点。

3. 迭代式

迭代式开发也被称作迭代增量式开发或迭代进化式开发，是一种与传统的瀑布式开发相关的软件开发过程，它弥补了传统开发方式中的一些弱点，具有更高的成功率和生产率。

在迭代式开发方法中，整个开发工作被组织为一系列短小的、固定长度(如 3 周)的小项目，被称为一系列的迭代。每一次迭代都包括了需求分析、设计、实现与测试。采用这种方法，开发工作可以在需求被完整地确定之前启动，并在一次迭代中完成系统的一部分功能或业务逻辑的开发工作。再通过客户的反馈来细化需求，并开始新一轮的迭代。迭代式开发模式如图 6.10 所示。

这种开发方式的定义如下：

一种包括对一系列活动的重复应用以对一系列论断进行评估，解决一系列风险，达成一系列开发目标，并逐步增量地建立并完善一个有效的解决方案。

由于它通过对核心开发活动的重复应用，包括了对问题解决方案定义以及解决方案实现的连续的细化，因此，它是一个迭代的过程。由于在一次迭代运行的周期中，对问题的理解以及解决方案提供的功能均会增长，因此，它是一个增量的过程。在迭代中，其中数个或更多的应用被连续地组织起来以构成一个完整的项目。

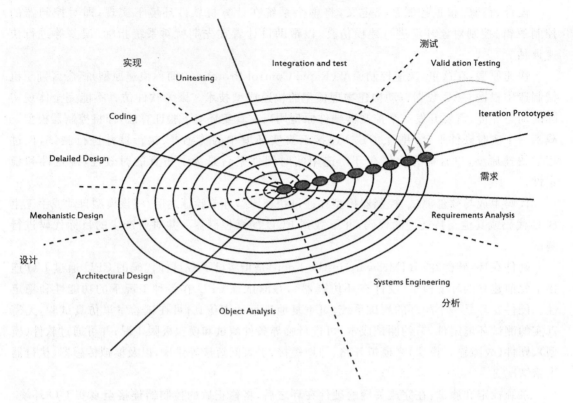

图 6.10　迭代式开发模式图

不幸的是,开发可以不包含增量而迭代地进行。例如,在一个迭代化的方式中,活动可以一遍又一遍地被采用,而并不能增长对问题的理解或是扩展解决方案,从迭代开始前的位置有效地进行分离。

它也可以实际上不包含迭代的、增量的过程。例如,一个大型解决方案的开发可以被分解为数个增量,而不包含对核心开发活动的重复应用。

要在实际意义上更有效,开发必须同时采用迭代与增量。对于迭代化的,增量开发的需求要求在未知的世界中可预测产生的结果。既然不能寄希望于未知事物的消失,因此需要一种技术来控制它。迭代化的增量开发提供了一种技术,这种技术可以控制这种未知,或至少可以从系统级别上将其充分地至于控制之下以达到所期望的效果。

但以上的方法对于非线性复杂系统就显得捉襟见肘了。参见后面的第 7 章复杂系统和第 8 章新一代系统论基础上的人/机/物工程管理介绍。

6.2.2　实时仿真的概念/构成实例

1. 航空领域的快速原型机

飞行控制系统(FCS)模型测试以及仿真可以在真实的飞行原型系统中帮助节约测试成本和时间,并降低风险,用于进行集成测试、验证和验收测试,以及对飞行控制硬件部分的建模。

第6章 嵌入式在环的全物理方法

航空领域快速控制原型的一个例子如图 6.11 所示。

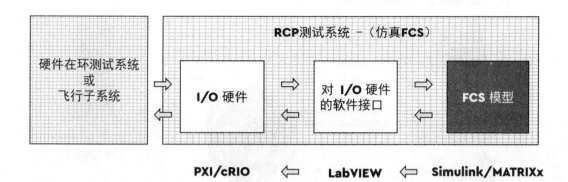

图 6.11 快速原型例子

2. 进行原型设计

原型设计如图 6.12 所示。

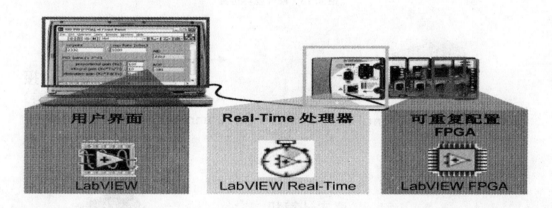

图 6.12 原型设计

3. 硬件在环测试的系统结构

硬件在环(Hardware-In-The-Loop)是半物理仿真和实时仿真的代名词。这种仿真追求的是与真实事件、时间完全同步,如图 6.13 所示。

4. 处理器在环(Processor in-the-loop)的系统结构

这种方式是嵌入式系统软硬件都引入的半物理仿真,是硬件在环路基础上的延伸。这是本作者对第 2 章第 18 条原则提出的嵌入式在环的一个特例,也是第 7 章复杂系统的一种表达方式,如图 6.14 所示。

5. 人在环路(Man-in-the-Loop)

人在环路的控制是指操作员在经过第一次指令输入后,仍有机会进行第二次或不间断的指令更正。实现人为干预系统的运行状态、改变系统的运行环境等。

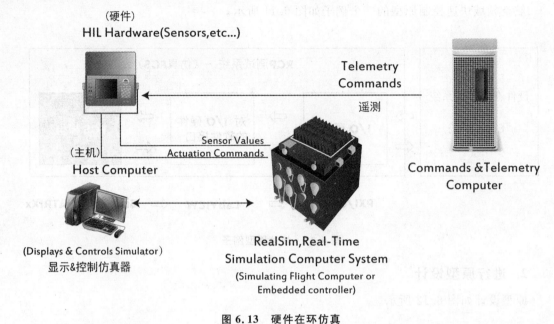

图 6.13　硬件在环仿真

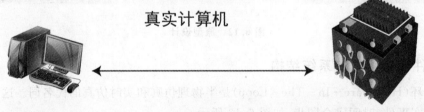

图 6.14　处理器在环仿真

6. 嵌入式在环

在第 2 章原则(18)嵌入式仿真平台嵌入式在环原则(理论)中,本作者基于前面原则提出、提倡嵌入式在环和人在环路的仿真解决方法:提供真实 CPU 的全数字、半数字、全物理模型及其真实目标板;支持用户使用 Matlab/Simulink 编写的控制策略模型,仅需非常简单的操作,控制策略即可通过自动代码生成技术(自动生成 a2l. hex 文件)刷写到电子控制单元中,立即进行实验验证。仿真真实目标处理器的输入/输出接口；目标软件（包括汇编语言程序,高级语言程序,混合语言程序）最终二进制代码无须任何修改,直接执行于真实目标处理器的复制中；支持针对目标软件（包括汇编语言程序,高级语言程序,混合语言程序）从处理器内部及外部环境的故障注入；实现被测应用程序的闭环运行。这样就可在研发全寿命过程中进行不同形式的验证,是设计、验证和测试的统一平台。支持仿真的实时,实时的仿真；系统可重用。

嵌入式在环可以使用快速原型目标机加上全物理仿真来构成全物理的嵌入式在环。嵌入式在环的原理及其 3 种形式参见第 7 章和第 8 章。

如上所述,嵌入式在环（Embedded in the loop,EIL）是在设计、验证和测试的统一平台的概念上提出的。在仿真、验证、测试等过程中,具有嵌入式特性的部分是整个系统的必要组成部分,犹如人的大脑,是整个仿真系统的核心和基础。嵌入式在环（EIL）具有仿真精度更高、仿真可靠性高、系统强耦合的可重用性强和具有完备真实系统的特点。这是以往硬件在环、处理器在环所无法做到的,是可以支持实现第 2 章中第（17）条原则即流水线原则。

特点包括：
- 支持多种建模、算法设计工具；
- 可通过多种方式将模型发布到嵌入式处理器；
- 无缝连接到模块化 I/O；
- 设计、验证和测试的统一平台；
- 典型应用；
- 快速控制原型；
- 嵌入式软件的硬件在环测试；
- 嵌入式软件的处理器在环测试。

支持各种仿真软件：
(1) Matlab；
(2) MATRIXx；
(3) LabVIEW；
(4) SCADE。

6.3 嵌入式快速原型目标机

6.3.1 一般仿真原型机系统构建

1. 仿真原型系统建立过程概述

仿真原型机系统根据用户的需求提供基于工业标准总线（PXI、CPCI、VME、VXI 等总线）的开放式、易扩展、多用途和具有较高自动化水平的实时仿真测试平台。仿真系统使用仿真工具建立仿真模型,并下载到仿真原型机的实时操作系统中运行,最后通过实际的 I/O 硬件板卡来完成信号的输入和输出,以实现与其他半物理仿真的物理连接。

2. 在该平台建立仿真系统的步骤

在该平台建立仿真系统的步骤如下：
(1) 采用模型开发工具建立系统的初步理论模型；
(2) 根据用户初步需求，建立与目标系统一致的仿真原型系统硬件配置；
(3) 模型下载到仿真原型系统实时操作系统中运行；
(4) 对仿真原型系统进行评估、分析、完善目标系统需求。

重复以上步骤，直到全面实现用户的需求，仿真原型系统成为目标系统的 1.0 版本。

3. 特 点

(1) 支持实时动态参数调整；
(2) 仿真模型代码的自动生成和编译下载；
(3) 强大的仿真模型管理体系；
(4) 可以精确到毫秒或微秒级的实时内核；
(5) 多种常用总线和 I/O 接口的支持；
(6) 特殊或非标设备接口的扩展支持；
(7) 方便简捷的仿真环境配置。

4. 硬件体系结构

仿真原型系统的硬件体系结构是由仿真开发工作站和仿真原型机两部分组成，仿真原型系统的硬件配置又可以分为便携式配置和固定型配置两种。

仿真开发工作站是一台高性能 PC，主要面向用户，用于进行模型开发工作和模型中的动态参数调整。

仿真原型机运行于实时操作系统 RTOS 下，主要完成实时仿真任务，驱动整个仿真模型的正常运行。

仿真开发工作站和仿真原型机之间的通信通过以太网来完成，支持模型数据的动态下载和上传功能。

仿真原型机与激励系统通信通过 I/O 接口完成，目前支持的 I/O 一般有 MIL－STD－1553/ARINC429/CAN/AD/DA/RS232/RS422/RS485/DI/DO 及用户定制接口等。

5. 软件体系结构

在仿真开发工作站上运行仿真开发环境软件，主要完成仿真模型开发功能，具体包括自动生成 VxWorks 或 ETS 等嵌入式实时操作系统运行代码、仿真过程管理、仿真过程实时监视、仿真过程实时控制、仿真结果处理功能、与第三方建模工具软件接口等功能。

运行于仿真原型机上的软件主要完成实时仿真功能，具体又包括数据服务、模型服务、异常处理服务、任务调度和接口驱动等。

6. 系统配置

为保证仿真系统的通用性和可扩充性，在硬件方面，仿真系统采用易于扩展的硬件平台，这样在保证系统性能的前提下，同时减少了系统的维护成本和学习成本。

仿真系统使用高速处理器，采用通用总线平台，例如 CPCI 总线是 PCI 总线在工业上的扩展,简单可以认为是 PCI 总线加上欧式插针。CPCI 总线是一个开放式、国际性技术标准,由 PCI 总线工业计算机制造商组织(PCI Industrial Computer Manufacturers Group,PICMG)负责制定和支持。

7. 系统软件

仿真系统控制软件包是仿真系统专用软件包,实现仿真系统的控制和管理功能。软件包支持 Matlab/MATRIXx/Labview 建模,并能自动生成在 VxWorks/ETS/ETS 操作系统上运行的源代码,同时对整个仿真过程进行监视和控制,以保证仿真的顺利进行和仿真结果准确。

8. 主要功能

(1) 自动生成 VxWorks/ETS/ETS 嵌入式实时操作系统运行代码。

(2) 当用户使用 Matlab/MATRIXx/Labview 开发模型后,可以使用仿真系统控制软件包提供的 Matlab/MATRIXx/Labview 工具自动生成实时代码,并下载到仿真系统 CPCI 硬件目标平台上运行,控制硬件平台的输入/输出。这样可以使得用户只专注于模型设计和模型运行效果,从而提高开发效率。

(3) 仿真过程管理:仿真系统控制软件包能引导用户完成从数学建模到最终建立半实物仿真系统的全过程,用户只需要通过简单的操作就可以实现整个过程。

(4) 仿真过程实时监视:仿真系统控制软件包提供仿真过程数据的实时监控,使用软件包工具用户可以方便地、以多种形式实现观察仿真系统的模型变量,并指定相应的显示方式。

(5) 仿真过程实时控制:仿真系统控制软件包提供对仿真过程中仿真参数的实时修改,通过参数的修改用户可以改变仿真流程,并人为的模拟故障信息。

(6) 仿真结果处理功能:仿真系统控制软件包支持对仿真数据的事后分析处理,数据可直接导入 Matlab/MATRIXx/Labview,产生对应曲线和图形结果,并支持第三方的海量数据处理软件 Excel 等,处理结果可为用户直接生成相关文档。

(7) 支持 Matlab/MATRIXx/Labview 仿真平台。

6.3.2 嵌入式快速原型目标机

嵌入式快速原型机不是指使用嵌入式操作系统的原型机,而是目标机的快速原型机。

前几章已经用全数字虚拟化方法、半数字/半物理方法构造了多种快速原型目标机。目标机的快速原型机就是将附加电路剥离掉,将 CPU 和端口以硬件形式(全物理)有弹性的以组合形式表现出来,主要是某种 CPU 的主板,及其端口以板卡形式表现,并把这二者之间像一台目标机一样用工业总线的形式联系起来,构成一个快速原型机(外表看上去像是一台工控机)。

6.4 全物理仿真

全物理仿真,基于真实目标机或嵌入式快速原型机以及外围全物理信号。

6.4.1 全物理仿真黑盒开发/仿真/测试原理

全物理仿真黑盒开发/仿真/测试原理如图 6.15 所示。

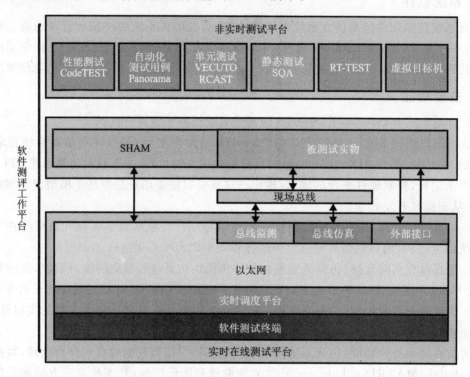

图 6.15 全物理仿真原理

被测系统与测试系统之间的信号是物理信号,但测试系统本身仍是仿真系统,它可以是数个分离的子系统,对所有 I/O 产生激励。仿真系统也有宿主机(上位机),仿真系统由硬件和仿真软件组成,可能包括通用的仿真工具和实时操作系统。

6.4.2 全物理仿真黑盒开发/仿真/测试拓扑

全物理仿真黑盒开发/仿真/测试拓扑如图 6.16 所示。

6.4.3 全物理仿真黑盒开发/仿真/测试功能

1. 实时控制系统

实时控制系统实现对 Matlab 模型的封装、下载、运行及控制,以及对各种硬件板卡的控制,设置各种板卡之间的实时逻辑控制及时序控制。

实时调度模块是实时在线测评平台的中心,汇总终端、前端和其他设备的数据信息进行归档,并向有关设备进行分发。服务器运行高稳定性和可靠性的操作系统,采用磁盘阵列对数据

第6章 嵌入式在环的全物理方法

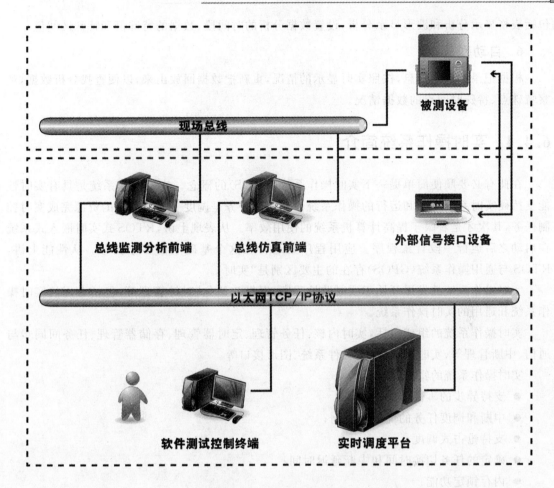

图 6.16　全物理仿真拓扑

进行保存,提高数据存储可靠性。

2. 实时监控终端

实时调度通过快速以太网,从前端和外部接口设备接收数据,保存入数据库,同时送给实时监控终端。测试控制对采集来的软件数据按测试要求进行归类和处理。

3. 故障注入模块

故障注入技术通过人为地向系统中引入故障,加速系统的失效,从而实现对容错系统可靠性的评价,是评测容错系统可靠性的有效方法。通过对硬件电路的控制,实现硬件线路的开路、对地短路、对电源短路和对其他信号短路等。

4. 自动化测试模块

在测试过程中,根据运行注入激励的实际情况,自动记录所有的测试输入,生成测试脚本;测试时,对测试脚本进行编辑,导入测试脚本运行,进行自动化测试。

5. 数据分析

根据记录的数据,按照用户的需求,灵活设置数据显示模式和对数据进行分析。数据显示包括表格显示分析和波形显示分析,设置数据分析的时间段、数据的特殊值和特殊区间值。

6. 自动回放

根据记录的数据信息,按照实时显示的情况,重新把数据回放出来,以便查找分析数据,观察特殊点、特殊时间点的数据情况。

6.4.4　实时操作系统简介

在此有必要顺便简单提一下实时操作系统(RTOS)的概念。实时操作系统是具有实时性能支持硬实时系统开发和运行的操作系统。其首要任务是调度一切可利用的资源完成实时控制任务,其次才是着眼于提高计算机系统的使用效率。从表现上讲,RTOS 式实时嵌入式系统在启动之后运行一段背景程序。应用程序是运行在这个基础上的多个任务。从性能上讲,RTOS 与通用操作系统(GPOS)存在的主要区别是"实时"。

实时操作系统的发展开始于实时监控程序,提供初始化、时钟管理等,包括专用的实时操作系统和通用的实时操作系统。

实时操作系统的组成包括,实时内核:任务管理、定时器管理、存储器管理、任务间同步与通信、中断管理等,实时网络组件、文件系统、图形接口等。

实时操作系统的特点:
- 支持异步的事件响应;
- 中断和调度任务的优先级机制;
- 支持抢占式调度;
- 确定的任务切换时间和中断延迟时间;
- 内存锁定功能;
- 连续文件支持;
- 支持同步。

目前常见的国际商用实时操作系统有 VxWorks(pSOS)、QNX、Nucleus,还有一些开源的如 RTEMS、μC/OS-Ⅱ 等。像 Windows CE、嵌入式 Linux 等操作系统介于 GPOS 与 RTOS 之间,由于实时性和高速性能较弱,只能列为准实时或弱实时系统看待。

6.4.5　系统测试

1. 系统测试的定义

系统测试是把经过测试的子系统装配成一个完整的系统来测试。在这个过程中不仅应该分析设计和编码的错误,还应该验证系统确实能提高需求规格说明书中指定的功能,而且系统的动态特性也符合预定要求。在这个测试步骤中发现的往往是软件设计中的错误,也可能发现需求说明中的错误。

2. 系统测试的特点

系统测试环境是软件真实运行环境最逼真的模拟。系统测试中各部分研制完成的真实设备逐渐取代了模拟器或仿真器,有关真实性的一类错误,包括外围设备接口、输出/输入或多处理器设备之间的接口不相容,整个系统时序匹配等,在这种运行环境下能得到比较全面的暴露。系统测试的困难在于不容易从系统目标直接生成测试用例。

3. 系统测试的分类

（1）系统功能测试:测试真实系统环境或系统仿真环境中软件的各项功能是否满足系统需求。

（2）系统性能测试:测试真实系统环境或系统仿真环境中软件的各项性能指标是否满足系统需求;测试软件性能和硬件性能的集成。

（3）软件和系统接口测试:测试软件对系统每一个真实接口的正确性,验证接口信息的内容和格式;测试硬件提供的接口是否便于软件使用;测试软件在真实系统环境或系统仿真环境中提供的人机交互接口,验证操作有效性,显示和信息输出清晰性;测试系统特性(如数据特性,错误特性,速度特性)对软件功能和性能特性的影响。

（4）系统强度测试:在真实系统环境或系统仿真环境中进行强度测试。

系统余量测试:软件在真实系统环境或系统仿真环境中运行时,测试系统全部存储量,输入/输出通道及处理时间的余量,应满足系统/子系统设计文档要求。

（5）系统可靠性测试:在真实系统环境或系统仿真环境中进行可靠性测试。

（6）系统安全性测试:在真实系统环境或系统仿真环境中进行安全性测试。

（7）系统恢复性测试:对有恢复或重置(RESET)功能的系统,必须验证恢复或重置功能,对每一类导致恢复或重置的情况进行测试;验证软件自身运行的恢复或重置,软件控制的系统的恢复或重置,系统控制软件的恢复重置。

（8）系统边界测试:测试软件在系统输入域(或输出域)、状态转换、功能界限、性能界限和容量界限等的边界或端点情况下的运行状态。

（9）系统敏感性测试:包括软件可能的扩展性和系统电、磁和机械干扰对软件特性的影响。

6.4.6 嵌入式仿真测试环境

软件仿真测试环境是指能对嵌入式软件进行测试的、自动的、实时的、非侵入性的闭环测试系统。它能够逼真地模拟被测软件运行所需的真实物理环境的输入和输出,并且能够组织被测软件的输入,来驱动被测软件运行,同时接收被测软件的输出结果。

仿真测试环境能够保证测试的可重复性(Repeatability)、完整性(Leveraging)和可扩展性(Accumulation)。

6.5 虚拟仪器技术

6.5.1 概　念

虚拟仪器的概念就是"软件就是仪器",通过在通用硬件平台上设计软件来实现仪器的功能。和传统仪器相比,虚拟仪器可由用户灵活定义功能;使用图形化界面;使用计算机接收和读取数据、进行分析处理,数据可编辑、存储、打印;软件设计是关键部分;价格低廉,大大节省开发维护费用;技术更新快;基于计算机技术开放的功能模块可构成多种仪器;可以方便地与网络外设、应用相连。虚拟仪器技术在工业测量和控制领域中掀起了一场变革。

6.5.2　思想的形成

自动测试系统由硬件和软件两部分组成,计算机在测试过程中的控制、分析、显示和存储等方面的强大能力使其成为测试仪器不可分割的重要组成部分,并将整个测试系统融为一体,从而形成了虚拟仪器的思想。

6.5.3　虚拟仪器系统

从20世纪70年代提出智能仪器的概念到目前最新发展的虚拟仪器的思想,人们对测量仪器功能设计和应用的认识呈现出不断发展和深化的过程。从通用接口总线(GPIB)到个人仪器,再发展到图形化编程环境Labview、HP VEE等,使得虚拟仪器的思想为工业界所接受,促进了相关硬件和软件技术的发展。"软件就是仪器"能最本质地刻画出虚拟仪器的特征。

6.5.4　虚拟仪器的组成

所谓虚拟仪器就是在通用计算机平台上,用户根据需求来定义和设计仪器的测试功能,其实质是充分利用计算机的最新技术来实现和扩展传统仪器的功能。

虚拟仪器系统的构成有多种方式,主要取决于系统所采用的硬件和接口方式。

6.5.5　虚拟仪器的功能

虚拟仪器包括硬件和软件两个基本要素。硬件的主要功能是获取真实世界中的被测信号,可分为两类:一类是满足一般科学研究与工程领域测试任务要求的虚拟仪器。最简单的是基于PC总线的插卡式仪器,也包括带GPIB接口和串行接口的仪器;另一类是用于高可靠性的关键任务,如航空、航天、国防等应用的高端VXI仪器。虚拟仪器系统将不同功能、不同特点的硬件构成为一个新的仪器系统,由计算机统一管理、统一操作。软件的功能定义了仪器的功能。因此,虚拟仪器最重要、最核心的技术是虚拟仪器软件开发环境。作为面向仪器的软件环境应具备以下特点:一是软件环境是针对测试工程师而非专业程序员,因此编程必须简单,易于理解和修改;二是具有强大的人机交互界面设计功能,容易实现模拟仪器面板;三是具有强大的数据分析能力和数据可视化分析功能,提供丰富的仪器总线接口硬件驱动程序。

6.5.6　虚拟仪器的特点

与传统仪器相比,虚拟仪器在智能化程序、处理能力、性能价格比、可操作性等方面都具有

明显的技术优势,具体表现为:

(1) 智能化程度高,处理能力强。虚拟仪器的处理能力和智能化程度主要取决于仪器软件水平。用户完全可以根据实际应用需求,将先进的信号处理算法、人工智能技术和专家系统应用于仪器设计与集成,从而将智能仪器水平提高到一个新的层次。

(2) 复用性强,系统费用低。应用虚拟仪器思想,用相同的基本硬件可构造多种不同功能的测试分析仪器,如同一个高速数字采样器,可设计出数字示波器、逻辑分析仪和计数器等多种仪器。这样形成的测试仪器系统功能更灵活、系统费用更低。通过与计算机网络连接,还可实现虚拟仪器的分布式共享,更好地发挥仪器的使用价值。

(3) 可操作性强。虚拟仪器面板可由用户定义,针对不同应用可以设计不同的操作显示界面。使用计算机的多媒体处理能力可以使仪器操作变得更加直观、简便、易于理解,测量结果可以直接进入数据库系统或通过网络发送。测量完后还可打印,显示所需的报表或曲线,这些都使得仪器的可操作性大大提高。

6.5.7 虚拟仪器的数据采集(DAQ)方式

从虚拟仪器的定义来说,它更多地强调软件在仪器中的应用,但虚拟仪器仍离不开硬件技术的支持,信息的获取仍需要通过硬件来实现。目前,虚拟仪器的类型主要取决于仪器所采用的接口总线类型。根据仪器与计算机采用的总线连接方式的不同,可分为内插卡式和外接机箱式两大类。内插卡式就是将各种数据采集卡插入计算机扩展槽,再加上必要的连接电缆或探头,就可形成一个仪器。外接机箱式采用背板总线结构,所有仪器都连接在总线上或采用外总线方式,用外部主控计算机来实现控制。这种类型的虚拟仪器以 VXI 仪器为典型代表。无论哪种虚拟仪器,都离不开数据采集硬件的支持。通常一块 DAQ 卡可以完成多种功能,包括 A/D、D/A 转换,数字输入/输出以及计数器操作等。使用模块化的设计思想完成特定任务,会使用户程序的更新组织易于控制和实现。

6.5.8 虚拟仪器技术的发展

虚拟仪器从概念的提出到目前技术的日趋成熟,体现了计算机技术对传统工业的革命。在虚拟仪器技术发展中有两个突出的标志,一是 VXI 总线标准的建立和推广;二是图形化编程语言的出现和发展。前者从仪器的硬件框架上实现了设计先进的分析与测量仪器所必需的总线结构,后者从软件编程上实现了面向工程师的图形化而非程序代码的编程方式,两者统一形成了虚拟仪器的基础规范。

1. 硬件技术的发展

要保证虚拟仪器具备与传统仪器匹配的实时处理能力和可靠性,很重要的一点是取决于传输测量数据的总线结构。在虚拟仪器中,其分析功能是由计算机来完成的或由计算机来控制的。因此,接口、总线的速度和可靠性是关键,VXI 总线标准的建立,使得用户可以像仪器厂商一样,从访问寄存器这样的低层资源来设计和安排仪器功能,也使得用户化仪器功能设计得以实现。VXI 总线的出现,使得虚拟仪器设计有了一个高可靠性的硬件平台。目前已出现了用于射频和微波领域的高端VXI仪器。当然,采用普通PC总线,尤其是工业PCI总线的虚拟仪器也在不断发展,这类虚拟仪器主要面向一般工业控制、过程监测和实验室应用。

2. 软件技术的发展

除了硬件技术外,软件技术的发展和有关国际标准的建立,也是推动虚拟仪器技术发展的决定性因素之一,在GPIB接口总线出现以后,关于程控仪器的句法格式、信息交换协议和公用命令的标准化,一直是人们关心的问题。标准程序命令(SCPI)标准的建立,向解决程控命令与仪器厂家无关这一目标迈进了重要的一步。随着虚拟仪器思想的深入,用户自己开发仪器驱动器已成为技术发展的客观要求。过去仪器驱动都是由仪器厂家专门设计,缺乏标准,使得用户在仪器软件方面的投资得不到保护。为此,国际上专门制定了虚拟仪器软件体系(VI-SA)标准,建立了与仪器接口总线无关的标准I/O软件,与Labview、HP VEE、Labwindows等先进开发环境软件相适应。开发一个用户定制的虚拟仪器在软件技术上已经成熟。可以预计,未来电子测量仪器和自动化测试技术的发展还将更多地渗透虚拟仪器的思想。

6.6　全物理黑、白盒结合(灰盒)的测试

6.6.1　如何结合

全物理仿真黑盒测试系统对真实目标机或快速原型机产生激励,同时对真实目标机进行实时白盒测试(硬件辅助的实时在线)。

6.6.2　黑、白盒结合的结构

图6.17为黑盒加白盒示意图。

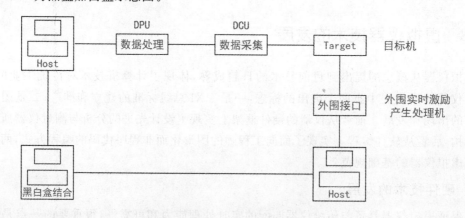

图6.17　黑盒加白盒

图6.18为黑盒与白盒协同仿真示意图。

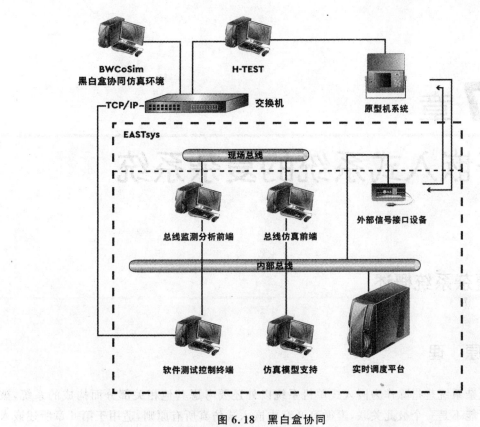

图 6.18　黑白盒协同

6.7　全物理仿真应用适用性

6.7.1　适用性

可以覆盖全寿命周期;是系统测试的一个重要手段;对确认测试是一个补充手段;具有一定的通用性。

6.7.2　局限性

(1) 灵活性受到一定限制;
(2) 对第一种方法的 HWIC,如果目标机既无总线插槽,又没有可以飞线的引线,这种方法就用不上;
(3) 对第一种方法的 SWIC,如果目标机没有串口和以太网口,这种方法就用不上;
(4) 只能做实时仿真;
(5) 不能代替其他的方法;
(6) 代价一般较昂贵。

第 7 章
基于嵌入式系统的复杂系统

7.1 复杂系统概述

7.1.1 原理

所谓复杂系统是指除作为嵌入式单机系统以外还要考虑其他相关部分而构成的系统,被关心对象可能不是一个彼此关联,遵循第 2 章中嵌入式仿真所有原则,适用于第 6 章所述嵌入式在环仿真的概念。

7.1.2 总体布局

整个环境以实时时序控制和面向任务的工作环境建立手段为主体,分为嵌入式目标系统、环境仿真平台(其他相关部件和信号)、时序部分和工作环境创建部分 4 部分,各部分根据系统的工况,通过总线、TCP/IP 网络通信等方式进行数据传输。利用信号仿真系统、外系统等效器仿真系统建立完整环境,进行软件开发/测试。

图 7.1 为嵌入式复杂系统黑白盒全数字、半数字、全数字一体化描述技术结构图。

7.1.3 系统框架环境

通过建立整体框架,发展在桌面环境下的能力。该框架中以实时时序控制和面向任务的工作环境建立手段为主体构成部件试验台,在桌面环境下建立嵌入式系统,提供外围环境。

在已有的系统构架上进行扩展,向上引进面向人在环路操作的系统开发、测试支持平台,使系统扩展到可以进行操作一级的仿真,面向嵌入式系统外部电器信号的系统测试支持平台,使整个平台能够进行电器信号一级的全数字、半数字/半物理仿真或全物理仿真。使平台完整、灵活、强大。

第 7 章 基于嵌入式系统的复杂系统

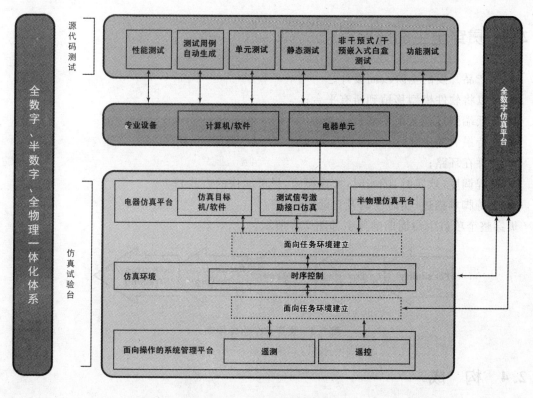

图 7.1 三位一体化结构图

7.2 任务调度及时序控制

7.2.1 特　点

- 是一个可配置的模拟器平台；
- 可以采用实时、非实时、尽可能快 3 种方式运行；
- 设计的目的是为了重用已经存在的软件模型；
- 能够支持人在环路或者硬件在环路的仿真方式；
- 可以扩展仿真来访问其他系统。

7.2.2 优　势

- 促进仿真模型的复用；
- 减少软件开发工作；
- 降低软件开发的成本；
- 已经验证的、稳定的仿真平台。

7.2.3 贯穿全生命周期

- 为产品开发的全阶段而设计；
- 可以将软件模型移植到所有平台；
- 从低端到高端自由裁减；
- 支持最大的灵活性；
- 硬件在环路；
- 进程调度(软实时,硬实时,加速模式,尽可能快的方式)；
- 支持脚本描述(实时仿真及自动化运行)。

贯穿整个项目生命周期的模拟如图 7.2 所示。

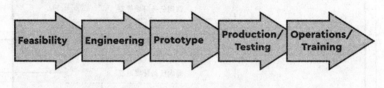

图 7.2 贯穿整个生命周期

7.2.4 构 成

1. 进程编辑器

程序控制如图 7.3 所示。

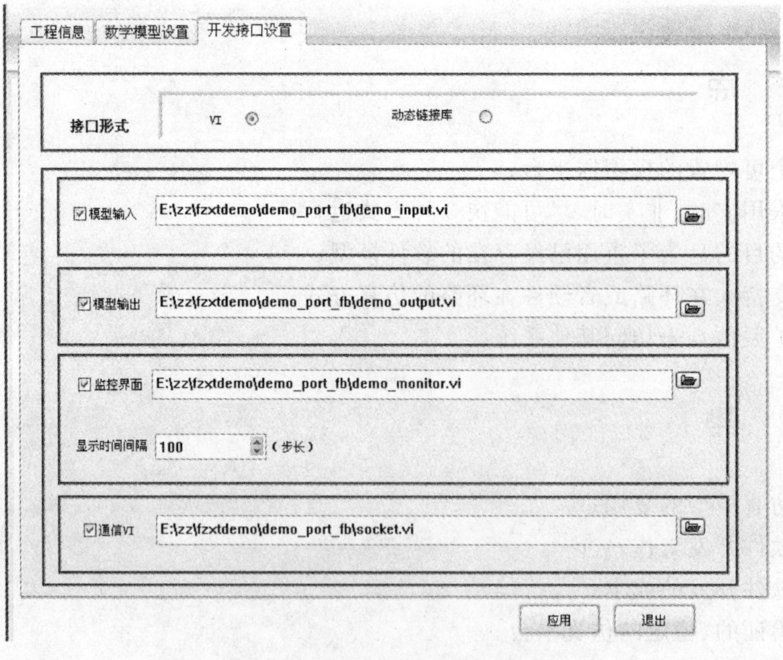

图 7.3 进程控制

2. 仿真控制器

仿真控制器如图 7.4 所示。

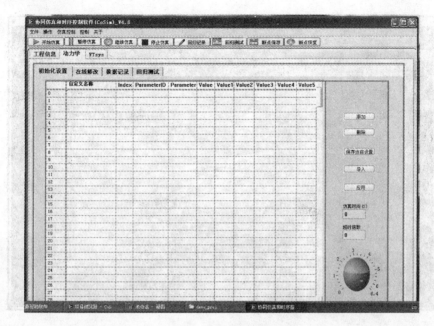

图 7.4 仿真控制

3. 测试分析器

测试分析器如图 7.5 所示。

图 7.5 结果分析器

4. 3D 图形加载

3D 图形加载如图 7.6 所示。

图 7.6 图形显示

7.2.5 特 性

- C/S 结构；
- 自动化仿真模型解析；
- 灵活的进程管理；
- 具有仿真控制器和 MDL 语言扩展；
- 集成的仿真配置管理；
- 支持扩展接口；
- 批处理工具；
- 图形化数据显示工具。

图 7.7 为仿真进程一体化。

十个基本特性：

- 应用程序接口；
- 实时进程调度；
- MDL 语言；
- 集成的仿真配置管理；
- 外部接口；
- 图像集成系统；
- C/S 结构；

第 7 章 基于嵌入式系统的复杂系统

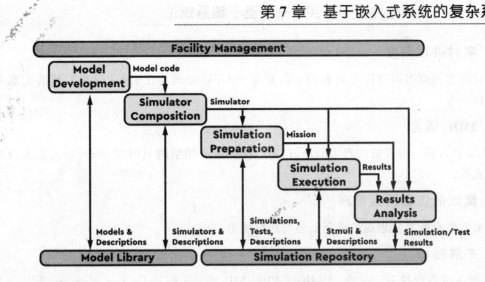

图 7.7 仿真进程一体化

- 模型集成工具；
- 保持最新水平的 GUI；
- 支持交叉平台操作。

7.2.6 详细特征

1. 应用模型接口(API)

应用模型接口(API)可以全面提高模型软件的移植性；在模型间提供标准的接口。模型编辑器如图 7.8 所示。

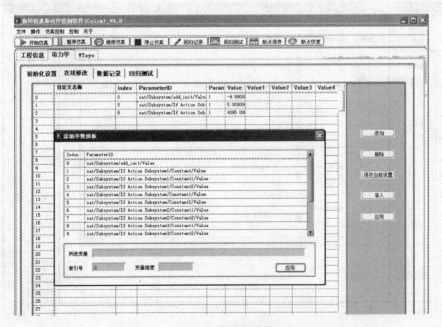

图 7.8 模型编辑器

2. 实时进程调度

实时进程调度可以将任务动态的定位到某个 CPU 处理器上;对于进程控制的元素可以自由选择。

3. MDL 语言

MDL 语言是一种完善的有力的语言;可以访问所有模型的 API 变量;可以自定义数据记录和触发器。

4. 集成的仿真配置管理

集成的仿真配置管理提供重新赋值与跟踪能力。

5. 扩展接口

- 硬件接口包括 RS-232,VME,GPIB,MIL1553B 和 Reflective Memory 等。
- "软"接口包括 ExtSimAccess,DIS 和 HLA 等。

6. 图形生成系统

图形生成系统可以支持 2D 和 3D 图形;基于 OpenIGS;直接连接 APS 的变量到几何图形的变量。

7. C/S 结构

结构采取 Client-Server 方式,并予以各级别用户授权。

8. 模型整合工具

可将 MATLAB、MATRIXx、Labview 等仿真工具进行封装。图 7.9 为模型封装。

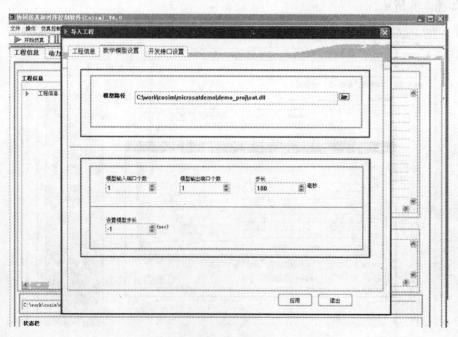

图 7.9 模型封装

9. 保持最新水平的 GUI

- 基于 gnuplot 的图形显示；
- 可以跨平台使用。

图 7.10 为图形化界面。

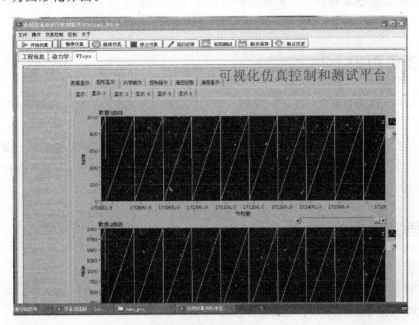

图 7.10　图形化界面

7.3　面向任务的工作环境建立

7.3.1　基本概念

在没有面向任务的工作环境之前网络如图 7.11 所示。

使用面向任务的工作环境之后网络如图 7.12 所示。

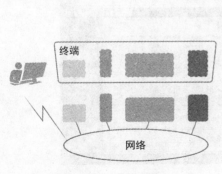

图 7.11　各自为战

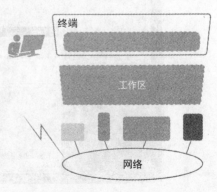

图 7.12　为我所用

7.3.2 什么叫工作区

工作区可以想象成一个面向用户的、统一的、独立的虚拟计算机,它隐去了网络交换、应用程序间接口、低级信息流等细节。基本目标就是让用户将精力集中到真实的任务中,而不是将精力花费在与计算机、脚本、源程序、文件、操作系统和接口等计算机技术细节上。

7.3.3 简单历史

1988—1992:首先是有"工作区",CFD 在一个欧洲国家级项目中建立起面向任务的工作环境理念。

1992—1995:设计思想及通用模块拼合而成"SPINEware 1.0 版本",并应用于某些领域。

1996—2002:NEC 和 NLR 参与开发;v2.0 重新设计 v3.0~v3.7 (Java,CORBA)版本。

2003 至今:基于新项目的输入及需求进行进一步开发(包括欧盟 EU 项目)。

7.3.4 面向对象的访问

系统资源、应用软件、信息流都可以映射为对象:

系统资源包括 File, Directory, Printer, Trashcan, ObjectFolder, Queue。

应用软件包括 Executable, AtomicTool, Job。

信息流包括 Workflow (incl. DataContainer)。

对象在终端用户的图形界面窗口中表现为图标。就像 MS Windows 对象可以通过 methods 和 attributes 来访问,如图 7.13 所示。

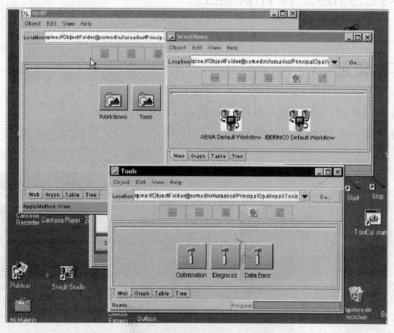

图 7.13 面向对象的访问

7.3.5 面向最终用户的终端界面

对象浏览：都是窗口中的图标，易于操作。
对象处理：通过弹出菜单、单击、拖拉等方式来管理方法和属性（methods & attributes）。
在线文档帮助。
终端用户：可以使用工具和工作流来执行。
管理员：可以工具集成，工作流合成以及其他定制工作。

7.3.6 面向任务的工作环境建立的 CORBA 结构

面向任务的工作环境建立的 CORBA 结构如图 7.14 所示。

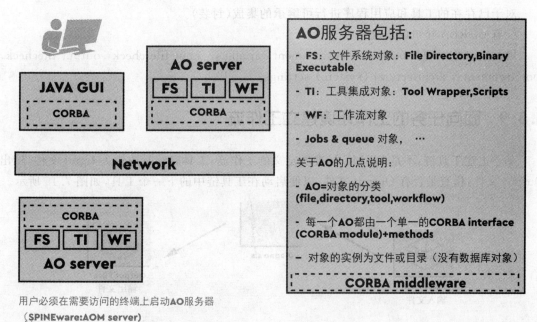

图 7.14 面向任务的工作环境建立

7.3.7 GUI：用户接口交互

GUI 方式无须知道任何关于对象的概念：从菜单中选择的方法对应真实 CORBA 中的方法。参数通过 GUI 的文本信息窗口来填充。拖拽或者移动的动作被翻译成'drop 方法'并带有<from=…>,<to=…>参数：例如 Object::drop("directory@host://…","directory@host://",…)。

GUI 和对象之间的关系分析：
(1) <用户在对象上按 Alt 键单击鼠标>；
(2) GUI⇒Object::getMenu();

(3) GUI⇒presents user with menu;
(4) ＜用户在菜单上选择方法＞;
(5) GUI⇒＜AO Server＞::apply(object,method,…)
　　AO Server⇒Object.method(…);
(6) Object⇒GUI::update(Object,attribute).

7.3.8　其他工具集成

基于命令行启动方式:
＜pwd＞:＜binary.exe＞＜input file＞＜outputfile＞
　［io redirection］
类似于 GRID 的模块描述文件。
对于已存在的工具和应用程序进行可继承的集成(封装)。
没有 CORBA 接口的集成。
可配置参数举例:tool path, environment variables, input file check, output filecheck, tool arguments, architectural (system) settings。

7.3.9　面向任务的工作环境建立工作流

基于上述工具链:不是 WFMC 标准所定义的工作流,工具启动时的输入 Input 文件,输出 Output 文件,检查是否有 Output 文件,以便启动在工具链中的下一个工具,如图 7.15 所示。

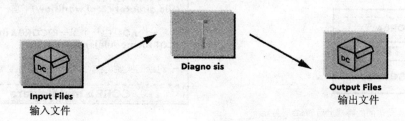

图 7.15　工作流建立流程

流程:Tool→Data→Tool→Data−＞…,工具检查 input 文件并创建 output 文件,流的控制基于上述的工具的执行状态和 Output 文件的结果。
工作流例子如图 7.16 所示。

7.3.10　结　论

通用的前端 GUI 界面(为了某些特定任务,没有完全优化),后端基于可利用资源(files, directory, hosts),可以设定访问权限。没有优化后端服务(为了网格计算(GRID computing)),基于 Workflow 可以简单而方便地使用工具链。基于面向任务的工作环境建立,可以达到网络资源统一管理、统一使用、简化前端应用的目的。

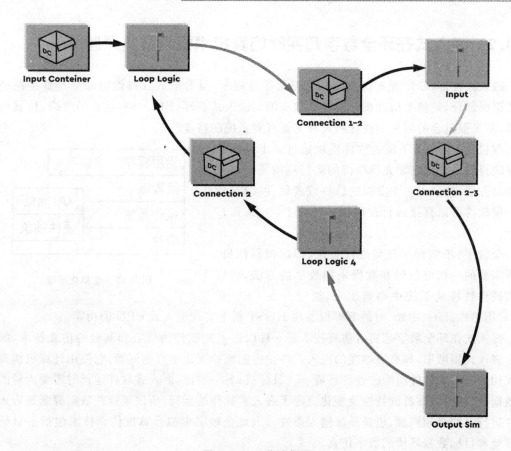

图 7.16 工作流例子

7.4 基于全数字虚拟化的复杂系统仿真

7.4.1 全数字仿真复杂系统概述

整个环境以实时时序控制和面向任务的工作环境建立手段为主体,分为目标系统、仿真平台(其他相关部件和信号)、时序部分和工作环境创建 4 部分,各部分根据系统的工况,通过总线、TCP/IP 网络通信等方式进行数据传输。信号仿真系统、外系统等效器仿真系统、并在整个环境中进行软件开发/测试。

对于白盒数据的预处理有侵入/非侵入(干预/非干预,插桩/不插桩)两种方式。在半物理条件下,很多外部条件无法创建或者时间太长,无法忍受,比如各种故障的模拟注入是很难创建的,一个控制策略(变轨策略)需要很长的时间,可能长达一个月左右的时间。建立嵌入式在环全数字超实时仿真环境,既可以真实仿真具有嵌入式特性的对象,同时加速仿真速度,运行速度大大提高,一个月左右才完成的任务,在几天的时间就可以实现,从而大大提高了开发、验证的效率。

7.4.2 嵌入式在环全数字超实时仿真技术概念及其原理

嵌入式在环(EIL)是在仿真、验证、测试等过程中,具有嵌入式特性的部分是整个系统的必要组成部分,是整个仿真系统的核心和基础。嵌入式在环(EIL)具有仿真精度高、仿真可靠性高、系统强耦合的可重用性强和具有完备真实系统的特点。

虚拟化:由位于下层的软件模块通过向上一层软件模块提供一个与它原先所期待的运行环境完全一致的接口方法,抽象出一个虚拟的软件或者硬件接口,使得上层软件可以直接运行在虚拟的环境上,如图 7.17 所示。

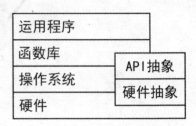

图 7.17　虚拟化原理

全数字:不依赖于任何硬件系统,即虚拟目标机。它所需要的一切电信号和数据采用数学的方法,将嵌入式硬件特性从系统中剥离出来,通过开发 CPU 指令、常用芯片、I/O、中断、时钟等模拟器在 HOST 机上实现嵌入式 CPU 的功能。

嵌入式在环全数字超实时仿真技术是一种以嵌入式软件为核心和基础的仿真技术,解决了在嵌入式领域里,具有高难度的嵌入式特性控制规律无法仿真的问题,它使用计算机仿真的方式构造嵌入式软件所需的硬件环境——目标机;另一方面,嵌入式软件运行时需要大量的外部数据源,这些数据源的特性及变化决定了嵌入式软件的运行,所以说这些数据源既是嵌入式软件运行时的必须资源,也是外部输入条件。因此全数字虚拟计算机仿真技术包括了目标硬件环境和目标数据环境的数字仿真。

1) 目标机硬件环境的数字仿真

通过对处理器、内存、外围可编程芯片以及上述各器件间连接的仿真构造目标机硬件环境。处理器仿真包括对处理器指令集、寄存器、中断处理机制的仿真;内存仿真包括内存寻址、写、读仿真;外围可编程芯片仿真包括对工作模式、命令字的响应、输入/输出特性、功能特性的仿真;器件仿真包括为这些芯片的数据端口、控制端口设置 I/O 地址,并决定期间输入/输出关系。

2) 目标机数据环境的数字仿真

为了建立目标数据环境,直接的办法是数学仿真,这种方式建立起来工作量比较大,但这种方式可以构成闭环的运行行径,更接近真实的应用环境。另一种方式是采用数据描述方式,这本质上是一种开环方式,实现较为简单,只需按照数据特定形式发送对应数据信息。

嵌入式系统中 CPU 指令、I/O、中断、时钟、常用芯片、外围环境全部通过软件仿真,能够逼真地模拟被测软件运行所需的真实物理环境。因此,被测软件可以完全脱离目标系统运行在 PC 或其他高性能计算机上。这样就可以利用 PC 上丰富的资源进行有效、全面地测试。

3) 时钟同步:根据系统时钟,把各个终端节点按照统一的时序,进行协同控制,达到步调一致。时钟同步原理图如图 7.18 和图 7.19 所示。

4) 任务调度:时序控制中心(CoSim)根据不同的任务请求以及任务的类别,调度分发到相应任务处理单元,各任务处理单元接收到相应的任务,响应任务,并反馈任务结果。

任务调度原理图如图 7.20 所示。

第 7 章 基于嵌入式系统的复杂系统

时间同步

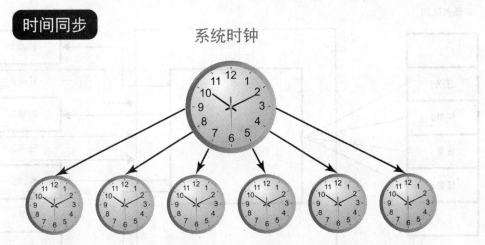

图 7.18 墙上(On Wall)时钟同步

时间同步

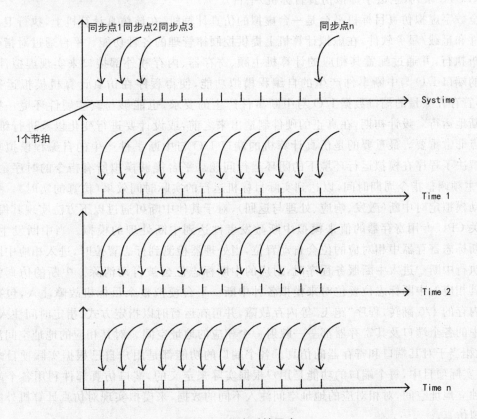

图 7.19 仿真时钟同步

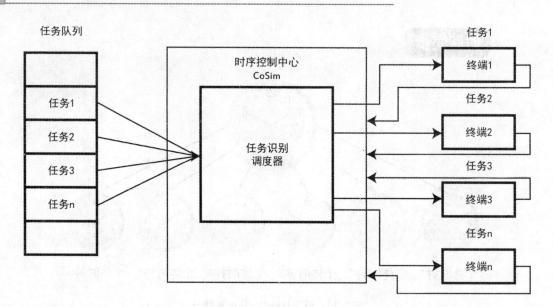

图 7.20 任务调度

5) 超实时：按照真实的运行机制运行，比在真实目标机上运行的速度快。

采用高性能计算机（多核多 CPU，比较高主频的 CPU），运行北京奥吉通信息技术有限公司 CRESTS 系列（全数字虚拟仿真目标机）平台。

全数字虚拟仿真目标机平台是一台虚拟的仿真计算机，在该仿真计算机上，执行卫星控制律软件和星载/星务软件，在虚拟计算机上提供控制律管理的各种功能。平台通过对指令系统的解析执行，并通过配置其相应的计算机主频、寄存器、内存和外部接口来实现虚拟计算机。平台的端口 I/O 与中断事件产生的自编程模拟功能，使得程序在仿真计算机模拟运行环境下，尽管存在大量的端口数据 I/O 与中断事件产生的要求，也能够与真实硬件环境一样连续不中断地运行。设计初期，在真正的硬件制造出来之前，或设计要进行变化以及进行维护等，这一点非常重要。最重要的是仿真计算机的端口 I/O 与中断事件产生的自编程模拟功能很好地解决了程序在模拟运行环境下的闭环运行问题。平台能够模拟所有指令的时序，并根据 CPU 主频调整指令周期时间，以达到实际目标机运行的实际时间效果（仿真的实时）。平台能够自动模拟定时中断（激发、响应、处理与返回），对于其他中断可通过以下方法实现其模拟，修改有关 CPU 专用寄存器的值来模拟中断激发事件达到中断处理的模拟。当中断发生时，相应中断标志寄存器中相对应的位会自动置位，当处理器检测到标志置位时，进入相应中断服务程序执行中断。进入中断服务程序时，对应的中断标志位会被自动清除。中断的仿真就是利用对其相应的中断标志位置位对来模拟各种中断。平台模拟整个目标机故障注入，包括寄存器和内存的 1/0 翻转，程序"跑飞"等内存故障，并可在运行时以指定方式、指定时间注入系统。平台中的各个端口及其寄存器都一一映射一个相应的地址空间。对其相应的地址空间注入数据，就相当于对其端口和寄存器的仿真。各个端口的功能都是用户自己根据实际项目来定义的，在实际项目中，每个端口的功能是用户根据实际来定义的，端口仿真部件利用各个端口都有的独立地址空间，对相对应的地址空间注入不同的数据，来模拟实现对仿真计算机外围端口的模拟仿真。

运用 TCL 脚本语言或者 C 语言来编写外部硬件逻辑行为产生外部激励事件以构成卫星

软件的外部信号激励或数据输入,例如 RS-422、1553、CAN、A/D、D/A、I/O 等来模拟星敏感器部件的数据采集和对执行部件的控制输出,从而实现卫星软件在 1750 仿真计算机环境下闭环运行的要求。

平台有以下功能特点:
- 仿真指令集;
- 支持汇编、C、ADA 等语言;
- 支持姿轨控软件的仿真运行;
- 被测软件无须修改即可在 CRESTS 系列的(全数字虚拟仿真目标机)平台上运行;
- 接口仿真:可仿真 A/D、D/A、串口、CAN、1553B 等端口。

7.4.3 嵌入式在环全数字超实时仿真系统架构及其应用

嵌入式在环全数字超实时仿真技术在具有嵌入式特性在环的仿真过程中,在嵌入式仿真系统中,特别需要运行一个闭环的环境,就必须接入动力学模型,构建一个闭环的全数字仿真嵌入式系统,可以在不依赖于任何硬件的情况下,能够在全数字环境下独立运行,如图 7.21 所示。

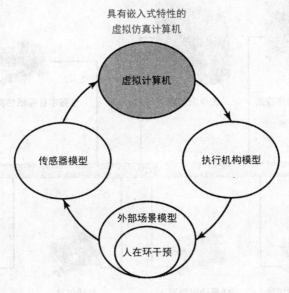

图 7.21 全数字嵌入式在环仿真

嵌入式在环全数字超实时仿真技术为嵌入式系统软件提供了全面的验证、开发、测试和维护手段,从而提高系统开发的效率,节省成本,同时也保证系统的质量。

在现代的军工企业里面,卫星系统的研究、航空系统的研究、雷达系统的研究、电台系统研究等都遇到了同样的困难,急需嵌入式在环全数字超实时仿真技术。因此可以推断,在各行各业里面,嵌入式在环全数字超实时仿真技术将得到全面的运用。

全数字仿真总体架构图如图 7.22 所示。

全数字仿真拓扑如图 7.23 所示。

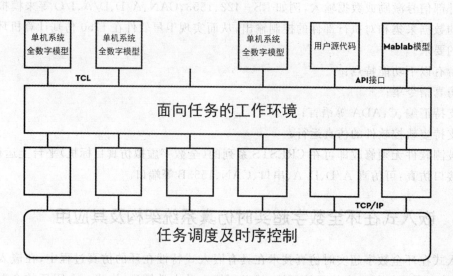

图 7.22　全数字仿真总体架构图

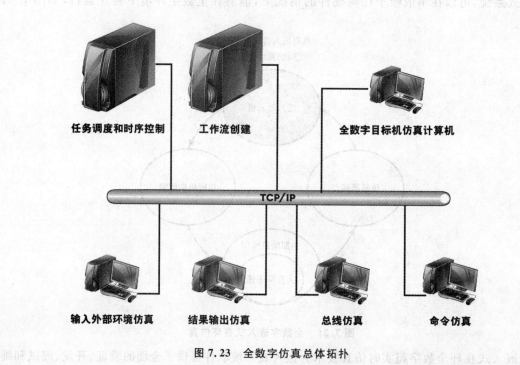

图 7.23　全数字仿真总体拓扑

7.4.4　全数字仿真平台构成

全数字仿真平台能够满足嵌入式软件的开发调试、验证与测试要求,并能够提供可以信赖和再现测试过程与测试问题的测试报告。在该平台下,可以实现虚拟目标机、故障注入、全数字仿真、软件分析与测试总结报告。

第7章 基于嵌入式系统的复杂系统

1. 目标机仿真（SIMCPU）

1) 虚拟目标机

虚拟目标机所要完成的任务有：CPU 指令集的解释、CPU 时序的模拟、CPU 端口动作的仿真、CPU 中断机制以及 CPU 流水、缓冲和并行指令等。

2) 支持故障注入

嵌入式软件全数字仿真平台使整个目标机状态可以人为设定，这样包括寄存器和内存的 1/0 翻转，程序"跑飞"等在内的故障可在运行时以指定方式、指定时间注入系统。

3) 全数字仿真

提供模拟外部设备产生外部激励信号的机制（全数字仿真），即用脚本语言编写端口事件、中断事件以及其他外部事件的逻辑流程。

2. 外围环境仿真

目标机外围环境仿真软件实现接口仿真和中断信号仿真；输入部件仿真软件用于仿真状态下各部件的状态数据；输出部件仿真软件用于根据目标机的输出数据设置、显示并记录执行部件的仿真数据；SIMCPU 远程控制软件及远程控制伺服软件通过 TCP/IP 协议控制实现各项基本功能，包括 SIMCPU 的启动、目标机代码的下载、目标机存储空间的监视、运行状态的监视等；提供扩展接口以实现 SIMCPU 的复杂功能，包括对扩充的控制等；通过任务调度及时序控制与目标机进行交互的数据传输中转功能；代码格式转换软件实现 HEX 代码格式转换和 Bat 文件合并功能；命令注入软件主要实现控制计算机行为的遥控通道注数功能。

总线仿真软件需实现以下功能具备根据总线数据通信协议仿真总发向 RT 数据，打包发往远程控制软件；根据总线数据通信协议仿真总线从 RT 取回 RTaBC 数据，解包、显示并记录。

3. 仿真平台软件

仿真平台软件一般包括以下部分，软件名称和标识分别为：
- 目标机外围环境仿真软件；
- 输入部件仿真软件；
- 输出部件仿真软件；
- 代码格式转换软件；
- 命令注入软件；
- 总线仿真软件。

4. 接口仿真功能

目标机外围环境仿真软件需包括两部分功能，首先是接口仿真功能，包括：

（1）根据标准或非标 A/D 接口协议，仿真 A/D 接口功能，实现根据目标机软件的 A/D 采集命令提供从任务调度及时序控制工作站传来的仿真数据以及 A/D 故障注入数据；

（2）根据标准或非标 D/A 接口协议，仿真 D/A 接口功能，实现实时将目标机软件的 D/A 接口输出数据发送给任务调度及时序控制工作站的仿真模块；

（3）根据标准 RS422 接口协议，仿真串行接口波特率及其他设置功能、数据传输功能以及时间特性，根据被测目标机软件需求与任务调度及时序控制工作站进行数据交互；

(4)提供 RT 经总线传输过来的数据,实现根据被测目标机初始化内容对总线功能进行配置,实现上下行数据的发送与接收;根据测控终端平台需求给目标机产生中断信号、设置接收到的数据,并根据目标机软件的需求实时将数据发送给测控终端平台;

(5)根据标准或非标并行接口协议,仿真并行接口功能,包括各种部件接口数据的传送;

(6)根据命令接口协议仿真命令接口功能,根据命令注数软件需求,给目标机设置中断信号,传送命令注入数据;

(7)提供上述接口的硬件故障注入接口功能。

5. 中断信号仿真功能

需具备中断信号仿真功能,具体应包括以下外部中断信号的产生:

- 硬件掉电中断(不能屏蔽或禁止);
- 总线通信中断;
- 命令中断;
- 硬实时中断;
- 上述中断的故障注入接口功能。

6. 全数字仿真平台可以完成的功能

全数字仿真平台可以完成以下工作:

- 完成整个嵌入式软件环境的模拟;
- 对不同方案进行比较与综合;
- 故障注入;
- 对被测软件进白盒、黑盒及灰盒开发/测试;
- 提供扩展接口,可以接入其他硬件系统,进一步开展软/硬件协同开发/测试;
- 由于是全数字环境,具有极大的灵活性。

7.5 基于半数字/半物理的复杂系统仿真

7.5.1 半数字/半物理复杂系统仿真概述

整个环境仍以与全数字一样的实时时序控制和面向任务的工作环境建立手段为主体,分为目标系统、仿真平台(其他相关部件和信号)、测试时序部分和工作环境创建 4 部分,各部分根据系统的工况,通过总线、TCP/IP 网络通信等方式进行数据传输。

基于嵌入式在环原理,建立信号仿真系统、外系统等效器仿真系统、并在整个环境中进行开发/测试。

白盒预处理方法有侵入/非侵入(干预/非干预,插桩/不插桩)两种方式。

半数字/半物理仿真总体架构图如图 7.24 所示。

半数字/半物理仿真拓扑如图 7.25 所示。

第 7 章　基于嵌入式系统的复杂系统

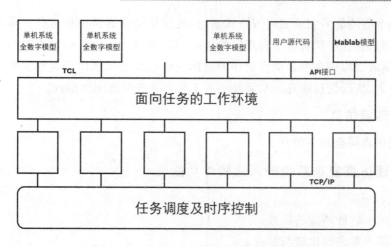

图 7.24　半数字/半物理仿真总体架构图

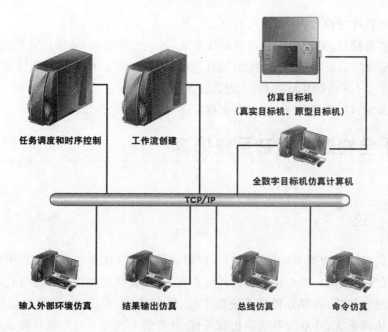

图 7.25　半数字/半物理仿真拓扑

7.5.2　半数字/半物理仿真平台构成

半数字/半物理仿真平台能够满足嵌入式软件的开发调试、验证与测试要求,并能够提供可以信赖和再现测试过程与测试问题的测试报告。在该平台下,可以实现与真实目标机一样的 CPU 和内存的仿真目标机(也可以是真实目标机或原型目标机)、故障注入、全数字仿真、软件分析与测试总结报告。

1．目标机仿真

在第 5 章提到过,仿真目标机可以作为完整的半实物仿真试验台,支持对嵌入式软件进行闭环测试。仿真目标机的支持与控制系统有独立的处理器,具有高性能的处理能力。支持与控制系统是一个高性能的完全实时嵌入式系统,可以用作仿真模拟机运行。提供被测汇编语言程序,高级别语言程序和混合语言程序的外部感知环境。在闭环测试中与运行被测汇编语言程序,高级别语言程序和混合语言程序的目标处理器系统组成闭环。宿主机作为测试计算机进行用例注入,执行信息跟踪和结果显示等工作。系统可重用度很高。

2. 外围环境仿真

外围环境仿真同全数字仿真。

3. 半物理仿真复杂系统嵌入式软件功能

可以完成以下工作:
(1) 完成整个软件环境的模拟;
(2) 对不同方案进行比较与综合;
(3) 故障注入;
(4) 对被测软件进白盒、黑盒及灰盒测试;
(5) 提供扩展接口,可以接入其他软硬件系统,进一步开展软/硬件协同测试;
(6) 在没有真实目标机条件下,使用与目标机 CPU 一致的仿真计算机或原型目标机,达到比全数字进一步(不包括环境的)的实时性开发/测试;
(7) 在有真实目标机条件下,达到比全数字进一步的实时性开发/测试。

7.6 基于全物理的复杂系统仿真

7.6.1 概 述

整个过程仍以与前两类一样的实时时序控制和面向任务的工作环境建立手段为主体。分为目标系统(真实目标机)、通用测试仿真环境仿真平台(其他相关部件和信号)、时序部分和工作环境创建部分 5 部分,各部分根据系统的工况,通过总线、TCP/IP 网络通信等方式进行数据传输。信号仿真系统、外系统等效器仿真系统、并在整个环境中进行软件测试。可以将仿真平台中信号仿真系统、外系统等效器仿真系统、配电仿真器模型某一部分建立物理/半物理仿真系统,并在整个系统中按照不同策略和步骤进行开发/测试。

7.6.2 仿真总体架构图

参见第 6 章中硬件在环测试的系统结构(Hardware - In - The - Loop)测试图和处理器在环测试(Processor in - the - loop)的系统结构图,以及嵌入式在环的有关论述。

7.6.3 全物理仿真拓扑

参见第 6 章全物理仿真黑盒开发/测试拓扑图。

7.6.4 全物理仿真平台构成

全物理仿真平台能够满足嵌入式软件的验证与测试要求,并能够提供可以信赖和再现测试过程与测试问题的测试报告。在该平台下,可以实现对真实目标机或快速原型机进行全物理信号的输入,进行实时仿真测试、部分外部物理信号故障注入、分析与测试总结报告。

1. 目标机仿真

在这里只有快速原型目标机机方案有意义。快速原型机方案中又有处理器在环测试(Processor in-the-loop)和嵌入式在环两种概念。

2. 外围环境仿真

参见第 6 章部分。

7.7 可测试性与故障诊断

7.7.1 可测试性(testability)的定义

可测试性是产品能及时准确地确定其状态(可工作、不可工作、性能下降),隔离其内部故障的设计特性。

可测试性是同可靠性(Reliability)、维修性(Maintenability)相并列的一门新型学科和技术,其发展和应用对于提高产品质量,降低产品的全寿命周期费用具有重要意义。

可测试性包括两方面的含义:一方面便于对产品的内部状态进行控制,即所谓的可控性;另一方面能够对产品的内部状态进行观测,即可观测性。实际上,可控性和可观测性所描述的就是对产品进行测试时信息获取的难易程度。

20 世纪 90 年代中期推出的递阶集成 BIT(hierarchical and integrated BIT,HIBIT)被称为第四代的测试性设计技术,即所设计的可测试性机制具备同系统一样的递阶层次结构。具备包括系统级、子系统级(LRU)、电路板级、多芯片模块级(MCM)和芯片级的层次结构,不同层次的可测试性机制之间通过测试总线相连。

7.7.2 黑盒测试面临的问题

传统的"黑箱"功能测试方法在某种条件要求下难以获取有效表征与被测对象内部状态的信息,以及黑箱外部的整体系统体征。

在对复杂对象进行测试时,难点往往不在于如何获取测试信息,而在于如何对所获取的大量信息进行处理。例如:对于一个具有 N 个测点的数字电路而言,所能获取的测试信息的总量为 $N \cdot 2^N$ 位,随着 N 的增大,测试信息总量呈指数增长。显然,能否对所获取的测试信息进行有效处理并对可能存在的故障进行精确诊断,是可测试性技术成功应用的关键。

现有的测试信息处理方法还存在故障诊断能力差和虚警率高等问题。

7.7.3 故障诊断和健康管理的需求

空中、空间飞行器一般具有任务繁重复杂、冗余容错、可测可维修、自主管理、可靠性安全性高等工作特点。

飞行器寿命长,长期在轨运行期间故障不可避免,需要进行地面模拟验证和快速故障诊断。

飞行器有时具有100～500个单机,系统复杂性高,有繁多的潜在故障源,需要提高故障测试率以及维修性处理(如更新、更换)。

飞行器都有健康管理需求,健康管理以诊断、预测为主要手段,具有智能和自主的典型特征,必须建立在状态/信息感知、融合和辨识的基础上,是以感知为中心的决策过程和执行过程。

7.7.4 软件的可测试性

在传统软件测试体系里,软件的可测试性是指软件发现故障并隔离、定位其故障的能力特性,以及在一定的时间和成本前提下,进行测试设计、测试执行的能力。James Bach(国际软件测试领域专家)这样描述可测试性:软件可测试性就是一个计算机程序能够被测试的难易程度。

以下是一个常见的软件可测试性检查表:
- 可操作性-运行得越好被测试的效率越高;
- 可观察性-所看见的就是所测试的;
- 可控制性-对软件的控制越好测试越能够被自动执行与优化;
- 可分解性-通过控制测试范围能够更好地分解问题,执行更灵巧的再测试;
- 简单性-需要测试的内容越少测试的速度越快;
- 稳定性-改变越少对测试的破坏越小;
- 易理解性-得到的信息越多进行的测试越灵巧。

7.7.5 可测试性概念下的单机级故障

(1) 测试性建模和测试性分析软件;
(2) 诊断策略生成软件;
(3) ATE测试数据交换软件;

故障诊断推理机如图7.26所示。

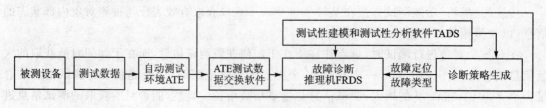

图 7.26 故障诊断推理机

第7章 基于嵌入式系统的复杂系统

基于模型的故障诊断系统是单机故障分析、故障定位、故障对策生成及验证的支持系统，可作为星上各单机在研制阶段进行实验的状态监视、故障复现、故障诊断等。

故障的分析与定位：设置相应状态，模拟故障现象，定位故障源。

维修方案验证与改进：验证维修方案中的遥控指令、注入数据的编排、内容和时序等的正确性，并根据验证结果对维修方案进行改进。

利用测试数据，监视单机状态，对故障状态进行告警，保障单机测试、运行过程的顺利进行。

7.7.6 故障诊断综合管理子系统

故障诊断综合管理子系统通过外部数据接口，获取遥测信息或测试信息。采用测试性分析与建模软件建立故障诊断模型，设置诊断策略，对获取的遥测信息进行诊断、分析和推理，定位故障源和故障类型，如图7.27所示。

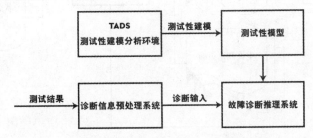

图7.27　测试性建模和故障诊断

定位故障源和故障类型如图7.28所示。

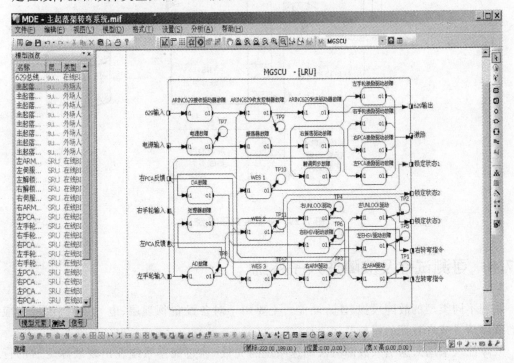

图7.28　定位故障源和故障类型

7.7.7 处置专家子系统

处置专家子系统根据确认的故障源和故障类型,通过专家库分析处理,生成处置策略、处置方案,如图 7.29 所示。

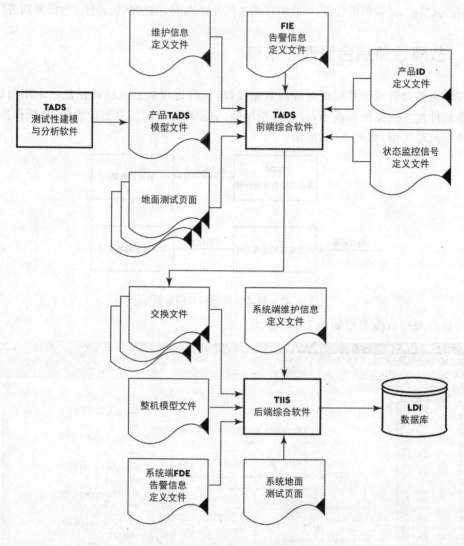

图 7.29 处置专家子系统

7.7.8 可测试性及故障注入子系统

实现不同类型的故障模拟、注入功能。主要用于对各设备物理层、电气层、协议层和应用层的故障信号或者数据的模拟及注入。

故障注入采用人为引入故障方法加速系统的失效,通过观察系统在出现故障之后的行为反应对系统的可靠性进行评价。故障注入试验不仅能够获得解析模型所需的覆盖率和延迟时间等参数,也能够独立应用于对容错系统的可靠性测评,获得可靠性的度量指标。

故障注入有两种途径:软件故障注入和硬件故障注入。

7.8 复杂系统测试应用适用性

7.8.1 适用性

(1) 一般是在系统开发的后期;
(2) 是大系统测试的一个重要手段;
(3) 对确认测试是一个补充手段;
(4) 对闭环测试是一个必备手段之一;
(5) 具有一定的通用性;
(6) 可做实时仿真测试,又可做仿真的实时测试。

7.8.2 局限性

(1) 需要较多的专业模型;
(2) 不能代替其他的方法;
(3) 对使用人员要求较高。

第 8 章
新一代系统论及其基础上的人/机/物工程管理

8.1 第二次软件危机——复杂性引起

第 1 章已经从 IT 发展史的角度阐述了嵌入技术发展的必然趋势。嵌入式软件工程在本书中第一次被正式提出,应载入史册。正如在第 2 章讲的,嵌入式软件开发＋软件测试≠嵌入式软件测试,嵌入式软件工程决不仅仅是软件工程的一个子集。一个简单的理由是嵌入式软件与硬件紧耦合,难以决然分开;嵌入式软件工程有时与嵌入式硬件工程一起考虑,进一步更全面的考虑应该包括软硬件在内一体化的嵌入式系统工程。下面从软件工程的发展历史开始来进一步阐述这个问题。

8.1.1 软件工程概念的提出

20 世纪 60 年代爆发了第一次软件危机,软件危机的实质在于当时软件的复杂程度已经超过了人们的控制能力。为了克服软件危机,北大西洋公约组织成员国的软件工作者于 1968 年和 1969 年两次召开会议(NATO 学术会议),提出了"软件工程"概念。

30 多年来,人们一直与软件危机进行不懈斗争。随着软件工程理论水平和实践水平不断发展,软件开发方法学、软件需求工程、软件过程控制与改进、软件质量工程、软件可靠性工程、软件能力成熟度(CMM)、软件测试与认证等已成为软件工程学的几个重要分支。

8.1.2 工程与软件工程的概念

简单浏览一下传统软件工程的概念和方法,注意它和硬件基本无关。

采用一般工程的概念、原理、技术和方法来开发与维护软件,把经过时间考验而证明正确的管理技术和当前能够得到的最好的技术方法结合起来,这就是软件工程。这是一种将产品生产过程质量控制方法应用到人的思想生产软件的质量控制上。

- 软件工程是工程概念在软件领域里的一个特定应用。它是指导计算机软件开发和维护的工程学科;

- 它是一门研究如何用系统化、规范化、数量化等工程原则和方法去进行软件的开发和维护的学科;
- 它包括两方面内容即软件开发技术和软件项目管理,3个要素即方法、工具和过程。

8.1.3 软件工程的具体含义

软件工程就是把软件开发看成是一个有计划、分阶段、严格按照标准或规范进行的活动:
- 指导计算机软件开发和维护的工程学科;
- 工程方法＋管理技术＋技术方法,软件工程是将系统的、规范的、可度量的方法应用于软件的开发、运行和维护的过程;
- 将工程化应用于软件中,并研究上述提到的途径,要求采用适当的软件开发方法和支持环境及编程语言来表示和支持软件开发各阶段的各种活动,并使开发过程条令化、规范化,使软件产品标准化,开发人员专业化。

8.1.4 软件工程活动

生产一个最终满足需求且达到工程目标的软件产品所需要的步骤如下:
(1) 需求:包括问题分析和需求分析。用于获取和定义需求,生成软件需求规格说明文档。
(2) 设计:包括概要设计和详细设计。概要设计建立整个软件的体系结构,包括子系统、模块以及相关层次的说明、每一模块的接口定义等;详细设计产生程序员可用的模块说明,包括每一模块中数据结构说明及加工描述。
(3) 实现:把设计结果转换为可执行的程序代码。
(4) 确认:贯穿整个开发过程,对完成的结果进行确认,保证产品满足用户的要求。
(5) 支持:修改和完善活动。

8.1.5 软件工程原则

软件工程的4条基本原则如下:
- 采取适宜的开发模型,控制易变的需求;
- 采用合适的设计方法,需要软件模块化、抽象与信息隐藏、局部化、一致性以及适应性等,需要合适的设计方法的支持;
- 提供高质量的工程支持:软件工具和环境对软件过程的支持;
- 重视开发过程的管理:有效利用可用的资源、生产满足目标的软件产品、提高软件组织的生产能力等。

8.1.6 软件工程的基本原理

软件工程的基本原理如下:
- 用分阶段的生命周期计划严格管理;

- 坚持进行阶段评审；
- 实行严格的产品控制；
- 采用先进的软件开发方法和现代的程序设计技术；
- 结果应能清楚地审查；
- 开发小组的人员应该少而精；
- 承认不断改进软件工程实践的必要性。

8.1.7 软件工程生命周期

软件生命周期如下：
- 软件产品从考虑其概念开始，到该软件产品不再能使用为止的整个时期；
- 一般包括概念阶段、需求阶段、设计阶段、实现阶段、测试阶段、安装阶段，以及交付使用阶段、运行阶段和维护阶段；
- 有时还有退役阶段；
- 这些阶段可以有重叠，执行时也可以有迭代。

8.1.8 软件工程框架

软件工程框架由软件工程目标、软件工程活动和软件工程原则3个方面的内容构成，如图8.1所示。

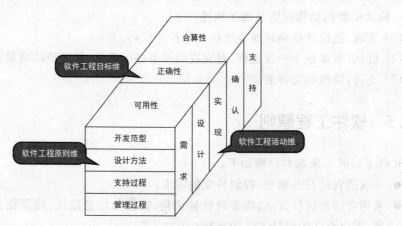

图 8.1 软件工程

8.1.9 软件工程目标

软件工程目标是目标生产具有正确性、可用性以及开销适宜、进度保证、并且项目成功的软件产品，具体如下：
- 正确性，即软件产品达到预期功能及性能程度；
- 可用性，即软件基本结构、实现及文档为用户可用程度；

- 开销适宜,即软件开发、运行的整个开销(包括资金开销、时间开销)满足用户要求的程度;
- 软件项目成功,即开发成本低、功能与性能满足需求、易于移植、维护方便以及按时完成开发任务并及时交付软件产品;
- 这些决定了软件过程、过程模型和工程方法的选择。

8.1.10　软件工程本质特征

软件工程本质特征如下:
- 软件工程关注大型程序的构造;
- 软件工程的中心课题是控制复杂性;
- 软件经常变化,需要进行控制和管理;
- 开发软件的效率非常重要,需要合适的工具与环境;
- 和谐地合作,即团队精神是开发软件的关键;
- 软件必须有效地支持它的用户;
- 在软件工程领域中是由具有一种文化背景的人替具有另一种文化背景的人创造产品。

8.1.11　软件工程的技术和方法

软件开发技术是指为了完成软件生命周期各阶段的任务所必须具备的技术手段,包括软件开发方法学、软件工具和软件工程环境。

软件工程方法为软件开发提供了"如何做"的技术:
- 它包括了多方面的任务:项目计划与估算、软件系统需求分析、数据结构、系统总体结构的设计、算法的设计、编码、测试以及维护等;
- 它是一种使用早已定义好的技术集及符号表示习惯来组织软件生产过程的方法。其方法一般表述成一系列的步骤,每一步都与相应的技术和符号相关;
- 常用的方法有:结构化、Jackson、维也纳、面向对象等开发方法。

8.1.12　结构化与面向对象

结构化方法学如下:
- 仍然是使用十分广泛的软件工程方法学;
- 采用结构化技术来完成软件开发的各项任务,并使用适当的软件工具或软件工程环境来支持结构化技术的运用;
- 自顶向下或自底向上,顺序地完成软件开发各阶段任务。

面向对象的方法学—现代方法学如下:
- 出发点和基本原则是尽量模拟人类习惯的思维方式,使开发软件的方法与过程尽可能接近人类认识实践解决问题的方法与过程,从而使描述问题的问题空间与实现解法的解空间在结构上尽可能一致;
- 把对象作为融合了数据及在数据上的操作行为的统一软件构件;

- 把所有对象都划分成类；
- 按照父类与子类的关系，把若干个相关类组成一个层次结构的系统；
- 对象彼此间仅能通过发送消息互相联系。

8.1.13 软件开发工具和环境概念

软件工具为软件工程方法提供了自动的或半自动的软件支撑环境，辅助软件开发任务的完成。

软件工程环境为计算机硬件、支撑软件以及其他硬件和软件工具等资源的集合。用以开发软件，提高开发效率和软件质量，降低开发成本。

8.1.14 软件开发过程和软件项目管理概念

软件开发过程是把用户的要求转变成软件产品的过程是对用户的要求进行分析，解释成软件需求，把需求变换成设计，把设计用代码来实现，测试该代码，有时还要进行代码的安装和把软件交付运行使用。

软件项目管理包括软件度量、项目估算、进度控制、人员组织、配置管理、项目计划等。

统计数据表明，大多数软件开发项目的失败，并不是由于软件开发技术方面的原因。它们的失败是由于不适当的管理造成的。

8.1.15 软件工程中的技术复审和管理复审

复审在每阶段结束前完成，包括技术复审和管理复审。

技术复审从技术角度确保质量，降低软件成本（尽早发现问题）。审查过程包括准备（包括成立审查小组）、简要介绍情况、阅读被审文档、开审查会、返工和复查。

管理复审主要包括成本、进度和经费等。

8.1.16 软件工程学

软件工程学的范畴如图 8.2 所示。定义阶段、开发阶段及检验、交付与维护阶段工作流程分别如图 8.3(a)(b)和(c)所示。

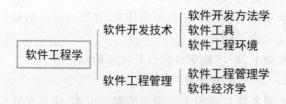

图 8.2 软件工程学的范畴

第8章 新一代系统论及其基础上的人/机/物工程管理

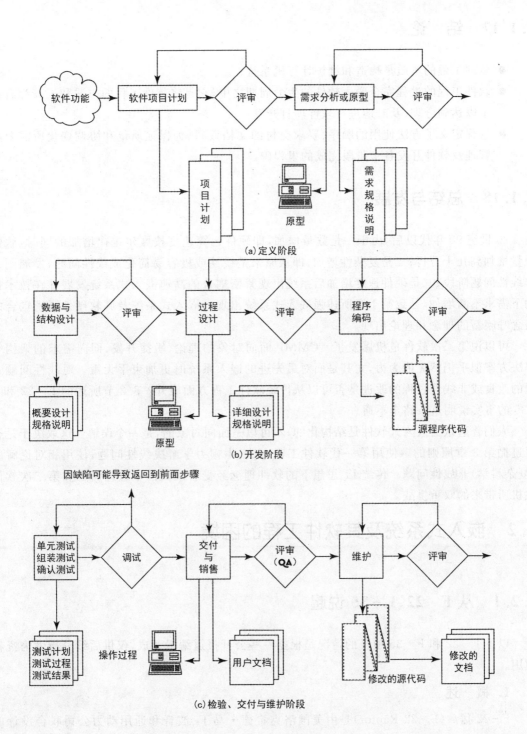

图 8.3 软件开发流程

8.1.17 结　论

- 软件工程的本质是构造和维护计算机系统；
- 软件工程的过程完全融入软件的生命周期之中，它是将软件工程的方法和工具综合起来以达到合理、及时地进行软件项目开发；
- 过程定义了方法使用的顺序、要求交付的文档资料、为保证质量和协调变化所需要的管理及软件开发各个阶段完成的里程碑。

8.1.18 总结与发展

20世纪90年代以后，由于一是数量增加，即硬件运算速度按摩尔定律增加的同时，软件数量增加到几十万行；二是复杂性增加，即从原来是线性或极容易简化成线性问题，发展到了非线性问题阶段；三是硬件速度增加后系统出现紧密耦合的高速嵌入式系统发展并在技术推动下需求不断增加，导致第1章所述强嵌入式系统出现。嵌入式系统及其软硬件紧密耦合的概念呼唤新的理念和理论出现。

可以说第二次软件危机爆发了。CMMI、面向对象的理论、敏捷开发、面向需求的架构等解决方案似乎仍然无能为力，尤其是面对最先进的嵌入系统时更加束手无策。对线性问题过程的改良或非线性过程的改进是否可以从传统软件工程方面展开？8.2节所述的F-22和F-35的事实说明这条路走不通。

人们普遍认为嵌入式软件是结构化的，不可以是面向对象的，是一个误解。这取决于是否可遵循第3章原则的。使用第一代软件工程方法、牛顿力学解决线性问题，使用相对论解决（复杂科学）非线性问题。传统IT思想下的软件理念经受着巨大的不适应痛苦和第二次软件危机所带来的双重挑战。

8.2　嵌入式系统及其软件工程的困境

8.2.1　从F-22、F-35说起

以下F-22和F-35项目的情况是根据一些公开报道编辑而成，仅供后续分析做为资料使用。

1. 概　述

F-22猛禽（F-22 Raptor）是由美国洛克希德·马丁、波音和通用动力公司联合设计的新一代重型隐形战斗机，也是目前专家们所指的"第四代战斗机"（此为西方标准，若按俄罗斯标准则为第五代）。它将成为21世纪的主战机种。主要任务为取得和保持战区制空权，将是F-15的后继型号。

F-22是美国于21世纪初期的主力重型战斗机，它是目前最昂贵的战斗机。它配备了可

第8章 新一代系统论及其基础上的人/机/物工程管理

以不发射电磁波,用敌机雷达波探测敌机的无源相控阵雷达和探测范围极远的有源相控阵雷达、AIM-9X(响尾蛇)近程格斗空对空导弹、AIM-120C(AMRAAM)中程空对空导弹、推重比接近10的涡扇引擎、先进整合航电与人机接口等。在设计上具备超音速巡航(不需要使用后燃器维持)、超视距作战、高机动性、对雷达与红外线隐身性(隐身)等特性。据估计其作战能力为现役F-15的2~4倍。将会在较长的一段时间里谋求成为世界重型战斗机的霸主。研发F-22的技术也同时应用到了下一代F-35上。

美国F-22是世界上首型、也是迄今为止唯一投入现役的第五代战斗机,代表着当今世界现役战斗机的最高技术水平。然而自冷战结束以来,美国国内各界对F-22的争议就从没停止过,该机计划产量也一减再减。近年来F-22在服役中暴露出的一系列问题,更使其不断遭到国内多方的抨击,美国防部还于2009年4月决定在采购187架后将其停产,实际上已经未老先衰。

2. 近期暴露的主要问题回顾

F-22自2005年12月正式服役以来,各种问题就接踵而至,使其长期成为外界关注的焦点,近期媒体关于F-22的负面报道更是接连不断。概括起来,目前F-22存在问题主要集中在以下3个方面:

(1) 采购及使用成本昂贵,维护保障困难

F-22尽管性能超群,但价格惊人,到2010年初其出厂单价已达1.46亿美元,包括研制费在内的单机成本则高达4.12亿美元,成为有史以来最昂贵的战斗机。由于美空军F-22订货量剧减,美国会又禁止该机出口,因而无法通过扩大销量来分摊成本,造成该机单价始终居高不下。

按照设计,采用了先进理念的F-22应具备比以前飞机更好地维护保障性,然而实际情况却有很大出入。F-22自服役以来,其维护保障方面的问题就一直困扰着美空军,主要包括:座舱盖老化速度快于预期;机体防水结构存在问题,致使部分零部件和机身蒙皮出现锈蚀;航电系统维护繁琐复杂,机载计算机系统程序代码调试困难;对复杂气候的适应性差,部分元器件曾因受潮导致相应的子系统无法正常工作;机体吸波涂层易被雨水侵蚀或因磨损而脱落,每飞行250航时即需重新喷涂,同时这种涂层还可能会导致生产线工人、空地勤人员吸入有毒化学物质。

由于这些问题,致使F-22的维护保障难度和费用均远远高于预期。《华盛顿邮报》2009年7月曾披露,F-22每飞行1小时所需要的地面维修保障时间超过了30小时,每小时的飞行成本超过4万美元。

(2) 系统复杂,可靠性不尽人意

F-22系统组成和交联非常复杂,在服役过程中不断出现事先未曾预料到的问题和故障,导致实际使用中整机可靠性和任务执行率降低,远低于预期。按照美空军的统计,F-22自服役以来已经发生了7起一级事故,是现役军机中飞行事故率最高的机型。就在正式服役前夕的2004年12月,一架F-22曾因速度传感器供电中断导致飞机坠毁,服役后的F-22也曾于2009年3月和2010年11月先后两次坠毁、致使两名飞行员丧生。此外F-22在服役期间还陆续出现座舱盖作动装置故障导致飞行员被困在舱内数小时、前起落架无故收回致使机头摔在停机坪上、飞往日本途中跨越国际日期变更线时因导航计算机失灵而被迫返航等一系列事故。更为严重的是,由于机载供氧系统出现问题,美空军不得不于 2011 年 5 月和 10 月先后两次停飞 F-22(其中前一次停飞时间超过 4 个月),由于其原因至今尚未查清,部分飞行员甚至拒绝驾驶该机。自 F-22 的供氧系统问题暴露以来,美国空军承受了巨大压力,不仅空军事故调查委员会无法下台,甚至空战司令部和空军最高指挥官都被推到了前台。空军一再给洛克希德马丁、波音、霍尼韦尔、普拉特惠特尼这些业界巨头施加压力,要求尽快解决问题,但由于 F-22 各子系统彼此关联,环环相扣,所以尽管各方纷派出了精兵良将,但对此都大感棘手,时至今日未能找到让公众信服的原因。

(3) 功能单一,协同作战能力差

囿于自身的设计思想,初始技术状态下的 F-22 作战功能相当单一,主要强调制空作战,而多用途性能,尤其是对地攻击能力非常有限。尽管 F-22 可携带 2 枚 450 千克的 GBU-32 "杰达姆"制导炸弹,但因其机载雷达不具备合成孔径雷达工作模式,缺乏高分辨率的成像能力,因而无法独立识别地面目标并实施打击,只能打击固定目标,而无法对付移动目标。

不仅如此,为了确保自身的隐身能力,目前 F-22 配备的综合飞行数据链(IFDL)仅能与同型机及 RQ-4 战场机载通信节点无人机进行双向数据通信,而无法与其他军机进行同样的信息交换。因而 F-22 很难与美军现役其他军机实现信息共享、协同作战,也使其因配备先进传感器而具备的强大信息获取能力优势大打折扣。

正是由于这些原因,F-22 自服役以来,除执行过部分日常巡逻拦截任务外,没能在近期美军参与的任何一场局部战争中露面,成为美国现役军机中唯一没有经历过实战的机型。

3. 问题频发的原因分析

近年来的美军新型装备研制项目因为"拖、降、涨"等问题导致项目调整、甚至下马的并不在少数。然而像 F-22 这样,投产服役后仍问题频频,长期争议不断,其吸波涂层问题甚至一度面临法律指控,则比较罕见。造成这种状况的原因是多方面的,其中主要有以下几点:

(1) 五代机技术跨度大,致使成本上升,服役初期可靠性下降

作为五代机中的代表机型,F-22 具备隐身、超声速巡航、超机动和高度综合的航电系统等多项革命性的性能特征,其综合性能与四代机相比有了巨大跨越,其跨度不仅远大于先前各代喷气式战斗机之间的差距。而 F-22 实现这样的性能跨越,是建立在广泛采用隐身外形、吸波/透波材料、有源相控阵雷达、高推比矢量发动机等先进技术基础之上的,由此造成其研发比以前要复杂得多(如超大规模软件开发),成本费用远远超过先前各代战斗机,同时还不可避免地会带来服役初期的可靠性问题。

因为从系统工程的角度来看,即使是成熟可靠的技术,将其大量集成在一个平台上也难免会出现问题。而五代机将众多全新先进技术(尽管已进行过先期验证)集成在一起,可靠性问题无疑会更加严重。即使是相同的设备,在四代机上没发现问题,也不能保证在五代机上就不出现故障。

(2) F-22 尚处于服役之初的事故多发期

军用飞机同其他技术装备一样,其全寿命周期内不同阶段的故障率呈"澡盆曲线"态势,在服役初期其故障率偏高,随着使用过程中可靠性的逐步提高,飞机将进入长时间技术稳定的状态,而到服役末期其故障率将再次升高。

对 F-22 来说,该机服役刚满 6 年,目前仍处于"澡盆曲线"前端的事故多发期,某些先前

第8章 新一代系统论及其基础上的人/机/物工程管理

潜伏的问题乃至设计上的一些瑕疵正逐步显现出来,当前可靠性不佳也是可以理解的。以近期出现的 F-22 机载供氧系统问题为例,按照美空军提供的数据,整个 F-22 机群在 2011 年 9 月～2012 年 2 月间出动总架次超过 8700 次,其中仅有 9 次飞行员出现类似供氧不足的症状,占总架次的 0.1%。这样低的故障率在试飞阶段很难被发现,而只有在服役后经大量使用才能暴露出来。

(3) F-22 独特的设计思想给作战使用和后续改进带来限制

F-22 的研发具有浓厚的冷战背景,直接假想敌机是前苏联的米格-29、苏-27 等高性能战斗机。因此 F-22 把提升制空作战能力作为首要设计目标,很大程度上参照了当初 F-15 "没有一磅重量用于对地攻击"的设计思想,而在多用途,尤其是对地/海攻击能力方面考虑不多。同时,为尽量减小自身暴露的可能性,F-22 在战时强调独立行动而不与普通飞机编队,因而没考虑与后者的协同作战。

不仅如此,F-22 今后拓展多用途性能的潜力也相当有限。如该机内埋弹舱最初是为携带空空导弹设计的,容积较小,无法携带较大数量或体积的对地攻击弹药,若采用外挂方式又将严重影响隐身性能,因而 F-22 难以像 F-15 那样最终发展出具备强大对地攻击能力的 F-15E 双重任务战斗机。在 F-22 基础上改型的 FB-22"区域轰炸机"方案就因受原始设计限制,其性能指标难以达到要求而费用却大大增加,最终被放弃。

(4) 时代环境变化使 F-22 项目的经费投入受到影响

冷战时期,为了在军备竞赛中夺得优势,美军对战斗机这类重要装备项目的投资可谓不遗余力。但随着冷战后国际政治军事形势的变化,加上近年来国内疲弱的经济环境,目前美军对装备的经济可承受性日益重视,不再像以前那样几乎无节制地投入财力,F-22 的生产和后续改进也为此受到影响。

冷战后 F-22 的采购数量几经调整,已由最初的 750 架下降到目前的 187 架。由于装备量有限,美空军只能使用现役 F-22 频繁地参与训练演习(在多数演习中往往还担负核心角色),如此大强度的使用,除了会提前耗尽该机服役寿命外,还容易造成机体疲劳、零部件磨损,增加潜在事故隐患。为此,美空军已经开始考虑将 F-22 服役寿命从原定 8 000 航时延长到 10 000～12 000 航时的可行性。

此外,由于国防预算的削减,致使 F-22 的升级经费(原计划 70 亿美元)也被减半,美空军拟定的全面提升 F-22 战斗力并改善维护性、可靠性的技术方案难以实施,目前只能有选择地对 F-22 进行部分关键技术升级,其进度也被延后。

2009 年 4 月 6 日,奥巴马政府时任国防部长盖茨宣布,国防部将向国会建议删减许多大型武器采购计划,包括在制造生产的 187 架 F-22 战机完成后,减少乃至停止生产这一昂贵战机。

8.2.2 F-35 战斗机

1. 概　述

F-35"闪电Ⅱ"(F-35 Lightning Ⅱ)联合攻击战斗机是美国洛克希德·马丁公司设计生产的单座、单发隐形战斗机。F-35 主要用于前线支援、目标轰炸、防空截击等多种任务,并发展出 3 种衍生版机型:常规起降型 F-35A,短距/垂直起降型 F-35B 和航母舰载型 F-35C。

按照战机划代,F-35属于第五代战斗机,具备较高的隐身设计、先进的电子系统以及一定的超音速巡航能力。F-35起源自美国联合攻击战斗机(Joint Strike Fighter JSF)计划,该计划是20世纪最后一个重大的军用飞机研制和采购项目,亦为全世界进行中的最庞大战斗机研发计划,设计目的是为了替代美国空军、美国海军、美国海军陆战队以及英国皇家海军的F-16、F/A-18C/D、AV-8等各种军机。计划被定位为低成本的武器系统,这是因为现代先进战斗机,如F-22战斗机的成本不断高涨,美国及其他国家均感到单纯依靠这样的高性能且高价格的战斗机组成战斗机部队,在财政上难以承受。因此美国各军种改变以往各自研制战斗机的传统,联合起来,共同研制一种用途广泛、性能先进而价格可承受的低档战斗机。

2001年10月26日,美国国防部空军部长罗希宣布根据实力、设计的优缺点以及风险程度,洛克希德·马丁公司的X-35方案最终战胜了强有力的竞争对手波音公司的X-32方案,赢得了有史以来最大的军火合同,负责研制开发下一代先进联合攻击战斗机,也就是JSF(Joint Strike Fighter),新一代的联合攻击战斗机也被正式定名为F-35。

JSF计划对新一代的多功能多角色战斗机提出了很高的要求。总体说来它必须具备良好的对地攻击能力,同时兼顾对空作战能力;它必须符合美国空军、海军、海军陆战队及其盟国的需要;它必须具备较强的生存能力和隐身性能、精确的攻击能力以及较低的造价。

洛克希德·马丁公司充分利用在F-22发展中积累的设计、制造和维护经验,在F-35的气动外形上尽可能地沿用F-22的一些成果,以降低风险和成本,更重要的是洛克希德·马丁公司选用了一种较理想的STOVL动力方案,使JSF可采用两侧进气的常规布局。

企图吸取F-22的经验教训,在此基础上,让同一个主研制商继续为主研发新一代(实际上是改良款的)F-35战机。但事实如何呢?

2. 超重问题

为了满足其高性能要求,F-35在重量要求上相当苛刻。但研究中就发现JSF可能比要求重量超出约5 000磅(2 270千克)。通过计算机模型显示,重量增加的主要原因是F-35的设计不足以承受飞行中所受力的作用,因此,飞机上的一些区域需要采用比目前设计更厚的金属板。

3. 费用减少

据美国《每日航宇》报道,美国会拨款委员会从2004财年预算申请中削减了天基雷达、先进宽带系统、导弹防御和F-35战斗机等计划的部分经费。

4. 采购量减少

美国国防部评审美海军提出的有关减少JSF采购量的议案。美海军在提案中表示,为了增加舰船的采购量,希望将原计划采购的JSF数量从1 089架减少至780架,其中原计划采购609架短距起飞/垂直降落(STOVL)型,现改为采购350架;原计划采购480架舰载(CV)型,现改为430架。

5. 成本增加

采购量的减少导致F-35的成本上涨。根据原来预算,空军需求的常规起降(CTOL)型单机价格约为2 800万美元,海军和海军陆战队需求的STOVL型单机价格约为3 500万美元,舰载型单机价格约为3 800万美元。但到2010年,F-35的单价将超过1.35亿美金。

6. 性能质疑

尽管人们对 F-35 寄予了厚望,却又有不少人对它的作战性能和性价比表示怀疑。不久前 F-35 单架成本曾一度飙升到 1.22 亿美元。这样的天价让许多国家表示望而却步,他们都疑虑拿这么高的价钱买这种飞机到底值不值。

2006 年的一份研究报告表明 F-35 的空战性能可能还不如苏-30,隐身能力也比不上 F-22。其最大时速不过 1.6 马赫,是 20 世纪 60 年代以来的战斗机中最慢的,这不利于空战。还有人认为,洛克希德-马丁公司为了降低生产成本,F-35 是由多种老式飞机的零部件拼凑成的。在 F-35 项目提出之初,美国方面就有人说过,F-35 设计目标和执行的任务 70% 是针对地面,30% 是针对空中。这样一来,人们似乎无法对 F-35 的制空能力抱多大的希望。

2011 年 9 月,澳大利亚和加拿大两国对新型联合攻击战斗机 F-35 要延期交付表达了关注,这可能造成两国需要拿出更多经费来采购过渡时期的战机。澳加两国就双方共同关注的 F-35 采购和作战能力问题达成统一战线,举行顶级会谈。除 F-35 外,澳加两国还就双方共同面临的维持潜艇作战能力问题进行磋商。日本和韩国这两个最有可能的非合作伙伴 F-35 使用国也表示,在目前的状况下,他们不会参与到 F-35 项目中来。

7. 遭多国退订

多国联合研制的 F-35 隐形战机号称史上最昂贵的武器项目,美国曾希望这种战机不但能同时满足美国各军种需求,还能让盟友也实现装备一体化。但所谓"希望越大,失望越大",研制进度的滞后和价格的飞涨让这个项目变成摆脱不掉的"老大难"问题。据美国《防务新闻》9 日报道,随着加拿大决定对引进 F-35 战机的采购案进行重新评估,多个国家也相继表现出削减采购的意愿。而希望引进这种战机应对"中国军事威胁"的日本更是担忧不已。

《防务新闻》称加拿大政府已批准通过国内独立机构对候选战机机型进行重新评估选择,除 F-35 外,其他机型还有美制 F/A-18E/F"超级大黄蜂"、欧洲"台风"战机、法国"阵风"战机和瑞典的"鹰狮"战机。分析普遍认为,加拿大政府的这个决定意味着之前批准的引进 65 架 F-35 战机的巨额采购计划要"泡汤",或者至少采购数量要大减。

加拿大是 F-35 战机项目的主要国际合作方之一。加拿大空军原计划在 2020 年用新购入的 F-35 替代超龄服役的 CF-18 战机。然而,由于 F-35 战机研制进程严重滞后,研发费用不断超标,单机价格持续上涨。加拿大政府在过去十多年里,为研制和采购这 65 架 F-35 战机,已支付了约 300 亿美元。这一数额几乎超过了加政府当初预算的两倍之多。2001 年,美国给出的 F-35 战机采购单价仅为 4 990 万加元,到 2006 年时上升到 7 500 万加元,到 2009 年更上涨到 8 490 万加元。而五角大楼今年年初的最新评估显示,每架 F-35 的成本已达到 1.95 亿美元。因此加拿大哈珀政府在这个问题上屡屡受到猛烈抨击,反对派要求国防部长麦凯和总理哈珀领责辞职。

除了美国和加拿大,其他参与投资该项目的还包括澳大利亚、丹麦、意大利、荷兰、挪威、土耳其和英国。在项目研发之初,美国及其盟国将 F-35 定位为 21 世纪前半叶的西方海空军主力战机。美国空军、海军、海军陆战队将装备超过 2 400 架,英国、意大利、荷兰、澳大利亚、加拿大、挪威、丹麦、土耳其、以色列以及后来的日本等国提出的采购清单上也有 710 架。进一步的乐观估计认为,F-35 战机未来的总销售量将会突破 6 000 架,前景似乎一片光明。然而随着 F-35 研发项目进度的严重迟滞和单价的不断攀升,包括美国在内的几乎所有该项目共同研发国家均打起了退堂鼓。

2011年1月,五角大楼宣布推迟采购179架F-35战机,随即引起各国对F-35成本进一步剧增的担忧。《防务新闻》统计,除加拿大以外,意大利宣布将采购数量从原先的131架减少到41架;英国也表示将大幅削减采购数量;土耳其原本准备采购116架,如今已决定削减一半;澳大利亚政府则表示要"推迟购买F-35",或仅采购2架F-35战机,而当初澳大利亚计划采购的数量超过100架;荷兰也直接宣布减少订单……对F-35项目来说,坏消息是一个接一个。

盟友的退缩,让主导该项目的美国也打起退堂鼓。时值美国财政赤字高悬,国会内很多人呼吁应该大幅削减F-35的采购数量以节省开支。尽管美国内军工企业的政治影响力和F-35项目对国内就业的巨大影响,使美国政府暂时难以割舍这个"老大难"问题,但加拿大等国的举动很可能引发多米诺骨牌效应,造成F-35的单价成本继续上涨,引发各国进一步削减采购计划。美国《空军时报》就表示,这样的恶性循环如果持续下去,美军装备F-35的计划可能难逃被削减的命运。

同样感到担忧的还有日本。2011年12月,日本政府宣布将引进42架F-35战机,以取代老旧的F-4EJ"鬼怪"战斗机,其目的就是抗衡军事现代化项目持续取得突破的中国。正是利用日本对F-35战机寄予厚望的心态,美国将日本当做转嫁压力的对象。按照美日协定,日本采购的F-35战机每架成本高达2.38亿美元,如此高的价格曾在日本国内遭到一片质疑。而且美国还明确通知日本,由于研制进度拖延,F-35战机的交付时间将推迟,导致日本防空网会出现长达3年的"空窗期"。共同社称,加拿大如果放弃F-35的引进计划,势必将给计划购买F-35的日本带来影响。

8. 总 结

看来F-35也命运多舛。问题从根本上说是由复杂急剧提高引起的,而未能找到解决复杂问题的有效方法。作者在1991年出版的《脆弱的军事大国》一书中早就预言过,到2050年,美国全年军费只够买一架战斗机。

看来,第二次软件危机,更确切地讲,嵌入式系统工程危机在美国先进战斗机问题上暴露得非常明显。人们不得不特别关注系统论、系统工程,以面临复杂性的挑战。

8.3 系统工程

系统论是一个较广泛的说法。历史上所说的系统工程与系统科学往往交织在一起,一个是讲理论,一个是讲实践,而不是谁比谁高明。

8.3.1 系统工程的概念起自对整体的看法

1. 整体观

整体观(Holism)的主张是一个系统(宇宙、人体等)中各部分为一有机整体,而不能割裂或分开来理解。根据此观点,分析整体时若将其视作部分的总和,或将整体化约为分离的元素,将难免疏漏。

第8章 新一代系统论及其基础上的人/机/物工程管理

许多原始文明也有整全观的概念，例如北美或澳洲的原住民相信他们跟土地、神灵、动植物的联系，并体现在宗教仪式之中。中国古代儒道思想有"天人合一"，中医学说明了整全观如何应用在实用性的学科——它将人体各部分视为一有机整体，而不单是器官的整合。要医治病人须保持整个人阴阳调和，而非单一器官的问题。中医也是现代整全医疗中的代表之一。

还原论常常被视为对立于整全观。科学上的还原论主张在一个复杂系统里，组成部分的行为可以解释整体系统的表现。18～20世纪流行于科学家之间的哲学逻辑实证论，其中一个信念就是科学研究是阶层式的：物理→化学→生物学→心理学→社会科学，化学的法则可以用物理学解释，生物学的法则可以用化学去解释。

2. 复杂性

在学术研究上对复杂系统的研究，令偏向抽象事物的研究者明白"还原"不足以解释一个复杂系统内部交叉产生的现象；在日常说法中，复杂或复杂性和简单相对立。但在特定的场合，复杂的反面是各部分相互独立，而复杂化才与简单相对立。

复杂始终是生活的一部分，因而众多科学研究都需要面对复杂系统及复杂现象。的确，可能有人甚至会说只有那些看似随机却体现着多样性的复杂东西才值得研究。

日常生活中，"复杂（Complex）"经常与"复杂的（Complicated）"混用。但在现今的系统科学中，它们一个是成千上万个相互连接着的"排烟管"，另一个则用来形容一些所谓高度"结合"在一起的解决方案。"复杂"(Complex)与"独立自主"相对的，而"复杂的"(Complicated)才与"简单"相对。虽然这种混用导致了某些研究领域形成了自己对复杂的特殊定义，但最近有一种运动正试图把不同领域的研究重新拉回到复杂性本身之中，不管它是蚁群、人脑，或是股票市场。

系统科学研究复杂系统，复杂系统一般是多维、非线性系统。复杂系统的行为一般归因于涌现性和自组织性。混沌理论已经研究了系统对于作为复杂行为之一的不同初始条件下的敏感性。

3. 复杂系统

复杂系统(Complex Systems)通指复杂科学研究的对象。复杂科学是一门横跨各科的新兴学门，目前为止学界对于复杂系统的范围并没有一致共识。

复杂系统可能具备下列特性：
- 具有多数量组成成分的系统/成分互动关系的重要性大于成分本身；
- 组成成分构成多自我相似的多层级结构/高层级向下的因果关系/低层级向上因果关系/组成成分间的多重因果；
- 动态的，不停止的/突现，不可预测、不可化约、非线性；
- 适应性/无中央控制/自我组织/正回馈或报酬递增。

以下的学科参与了复杂科学的创立，并将之引用为该学科的内涵：数学/物理学/非线性动力学/非线性物理学/统计物理学/计算物理学/计算机科学/生物学/生态学。

8.3.2 系统工程

一般认为现代系统科学和系统工程起自贝塔朗菲的一般系统论。一般系统论（或称普通系统论)是由贝塔郎菲创立的一门逻辑和数学领域的科学,其目的在于确立适用于一切系统的一般原则。他于1948年出版的《生命问题》一书标志着一般系统论的问世。

道家的道生一、一生二极、二极生四象、四象生万物是最早的演化哲学观。

贝塔朗菲提出生物的开放系统理论,为生物进化的自组织系统理论建立开了先河。

物理学能量守恒与生物进化存在明显的差异,热物理学家布里渊提出负熵对应信息的概念、信息论是组织化的度量,奥地利理论物理学家薛定厄著的《生命是什么?—活细胞的物理学观》提出生命的负熵原理,普利高津从物理化学提出能量耗散结构的自组织理论,从而架构了物理学与生物学的理论桥梁。

艾根应用化学动力学原理提出细胞起源的生物分子超循环理论,进一步在细胞、分子层次探讨了自组织系统。

星云学说、大爆炸宇宙理论、生物进化论、文化进化理论、符号理论、结构主义等阐述的宇宙、生物、文化都体现了一种自组织化现象。

欧文·拉兹洛和布达佩斯俱乐部发表广义进化理论以及建立《广义进化论》、《广义进化论研究》等杂志,从而建立了普遍系统自组织化理论体系。

8.3.3 系统工程定义

综上所述,20世纪70年代以来,一批数学家、物理学家、化学家、生物学家和计算机科学家从不同的侧面研究系统的演化规律,取得了丰硕的成果。其中较有代表性的是20世纪70年代初联邦德国理论物理学家H.哈肯创立的协同学,1969年比利时统计物理学家I.普里戈津创立的耗散结构理论和1971年联邦德国生物物理学家M.艾根提出的超循环理论。这些理论和早在20世纪30年代由贝塔朗菲创立的一般系统论以及20世纪60年代由法国数学家R.托姆建立的突变论一起为系统学的建立提供了初步基础。

1979年,中国科学家钱学森提出建立系统科学体系的完整思想。他认为系统科学是以系统为研究和应用对象的一个科学技术部门。如同自然科学和社会科学一样,它是由3个层次组成的,即:

(1)系统工程是系统科学的下层技术层次,是用系统思想直接改造客观世界的技术;

(2)系统科学的技术科学层次包括运筹学、控制论、信息论等;

(3)系统学是系统科学的基础科学。系统学是研究系统一般演化规律的学科,目前尚处于形成阶段。系统科学与哲学之间的桥梁称为系统论或系统观,它为发展和深化马克思主义唯物辩证法提供素材。系统科学体系的形成标志着系统工程已经逐步成熟。

关于系统工程很多科学家都提出了自己的见解,如下所示。

1.［美］切斯纳（1967）

虽然每个系统都是由许多不同的特殊功能部分所组成,而这些功能部分之间又存在着相互关系,但是每一个系统都是完整的整体,每一个系统都有一定数量的目标。系统工程则是按照各个目标进行权衡,全面求得最优解,并使各组成部分能够最大限度地相互协调。

2.日本工业标准 JIS8121（1967）

系统工程是为了更好地达到系统目的,对系统的构成要素、组织结构、信息流动和控制机构等进行分析与设计的技术。

3. [美]莫顿(1967)

系统工程是用来研究具有自动调整能力的生产机械,以及像通信机械那样的信息传输装置、服务性机械和计算机械等的方法,是研究、设计、制造和运用这些机械的方法。

4. 美国质量管理学会系统委员会(1969)

系统工程是应用科学知识设计和制造系统的一门特殊工程学。

5. [日]寺野寿郎(1971)

系统工程是为了合理进行开发、设计和运用系统而采用的思想、步骤、组织和方法等的总称的基础工程学。

6. 大英百科全书(1974)

系统工程是一门把已有学科分支中的知识有效地组合起来用以解决综合化的工程技术。

7. 苏联大百科全书英百科全书(1976)

系统工程是一门研究复杂系统的设计、建立、试验和运行的科学技术。

8. [日]三浦武雄(1977)

系统工程与其他工程的不同之点在于它是跨越许多学科的科学,而且是填补这些学科边界空白的一种边缘科学。因为系统工程的目的是研制系统,而系统不仅涉及工程学的领域,还涉及社会、经济和政治等领域,为了适当解决这些领域的问题,除了需要某些纵向技术以外,还要有一种技术纵横的方向把它们组织起来,这种横向技术就是系统工程。

9. 钱学森(1978)

系统工程是组织管理技术。把极其复杂的研制对象称为系统,即由相互作用和相互依赖的若干组成部分结合成具有特定功能的有机整体,而且这个系统本身又是它所从属的一个更大系统的组成部分。系统工程是组织管理这种系统的规划、研究、设计、制造、试验和使用的科学方法,是一种对所有系统都具有普遍意义的科学方法。

10. 1975年美国科学技术辞典

系统工程是研究复杂系统设计的科学,该系统由许多密切联系的元素所组成。设计该复杂系统时,应有明确的预定功能及目标,并协调各个元素之间及元素和整体之间的有机联系,以使系统能从总体上达到最优目标。在设计系统时,要同时考虑到参与系统活动的人的因素及其作用。从以上各种论点可以看出,系统工程是以大型复杂系统为研究对象,按一定目的进行设计、开发、管理与控制,以期达到总体效果最优的理论与方法。

8.3.4 系统工程的特点

系统工程是一门工程技术,用以改造客观世界并取得实际成果,这与一般工程技术问题有共同之处。但是,系统工程又是一类包括了许多类工程技术的一大工程技术门类,与一般工程比较,系统工程有3个特点:

(1) 研究的对象广泛,包括人类社会、生态环境、自然现象和组织管理等。

(2) 系统工程是一门跨学科的边缘学科。不仅要用到数、理、化、生物等自然科学,还要用到社会学、心理学、经济学、医学等与人的思想、行为、能力等有关的学科,是自然科学和社会科学的交叉。因此,系统工程形成了一套处理复杂问题的理论、方法和手段,使人们在处理问题时,有系统的整体的观点。

(3) 在处理复杂大系统时,常采用定性分析和定量计算相结合的方法。因为系统工程所研究的对象往往涉及人,这就涉及人的价值观、行为学、心理学、主观判断和理性推理,因而系统工程所研究的大系统比一般工程系统复杂得多,处理系统工程问题不仅要有科学性,而且要有艺术性和哲理性。

系统开发过程也是对系统的认识不断深化的过程。人们不可能一开始就对系统所涉及的专业技术,各部分之间的信息、能量、物质沟通关系有清晰的认识,所以必须遵循分析—实践—再分析—再实践的反复认识过程。这里的实践常常是指对分析结论的验证试验。开发过程中分析、综合的思维过程和系统工程活动如图 8.4 所示,常称为系统工程过程(SEP)。

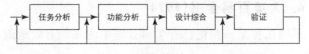

图 8.4 系统工程过程

系统工程过程是一个自顶层开始,依次反复应用于开发全过程的、规范化的问题解决过程,它把要求逐步转化为系统规范和一个相应的体系结构。

(1) 在系统研制过程中始终要保持对要求的跟踪。系统工程过程的第一步是任务分析。任务分析活动是要澄清和确认用户的需求和工作目标,明确限制条件,然后依此提出对系统的功能和性能要求。通过任务分析得到的共识是后续成功的功能和物理设计的基础。

(2) 经过任务分析得到的系统级功能和性能,通过功能分析和分配活动进一步分解成为低层次功能。结果得到的是对一个系统功能的全面描述,即系统的功能结构。这个功能结构不仅描述了必须具有的全部功能,还反映了各种功能和性能要求之间的逻辑关系。

(3) 设计综合或称系统设计是按照从功能分析与分配过程中得到的系统功能和性能描述,在综合考虑各种相关工程技术的基础上发挥工程创造力,研制出一个能够满足要求的、优化的系统物理结构。

(4) 验证活动的目的是确认所设计的各个层次的系统物理结构满足系统要求,保证能够在预定的性能指标下实现所要求的功能。验证方法包括分析(建模和仿真)、演示验证和试验。

系统工程过程的每一个步骤都可以是一个循环过程,对前一个步骤进行重新访问。系统工程过程的输出是一套明确定义系统设计、研制和试验的文件。

8.4 更一般性的广泛思考

8.4.1 再论系统工程

如上所述,系统工程是一个跨多学科领域的工程,通常专注于如何设计和管理复杂的工程专案。当处理大型、复杂的专案时,所面临的相关问题(例如:物流、不同团队的协调、和机器的自动控制)更加困难。系统工程借由工作流程、和工具来处理此一类型的专案,并且与技术、和以人为本的学科相互重叠(例如控制工程和专案管理)。

系统工程技术被应用于复杂工程:从太空飞船到芯片设计,从机器人技术到大型软件产品,系统工程用到的工具包括建模与仿真,需求分析,时序安排以及复杂性管理。

当仅仅依赖设计革新来改善一个系统已经不再可能,而且现有的工具也无法满足日益增长的需求时,开始发展出许多可直接处理复杂度的新方法。系统工程的连续进化包括新方法和模型技术的发展与确认,一直持续到今天。由于工程系统更趋于复杂,这些方法可帮助提升理解系统工程设计的能力。许多系统工程背景下所广泛使用的工具,大多于这个时期开发出来,包括 USL、UML、QFD 和 IDEF0。

系统工程同时意味着工程上的一种方法和一门学科(最近的说法)。系统工程教育的目标,乃将此方法简单地正式化,并借此寻找新方法和研发机会,与发生于其他工程领域的情况类似。系统工程是一个跨学科、整体性的方法。

工程的传统范围包括实体系统的设计、开发、生产和操作。原始构想的系统工程也隶属于此范围内。系统工程的名词意义,与为了因应史无前例、复杂的功能、实体系统的工程挑战而发展出来的一套独特的观念、方法论、组织架构等相关联。

系统工程一词的使用,随着时间的推移,逐渐纳入更宽广、更为整体性观念的系统和工程流程。定义的演变也成为争论的主题,这个名词持续地应用于较为狭窄和较为广泛的范围。

系统工程专注于:在开发周期的早期阶段,分析引出客户的需要与必需的功能性,将需求文件化,然后在考虑完整问题也就是系统生命周期期间进行设计综合和系统验证。

8.4.2 新的发展对系统工程的要求

1. 跨学科领域

系统开发经常需要来自多种技术学科的贡献。系统工程借由提供开发阶段的系统(整体)观点,帮助结合所有技术贡献者组成一体的团队,建立结构化开发流程,进行从概念、生产、操作,到(部分例子)终止和销毁的处理。

此观点经常在教育学程中被复制,系统工程的课程乃由许多工程系列的教师来讲授,可以有效地协助创建一个跨学科的学习环境。

2. 复杂性管理

随着系统和专案复杂度的增加,系统工程的需求也大幅提升。所谓的复杂度不只是针对工程系统,也包括逻辑性人事组织的资料;同时,由于规模增大,系统变得更复杂,资料数量、变因或涉及设计的领域数目等也随之增加。国际太空站就是此类系统的范例。

国际空间站是需要系统工程的大型复杂系统的范例。

更聪明控制算法开发、微处理器设计和环境系统分析等也在系统工程的范围之内。系统工程鼓励使用工具和方法,更能理解和管理系统的复杂度。这些工具举例如下:

- 系统模型,模拟和仿真;
- 系统架构;
- 最佳化;

- 系统动力学；
- 系统分析；
- 统计分析；
- 可靠度分析；
- 决策。

采取跨学科方式的工程系统本身就很复杂；因为系统零组件的运转状态以及彼此间的相互作用，通常无法立刻被适当地定义或了解。定义和描述此类系统、次系统、以及其彼此之间相互作用的特点是系统工程的目的之一，也为来自使用者、操作者、行销机构、和技术规范等的认知差距成功地搭起了沟通的桥梁。

3. 系统工程活动的范围

欲一窥系统工程背后所隐藏的动机，可以视其为一种方法或实践行动，来鉴别和改善现存于各种系统之内的通则。鉴于系统思维能够使用于各个层级，系统工程的原则（整体论、紧急运转状态、界线等）可以应用于任何系统、复杂度、或其他情况。除了国防和太空之外，许多资讯科技企业、软件开发公司、和电子通信产业也需要系统工程师成为他们团队的一员。

由国际系统工程协会（INCOSE）的系统工程精进中心（SECOE）分析指出，投入系统工程的最理想比例，大约占有整个专案的 15%～20%；同时，有研究显示系统工程的优势之一是可降低成本。然而，一直到最近，才开始实施涉及多种产业的大规模定量调查，此类研究正值起步，藉以决定系统工程的效能并量化其利益。

系统工程鼓励使用建模与仿真，以验证系统的假设或理论，以及它们的相互作用。

在安全工程中，使用相应方法使可能出现的故障及早发现，已经被集成到设计过程中。同时，在项目开始时做出的决定，对其后果的理解是不明确的，这可能会对随后的生命周期有巨大的影响。现代系统工程师的任务就是探讨这些问题，并作出关键性的决定。没有一种方法可以保证，今天当系统构想时做出的决定在系统几年或几十年后投入服务时仍然有效，但支持系统工程的过程的技术还是存在的。相关的例子包括：使用软系统方法论，杰伊·赖特·福利斯特的系统动力学方法和统一建模语言（UML）。这些主题目前正在探讨，评估和开发，以支持工程的决策过程。

4. 教 育

系统工程的教育往往是作为一个常规的工程课程的延伸，这反映了行业的态度，也就是工程专业的学生需要在传统的工程学科之一（如汽车工程，机械工程，工业工程，计算机工程，电气工程），加上实际的现实世界的经验，以成为有效的系统工程师。系统工程在大学本科开设课程是罕见的。通常情况下，系统工程是在研究生阶段提供，并与跨学科研究相结合。IN-COSE 运作着一个世界范围内不断更新的系统工程学术课程指南。截至 2009 年，在美国大约有 80 个机构提供 165 个系统工程的本科或研究生项目。系统工程的教育可以以系统为中心或以领域为中心。

- 以系统为中心的项目将系统工程作为一个独立学科看待，大部分课程的授课重点讲授系统工程原理和实践。
- 以领域为中心的项目将系统作为以另一个工程为主要领域的选项来处理。

这两种模式都力争将系统工程师教育成为能够处理好跨学科项目的有深度的核心工程师。

第 8 章　新一代系统论及其基础上的人/机/物工程管理

5. 系统工程议题

系统工程的工具是策略、程序和技术，这些可以帮助在项目或产品中运用系统工程。这些工具的目的不同，从数据库管理，图形浏览，模拟和推理，到文档生成，导入/输出以及更多。

系统工程领域中的系统是什么有许多定义。下面是一些权威的定义：
- ANSI/EIA-632-1999：聚集为最终产品，并使产品达到某种目的；
- IEEE Std 1220-1998：一整套或一系列相互作用的元素和流程，其行为满足客户/业务的需要，并提供产品全生命周期的支持；
- ISO/IEC15288:2008：组织，以实现一个或多个指定用途的互动元素的组合；
- 美国航空航天局系统工程手册：① 共同发挥作用的元素的结合，以产生一定的能力来满足某种需要。这些元素包括所有硬件，软件，设备，设施，人员，流程以及为此目的所需的程序。② 最终产品（执行运作功能）以及使能产品（为运作的最终产品的生命周期提供支持服务）构成了一个系统。
- INCOSE 系统工程手册：一个有组织的相互作用的元素的组合，以实现一个或多个特定的目的。
- INCOSE：一套完整的元素子系统或组件的集合，以完成一个确定的目标。这些元素包括产品（硬件、软件和固件），流程，人员，信息，技术，设施，服务，以及其他支持元素。

6. 系统工程流程

根据它们的应用，在系统工程流程的各个阶段使用了不同的工具，如图 8.5 所示。

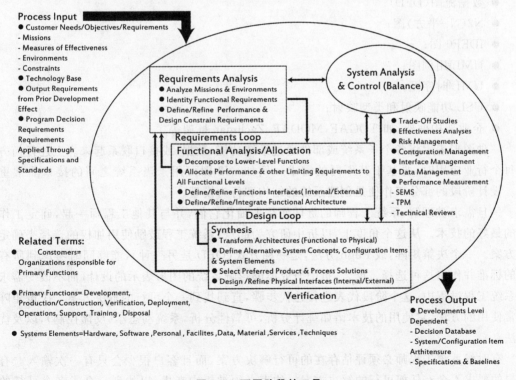

图 8.5　不同阶段的工具

7. 使用模型

模型在系统工程中发挥着重要和形式多样的角色。一个模型可以有多种定义，包括：
- 对现实的抽象，旨在回答有关现实世界中的具体问题；
- 模仿，模拟，或代表一个真实世界的过程或结构；
- 一个概念，数学或物理的工具，用以协助决策者。

总之，这些定义很广泛，足以涵盖验证系统设计中使用的实体工程模型，以及像折中研究过程中使用的功能流程框图和数学（即定量）模型这样的原理/概要模型。

在折中研究中使用数学模型和图表的原因主要是提供一些估计，这些估计包括系统的效能估计，性能估计或技术属性估计，和根据已知或预估数量进行的成本估计。通常情况下，需要一个单独的模型集合来提供所有这些结果变量。任何数学模型的核心是一组有意义的输入和输出之间的定量关系。这些关系可以简单到只要加入组成数量以获得总额，或复杂到用一个差分方程的集合描述引力场中航天器的轨迹。理想的情况下，关系表示了因果性，而不只是相关。

8. 图形表示工具

最初，当系统工程师的主要目的是要理解一个复杂的问题，系统的图形表示被用于交流系统的功能和数据需求。常见的图形表示包括：
- 功能流程图（FFBD）；
- VisSim；
- 数据流图（DFD）；
- N2（N–平方）图；
- IDEF0 图；
- UML 用例图；
- UML 时序图；
- USL 功能映射和类型映射；
- 企业架构框架，如 TOGAF，MODAF，Zachman 框架等。

一种图形表示将各个子系统或部件通过系统功能、数据、或接口联系起来。上述任何方法在每个行业应用时，要基于其不同的需求。例如，N2 图可用于当系统之间的接口非常重要时。设计阶段的部分工作便是创建系统的结构和行为模型。

一旦需求被理解，系统工程师的责任便是去细化它们，并与其他工程师一起，确定工作所需的最好的技术。从这个角度上，以折中研究为起点，系统工程鼓励使用加权的选择来确定最佳方案。一个决策矩阵，或 Pugh 方法，是一种方式（QFD 是另一种），能够同时考虑到所有重要的标准并作出这种选择。反之，折中研究能够影响系统的图形表示的设计（而不改变需求）。在系统工程过程中，这个阶段代表进行迭代步骤，直到找到一个可行的解决方案。决策矩阵是经常使用的方法，它使用的技术诸如统计分析，可靠性分析，系统动态学（反馈控制），以及优化方法。

有时候系统工程师必须评估存在的可行解决方案，而且客户很少会只有一次输入。有些客户的要求不会有任何可行的解决方案。约束必须被折中考虑，以找到一个或多个可行的解决方案。客户的希望是进行折中考虑的最有价值的输入，且不能被假设。那些希望/愿望只可能在一旦客户发现他已经过约束问题时被发现。最通常的情况是,许多可行的解决方案可以发现,和足够的约束必须被定义,以产生最佳的解决方案。这种情况时常是有利的,因为它可以给出一个机会,以朝着一个或多个方向来改善设计,如成本或进度。不同的建模方法可以用来解决这个问题,包括约束和成本函数。

系统建模语言(SysML)是系统工程应用中使用的一种建模语言,支持一个范围广泛的复杂系统的规范表达、分析、设计、核查和验证。

通用系统语言(USL)是一个面向系统的对象建模语言,拥有可执行(不依赖于计算机)语义,可定义包括软件在内的复杂系统。

9. 相关领域和子领域

多相关领域都被认为与系统工程紧密结合。这些领域作为独立的实体,都为系统工程的发展做出了贡献。

(1) 认知系统工程

认知系统工程(CSE)是一种特定的人机系统或社会技术系统的描述和分析方法。CSE 的 3 个主要议题是:人类如何应对复杂性,工作如何使用构件来完成,以及人机系统和社会经济技术系统如何可以被描述为共同的认知系统。CSE 从一开始已成为公认的科学学科,有时也被称为认知工程。联合认知系统(JCS)的概念已成为一种广泛使用方式,用以了解复杂的社会技术系统如何可以用有不同程度的分辨率来描述。超过 20 年的 CSE 经验已经被广泛描述。

(2) 配置管理(构型管理)

与系统工程一样,配置管理在国防和航空航天业的实践是一种广泛的系统级的实践。该领域与系统工程的任务分配平行;系统工程应对需求开发,开发项分配和核查;配置管理处理需求捕获,开放项的可追溯性,开发项目的审计以确保它达到了预期的功能;这些已通过系统工程和/或试验工程验证的客观测试来证明。

(3) 控制工程

控制工程和控制系统的设计和实施,在几乎每一个行业中都被广泛使用,它是一个系统工程的大的子领域。对汽车和弹道导弹的制导系统的巡航控制就是两个例子。控制系统理论是一个应用数学的活跃域,涉及解空间的调查和发展控制过程分析的新方法。

(4) 工业工程

工业工程是工程学的一个分支,涉及人员、资金、知识、信息、设备、能源、材料和工艺集成系统的开发、改进、实施和评价。工业工程借鉴工程分析和综合的原则和方法,以及数学,物理和社会科学,连同指定的工程分析和设计的原则和方法,已进行指定、预测和评估希望从这些系统所得到的结果。

(5) 接口设计

接口设计及其说明关注于保证系统内部某一部分与系统的其他部分和外部系统之间必要的连接和互操作。接口设计还包括保证系统接口能够接受新的功能特性,包括机械,电气和逻辑接口,包括预留电线,插头空间,命令代码和通信协议中的位。这被称为可扩展性。人机交互(HCI)或人机界面(HMI)是接口设计的另一个方面,也是现代系统工程的重要方面。局域网和广域网的网络传输协议设计中就应用了系统工程原理。

(6) 机电工程

机电工程与系统工程类似,是一个多学科领域的工程学,它们都使用动态系统建模来表示有形的结构。在这方面,它是与系统工程几乎没有区别,但将它区分于系统工程的特点在于它更专注于小细节,而不是更大的概括和相互关系。正因为如此,这两个领域的区别在于它们的项目的范围,而不是它们的实践方法。

(7) 运筹学

运筹学支持系统工程的发展。运筹学的工具,用于系统分析,决策和折中研究。许多学校在运筹学或工业工程院系中都教授系统工程课程,突出系统工程在复杂的项目中发挥的作用。简单地说,运筹学就是有关于多重约束下的流程的优化。

(8) 性能工程

性能工程是一门用以确保系统在其整个生命周期内满足客户期望的学科。性能通常被定义为具有一定的操作执行的速度或在单位时间内执行多少次这种行动的能力。如果系统能力有限,当一个即将执行的操作队列被停止时,系统的性能可能会下降。例如,一个分组交换网络的性能可以用点对点分组传输延迟或在一小时内数据包交换的数量来表示。高性能系统的设计需要使用分析或仿真建模,而高性能系统实现的交付,则需要全面的性能测试。性能工程在很大程度上依赖于统计,排队论和概率论的工具和流程。

(9) 计划管理和项目管理

计划管理与系统工程有许多相似之处,但较之系统工程的工程学,却有着更广泛的来源。项目管理也与计划管理和系统工程密切相关。

(10) 提案工程

提案工程将科学和数学的原则应用于设计、建造和经营一个成本效益的提案开发系统。基本上,建议工程采用"系统工程流程"来创建一个符合成本效益的提案,并增加成功提案的可能性。

(11) 可靠性工程

可靠性工程是一门确保系统在其整个生命的可靠性满足客户的期望,也就是说,它不会比预期有更频繁的失败。可靠性工程应用于系统的各个方面。它与可维护性、可用性、和保障工程密切相关。可靠性工程一直是安全工程的一个重要组成部分,正如失效模式与影响分析(FMEA)和危险故障树分析,同样也是安保工程的重要组成部分。可靠性工程在很大程度上依赖于统计,概率论和可靠性理论的工具和流程。

(12) 安全工程

安全工程技术可应用于非专业的工程师在设计复杂的系统,以最大限度地减少安全关键性失败的概率。"系统安全工程"功能可以帮助在新兴的设计中识别"安全隐患",并可能作为技术的补充,以"缓解"危险的条件下无法设计出系统的(潜在的)影响。

(13) 安保工程

安保工程可以被看作是一个跨学科领域,它集成了控制系统设计,可靠性,安全和系统工程的实践社群。它可能涉及其他附属专业学科,如系统用户认证,系统目标和其他人、物和流程。

(14) 软件工程

从一开始,软件工程就在帮助塑造着现代系统工程的实践。在处理大型软件密集型系统的复合体时所使用的技术,对系统工程的工具、方法和流程的塑造以及重塑产生了影响。

以上所有工程都有各种各样的计算机辅助的工具平台,在各自领域里发挥着作用。

8.5 国学指导下的方法论及新一代系统工程

以上都是西方理念下的系统工程及其实践。由于工程的非线性复杂性,传统的 V—V 瀑布式模型已难以适应;改良的局部迭代方法仍无法改变这一局面;一叶障目、不见泰山,头痛医头、脚痛医脚的传统西医式软件工程理念更是让人病急乱投医。整个产品周期过程是一个不断整体迭代、逼近的过程,势必造成需求与软件的不断更改和修正。

作为极其具有系统观的以中国华人为代表的东方理念,总是采取从上至下的泛形而上学的方法论。现在软件工程局限于线性思维;而系统工程则采用机械论而不是有机论;要开创基于需求的/以需求为导向的软件工程新发展方向;要建立软硬件耦合的新嵌入系统的新系统论;嵌入式软件要以嵌入式系统作为整体背景求解;并且要同时扩展到全寿命周期;嵌入式系统及其软件的系统工程工程必须支持全寿命周期。

8.5.1 嵌入式复杂系统困境

如前所提到的 F-22、F-35 的例子可从下面分析中找到原因。

1. 需求非线性复杂化

(1) 影响嵌入式系统需求的因素繁多,包括外部环境和体系自身等方面的一系列影响因素,从而导致嵌入式系统需求的变更更加频繁。在外部环境方面,包括诸如应用环境的变化以及系统部署方案的调整等因素,还包括系统自身方面,需求受到对嵌入式系统自身认识变化,系统发展过程中技术的变迁等内部影响。

(2) 嵌入式系统需求产品的组成复杂。对嵌入式系统而言,需求规模十分庞大,仅用需求规格说明书无法详尽的描述需求,其需求开发的结果应该有体系框架和范围文档、视图产品、用例文档、需求规格说明书及相关分析模型。构成需求产品的这些元素之间的关系错综复杂。由于工程问题本身的复杂性,初步的设计不可能完美,而且肯定会随着全寿命周期的进展不断修改。并且极有可能大段的返工和重大修改。

(3) 嵌入式系统需求难以定义和描述。组成嵌入式系统的单个系统具有一定的独立性,能够在不与其他系统交互的情况下实现一定的功能。每个单个系统都对自己功能作用定义了需求。单个系统可能属于不同的管理部门,但嵌入式系统往不基于某现有的系统开发,而是基于某种特点应用的预期,系统需求没有明确的用户负责定义和开发。只有当特定应用或试验中需要系统中一系列子统提供某些能力时系统需求才能被描述。

(4) 嵌入式系统需求不断地演化发展。嵌入式系统的需求开发时间周期较长,其系统的演化和升级并不是同步的,不同系统按各自的进度演化导致了单个系统的功能也随之改变。通常情况下,组成系统设备的数量和关系也在发生改变。嵌入式系统的能力只有在给定某项任务时才能被定义,体系发展过程中技术的变迁等因素的影响。

2. 传统线性化解决方案的局限性

以上所述由于非代性耦合复杂性,传统的瀑布式及中心阶段性迭代式不服水土。普遍认为嵌入式软件是结构化的,不是面向对象的,是一个错误。

工程上经常提到的 V 字图、瀑布式开发流程图等都是传统系统工程解决方案的表现形式。

嵌入式工程 V 字图如图 8.6 所示。

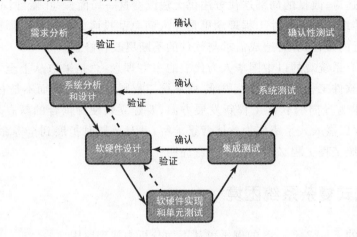

图 8.6 嵌入式工程 V 字图

国内外大部分的非嵌入式、嵌入式软硬件开发工具与平台,都是线性简单思维的产物,以"整体等于局部之和"为主要特征,一切都从局部出发,包括局部建模、局部可视化、局部审议、局部走查、局部修改、局部维护、局部管理,基于线性瀑布模型或者线性单向迭代模型,没有双向自动追溯机制支持,造成需求变更的实现盲目(不能通过正向追溯找到所有相关文档和源码,不能通过逆向追溯从需要修改的源码模块找到它们还与什么别的需求的实现有关)、源码模块的修改盲目、变量的修改盲目、源码修改后的回归测试盲目。此外,这些工具与平台相互之间不兼容,采用各自的数据格式,难以集成在一起,自动化程度低,可视化程度差,因而使用效果也不好。几乎都只支持狭义的"开发"但不支持占了开发总工作量和总费用的主要部分的修改维护。

由于工程的非线性复杂性,传统的 V—V 瀑布式模型已难以适应;改良的局部迭代方法仍无法改变这一局面;一叶障目、不见泰山,头痛医头、脚痛医脚的传统西医式工程理念更是让人病急乱投医。整个产品周期过程是一个不断整体迭代、逼近的过程,势必造成需求与设计的不断更改和修正。

8.5.2 系统工程在嵌入式系统及其软件中的实践与应用

逐次迭代性能化的非线性解的迭代收敛工程解决方案应运而生,遵循系统工程原理,将系统工程的理论与方法论落实到具体的嵌入式软硬件及其环境进行结构化设计。

嵌入式系统基本元素包括 CPU(IC、SOC、FPGA)、语言、操作系统、编译器、开发环境、I/O 等。

嵌入式在环(EIL)复杂系统特点是非单一、突现性、不稳性、非线性、不确定性、不可预测性及嵌入式系统与非嵌入式系统混合(跨领域信息化仿真)。

依据建立的理论与方法论进行通用平台的实践,建立嵌入式软件及其嵌入式系统的综合一体化系统——嵌入式平台系统工程(参见第3～7章)。

8.5.3 超系统论与太极盒

1. 经典的系统概念

如前所述,系统工程的对象首先是一个划定了边界和一定属性的有形和无形、具体和抽象的元素的集合。巨系统、复杂系统也是这种概念的延伸。这种思维方式就把一个特定系统圈定,其外部被视为环境。

2. 超系统

超系统的概念与一般系统工程概念不同,它是一个边界开放的"大而无其外,小而无其内"的多层次的边界随变的系统。

3. 整体性与协同性

功能是整体的属性,不是部分的属性,也不是要素的属性。功能由整体的结构决定,但功能与结构之间并不一定不存在一一对应的关系,超系统理论对系统功能的描述,不脱离具象结构,但不把某一部分孤立看待,而注意到各部分互相作用后形成的新属性,形成新的相干性、协同性。

4. 黑白盒与太极盒原理

内与外呼应:以外在黑盒的经络系统、诊断望闻问切数据聚类系统为基础,内在白盒为阴阳五行理论为基础的内藏藏像对应的"五脏五腑"系统为基础。最伟大的一点是黑盒白盒是可对应的,外与内是可呼应的内外兼修,内外兼治,由内而外,由外而内,内外呼应,内外兼施。

具体的超系统论参见第3章。

8.5.4 基于需求的嵌入式人/工程两化融合管理解决方案

1. CPS

随着嵌入式系统发展的日新月异,嵌入式系统在许多高精尖领域发挥着巨大的作用。但是由于人们对计算世界和物理世界缺乏全面认识,导致目前的嵌入式系统还不能对物理世界实现高效的"感、执、传、控"。因此,新一代嵌入式系统必须将传统计算世界和物理世界作为一个紧密交互的整理来进行认知,实现一个集计算、通信与控制于一体的深度融合的理论体系与技术框架,这就是第1章里提到的信息—物理融合系统(cyberphysical system,CPS)。

与传统的嵌入式系统不同,信息—物理融合系统着重考量计算部件与物理环境的有机融合,将现有的独立设备进行智能化链接,实现自适应的组网与交互,从而使系统之间实现相互感知、有效协同,根据任务需求对计算逻辑进行自动调整与配置。计算设备可以更精确地获取外界信息并实时做出针对性、智能化的反应,提高计算性能与质量,提供及时、精确、安全可靠的服务与控制,实现物理世界与信息世界的整合与统一。

2. 人、人类社会与其他关系

从哲学的高度上看,人、人类社会与其他关系的静态结构图如图8.7所示。

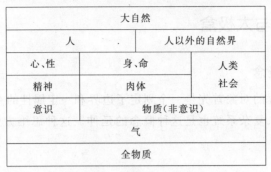

图 8.7　静态结构图

- 人类的自然语言:汉语、英语、法语、手语、感情表情、肢体语言。
- 计算机语言,包括汇编、fortran、C、Java,图形化基于模型的设计语言 MBD。
- 人类语言与计算机语言互译:两化融合。
- 互联网:人与人交流。
- 物联网传感底层:人类外延感知层。
- 物联网底层加互联网:物联网、车联网,两化融合。

3. 总体思想

建立嵌入式软件综合一体化设计/验证/开发/测试/确认/维护全寿命的系统平台,从而需要构建一个既能满足嵌入式系统软件本身的从单元到单机系统,以需求为导向的设计、验证、开发、测试、确认(交付)、维护的一体化(研发)的综合平台,又能满足与其他相关系统平台的复杂系统的研发一体化综合平台(以下简称综合系统平台),不是一个个信息孤岛,而是局部与整体相关的有机整体系统。使软件开发技术系统化、规范化、高效化,能稳步、可持续性发展,并保障软件的质量,提高软件的可靠性。参见第3章原则系列。

4. 非线性解的迭代收敛解决方案

需求的实现确认:要确定需求是否实现,必须将自然语言表示产生的各种情况的需求与非自然语言的各种计算机源码产生连接。嵌入式应用中应能将嵌入式源代码与硬件状态相关联。文档与需求的关联图如图8.8所示。

项目完成之后,是否能保证以下几点:
- 功能测试是否充分;
- 各需求是否被完全实现;
- 一个需求是否真正为系统所需要(也许它来自其他系统的需要);
- 源码中的一个函数是否有必要存在,也许它来自其他已经删去的需求;
- 能否找出其不一致性,便于需求和源码的修改维护,一个模块的修改可能关系到一个以上的需求,考虑漏了就会产生严重的后果。

第 8 章 新一代系统论及其基础上的人/机/物工程管理

基于软件错误的主动预防与软件错误迁移的主动预防理念和软件全生命周期各阶段工作产品（文档、源码）间的自动导入式双向多级与越级可追溯技术的软件开发模型（"基于错误预防与全生命生存期文档、源码双向自动追溯技术的软件开发模型"）

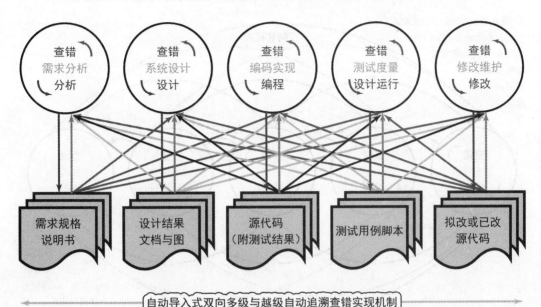

数据流程图

说明：
（1）全过程相关信息点点到位，参与开发人员个个都能做到"胸有成竹"投入查错、确认
（2）能最大限度地预防错误发生与错误迁移，最快速地发现与解决问题，提高质量减少成本

图 8.8 文档与需求关联图

5. 多层双向自动追溯

嵌入式复杂系统的需求/测试用例、设计结果、源代码、硬件、环境、场景等之间相互追溯。双向追溯图如图 8.9 所示。

（1）可指出没有实现的需求：在相互追溯时没有设计实现如代码或硬件部件与之响应。

（2）可指出无用的设计：如果在设计实现的源码、硬件与需求的相互追溯中没有需求与之响应（其错误也可能来自于需求描述的不充分）。

（3）可防止设计修改的不一致性错误：当为了一个需求的更改而拟修改某个设计模块或者程序分支、部件时，可通过逆向追溯得知它的修改是否还关系到别的需求。可避免源代码修改后的回复测试的盲目性，通过逆向追溯得知哪些测试用例可以或者不可以测试到该修改过的模块或者程序分支、部件。

这些关联可以在一个屏幕上同时自动显示嵌入式用例脚本文件、相对应嵌入式源码、硬件资源、需求描述文档、设计文档等。这种追溯和关联可以用正向追溯和反向追溯，并在多个层次之间进行。

基于软件错误的主动预防与软件错误迁移的主动预防理念和软件全生命周期各阶段工作产品
（文档、源码）间的自动导入式双向多级与越级可追溯技术的软件开发模型
（"基于错误预防与全生命生存期文档、源码双向自动追溯技术的软件开发模型"）

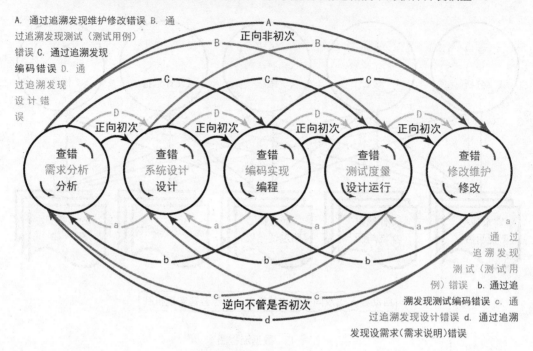

控制流程图

图 8.9 双向追溯

第 9 章

理论结合实践——工具平台及其实施

9.1 典型工具平台

9.1.1 全数字仿真工具

9.1.1.1 科锐时(CRETS)全数字仿真嵌入式软件测试工具 ATAT,TESS

嵌入式软件的 GPS：
- 科锐时全数字仿真嵌入式软件测试工具(Computer Real-time Embedded Software Test System,CRESTS)；
- 汇编语言测试工具(Assembler Testing and Analysis Tools,ATAT)；
- 高级语言测试工具(Testing of Embedded Software System,TESS)。

1. 科锐时工具相关问题

(1) CRESTS/ATAT/TESS 是一个什么样的工具,它原理是怎样的?

它是一个全数字化的针对汇编语言和高级语言的仿真平台,ATAT 是对 Intel 8031/8051、8096/8098、80x86、TI DSP 大部分型号及 Mil-1750 进行汇编软件测试,TESS 是对 51、96、TI DSP 大部分型号, Mil-1750、ERC-32、SPARCV8,X86 系列、ARM、PPC 序列 C 语言及 Mil-1750 系列、ERC-32(V7)、SPARC V8、ARM ADA 语言进行模拟运行、开发、测试的工具,如图 9.1 所示。

它的原理是针对上述硬件进行指令集、内存、寄存器、ROM、RAM I/O 等的功能性的软件仿真。还支持几乎所有的嵌入式操作系统(RTOS)。

(2) 什么是"全数字化仿真平台"? 怎样理解指令集仿真?

CRESTS/ATAT/TESS 是全数字仿真平台,不依赖于任何硬件,即虚拟目标机。CRESTS/ATAT/TESS 的仿真是对指令集的仿真,并通过地址对内存、寄存器、I/O 进行模拟。比如对 I/O 的模拟就是通过对 I/O 地址的操作来实现的。

(3) CRESTS/ATAT/TESS 怎样实现不插桩的?

CRESTS/ATAT/TESS 是在虚拟目标机上解释执行的,故无需插桩,不影响实时性。

主程序界面

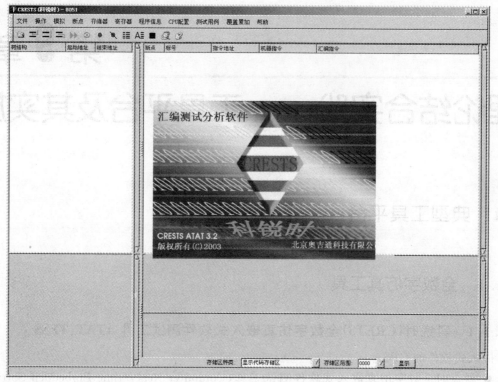

图 9.1 科锐时工具主界面

（4）CRESTS/ATAT/TESS 适用于哪些场合？

CRESTS/ATAT/TESS 适用于嵌入式产品研发的整个过程，特别是以下场合：

- 软硬件需要并行开发；
- 硬件有了，但并不是每个开发人员都拥有硬件；
- 需要隔离软件或硬件的错误；
- 对于测试单位，可能拿不到硬件，即使有了硬件无法产生外围激励，或者有些硬件的接线很复杂，测试时需配硬件工程师。

（5）CRESTS/ATAT/TESS 支持哪些测试及其有什么样的指标？

CRESTS/ATAT/TESS 既支持白盒测试，又支持黑盒测试，即实现了灰盒测试。它是目前嵌入式领域唯一同时支持白盒和黑盒测试的工具。对于汇编语言来说，结构化很差，它还支持结构化的规则检查。CRESTS/ATAT/TESS 支持静态测试，静态指标有圈复杂度、调用被调用信息、调用深度、扇入扇出数、跳转指令数、代码长度、代码体积、注释数、注释率和程序框图。CRESTS/ATAT/TESS 支持动态测试，动态测试指标包括动态追踪、语句覆盖、分支覆盖和程序执行时间特性。

值得注意的是，它既支持单元测试、部件测试，也支持系统测试。

（6）CRESTS/ATAT/TESS 除了测试以外，还有其他功能吗？

它不仅仅是一个测试工具，也是一个开发调试工具。在没有硬件的情况下，或者有硬件，

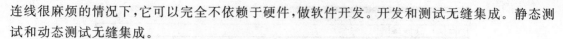

连线很麻烦的情况下,它可以完全不依赖于硬件,做软件开发。开发和测试无缝集成。静态测试和动态测试无缝集成。

(7) CRESTS/ATAT/TESS 和脚本 TCL 语言是怎样关联的?

CRESTS/ATAT 和脚本 TCL 语言是交互执行的,就是说,执行一条汇编语言指令就执行一次脚本文件。所以在写脚本文件时,一定要引用给定的"simulation\include.h"头文件。这个头文件里定义的变量是一个全局变量,它的值是可以保持到下次修改时改变。灵活运用头文件里的变量,可以实现用户需求的各种测试用例。

(8) CRESTS/ATAT/TESS 不在嵌入式硬件上运行,如何保证嵌入式软件的实时性?

CRESTS/ATAT/TESS 通过对时钟频率的设置,指令的运行和时钟节拍的真实物理事件是一致的,即可以做到仿真的实时。真实系统中如果需要 10 ms 完成的动作,CRESTS/ATAT/TESS 仿真系统中可能需要 1 s 完成相应的动作过程,也可能 1 ms 完成相应的动作过程。

(9) CRESTS/ATAT/TESS 中的代码长度和代码体积?

代码长度是指令数,代码体积是机器代码的字节数。

(10) CRESTS/ATAT/TESS 中针对不同的主频可以设置吗?怎样设置?

CRESTS/ATAT/TESS 中默认指令周期是 1 μs,在 CRESTS/ATAT/TESS 中有执行时间的显示 times,它的值单位是 μs。设置主频可以在工具栏里选择小黑框"change register"中的 tick,改变其值,它的单位是指令周期。

(11) CRESTS/ATAT/TESS 支持递归调用吗?

CRESTS/ATAT/TESS 支持递归调用,它在程序框图里面以红色加亮显示。

2. CRESTS/ATAT/TESS 功能描述

CRESTS/ATAT/TESS 完成如下功能:

1) 代码分析(包括代码规则检查),绘制静态流图;
2) 构建应用程序的运行环境,实现了语言程序模拟运行;
3) 为用户提供了"黑盒"测试及"白盒"测试的手段;
4) 为用户提供了单元测试和系统测试的方法;
5) 代码调试功能;
6) 可以用 TCL 脚本语言编写和管理程序的测试用例;
7) 支持覆盖率统计并生成具有对比特性的图形化文件及图形化显示。给出各代码程序运行的时间特性与运行效率。

3. 工具详细功能介绍

(1) 代码分析

① 规则检查与度量:支持汇编各子程序调用图、控制流图及控制流轮廓图的生成与显示;支持 McCabe、Halstead、程序转移数、程序调用深度等各种度量元生成给出程序调用与被调用信息。

② 生成调用图:CRESTS/ATAT/TESS 界面的左上角窗口是被测程序调用树结构显示窗口,包括被测汇编主程序调用树、被测汇编中断程序调用树以及死代码程序调用树,如图 9.2 所示。

③ 观察到的控制流图:CRESTS/ATAT/TESS 可用于观察控制流图。观察到的控制流程如图 9.3 所示。

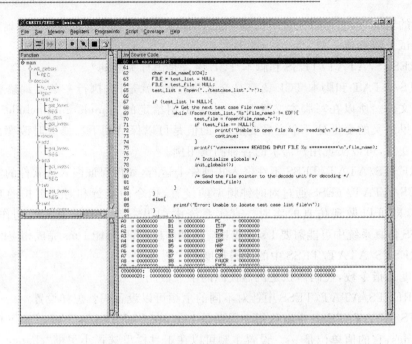

图 9.2 调用树

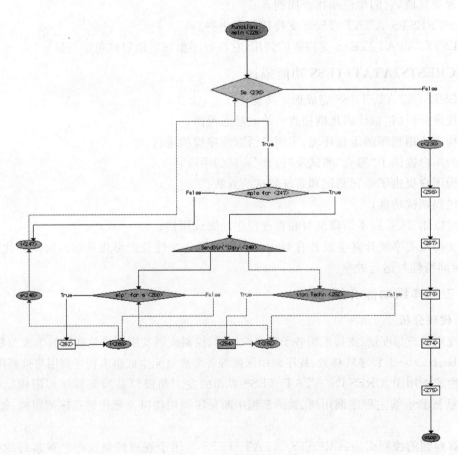

图 9.3 控制流图

第 9 章 理论结合实践——工具平台及其实施

④ 显示调用图

CRESTS/ATAT/TESS 可以查看调用关系,如图 9.4 所示。

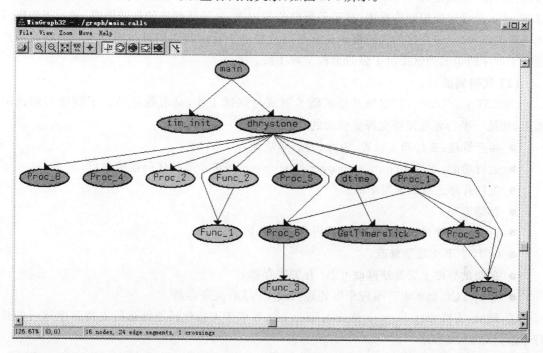

图 9.4 调用关系图

⑤ 显示轮廓图

轮廓图如图 9.5 所示。

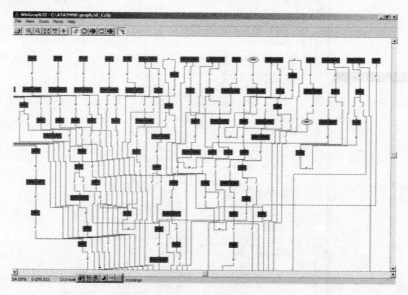

图 9.5 轮廓图

⑥ 生成调用图

CRESTS/ATAT/TESS 界面的左上角窗口是被测程序调用树结构显示窗口,包括被测汇编主程序、被测中断程序以及死代码程序3种类型调用树。每个树可打开和折叠，可对树节点进行操作，也就是说可对汇编子程序操作，包括显示汇编子程序的代码，显示子程序的控制流图，显示子程序的控制轮廓图，显示子程序的调用图，显示子程序的被调用图，显示子程序的代码覆盖图，显示子程序的代码覆盖轮廓图以及显示子程序的调用覆盖图。这些功能为用户进行子程序的单元测试提供了强有力的支撑手段。

（2）代码调试

CRESTS/ATAT/TESS既严格区别了测试与调试工作，又有效地结合了测试与调试的能力，使统一平台环境能够发挥更强大的功能。

- 断点管理：支持断点设置、清除、列表等功能；
- 运行功能：支持step in、step over与step out等单步支持代码连续运行；
- 支持程序运行的强行中断；
- 存储管理；
- 科锐时软件代码、数据、寄存器内容观察与修改；
- CPU上下文场景修改；
- 在调试界面上交互地修改CPU有关寄存器；
- 运用TCL脚本语言编程来批处理修改CPU有关寄存器。

① 调试：支持step in、step over与step out等单步支持代码连续运行支持程序运行的强行中断，如图9.6所示。

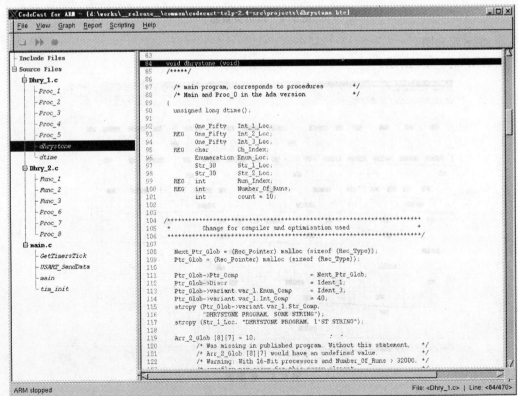

图9.6 调 试

第9章 理论结合实践——工具平台及其实施

② 断点管理：支持断点设置、清除、列表等功能，如图9.7所示。

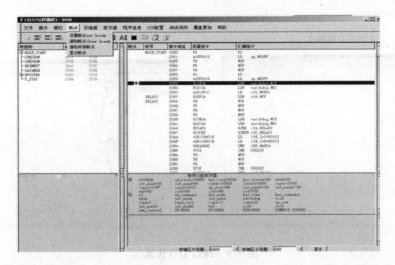

图9.7 断点管理

在这个程序中，指令地址2089～2096处，嵌套循环，大循环5次，内循环4次。修改寄存器r1A的值，即可使程序满足条件跳出循环体，执行地址2099处的指令，如图9.8所示。

```
          2088:  FA          DI
          2089:  A105001A    LD    r1A, #0005
D2        208D:  A104001C    LD    r1C, #0004
D1        2091:  FD          NOP
          2092:  FD          NOP
          2093:  E01CFB      DJNZ  r1C, D1
          2096:  E01AF4      DJNZ  r1A, D2
          2099:  A1FF0018    LD    sp, #00FF
          209D:  B11E0A      LDB   watchdog, #1E
          20A0:  B1E10A      LDB   watchdog, #E1
          20A3:  A161051C    LD    r1C, #0561
DELAY1    20A7:  B1FF1A      LDB   r1A, #FF
DELAY2    20AA:  FD          NOP
          20AB:  FD          NOP
```

图9.8 程 序

4. 代码测试

支持单元测试、系统集成测试及"白盒"、"黑盒"测试，支持测试结果累加。

(1) 单元测试：CRESTS/ATAT的CPU上下文场景的自编程配置能力解决了对程序进行单元测试的需求，用户可根据工具单元测试的要求，灵活方便地对CPU上下文场景进行配置，形成程序单元执行的驱动。

(2) 系统测试：CRESTS/ATAT/TESS的端口I/O与中断事件产生的自编程模拟功能，从而使得被测程序在CRESTS/ATAT模拟运行环境下，尽管存在大量的端口数据I/O与中断事件产生的要求，也能够与真实硬件环境一样连续不中断地运行。

5. 端口I/O仿真

这里以端口I/O自编程模拟功能实现汇编应用程序在CRESTS模拟运行环境下尽管存在大量的端口数据I/O要求，也能够与真实硬件环境一样连续不中断地运行，使用模拟脚本运行的过程。使用了端口 I/O 自编程的脚本,io.tcl 脚本,进行模拟运行。对照参考两次的覆盖图,如图 9.9 所示。

未使用自编脚本　　　　　　　　　　　　使用自编脚本

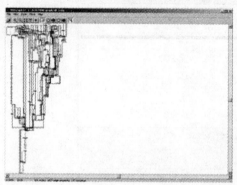

图 9.9　端口 I/O 仿真

6. 代码测试结果统计

(1) 支持语句、分支和调用的覆盖测试,支持测试累加。
(2) 支持覆盖率的统计并生成图形化文件及图形化显示。
(3) 给出各代码程序运行的时间特性与运行效率。
(4) 支持覆盖率的统计并生成图形化文件及图形化显示。

代码测试结果统计如图 9.10 所示。

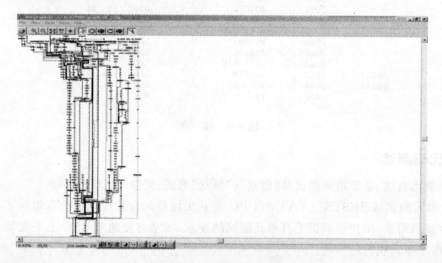

图 9.10　代码测试结果统计

(5) 单元测试

CPU 配置主要用于单元测试。其中要用到后缀为.mal 和.Tcl 的两个文件。前者是确定监视存储单元地址(如果不需要监视存储单元,可不用该文件)。对于 Intel 8031/8051,第一行是存储单元类型:0 为代码区,1 为数据区,2 为内存区;后面则是要监视的存储单元地址。注意:最多只能监视 64 个存储单元。TCL 文件中包含有要配置的所有寄存器(其中包括指令用

第 9 章 理论结合实践——工具平台及其实施

时变量 ticks,该变量单位为周期数),一个存储单元地址数组(64 单元)和对应存储单元地址的存储单元值的数组(64 单元),以及 16 个工作变量。

(6) 测试报告生成

生成超文本(包括静态分析和动态测试结果与统计等信息与链接)的测试报告。单击程序信息主菜单中的测试报告生成子菜单项,稍等,则会在程序运行路径生成 report.html 文件,即程序静态分析和动态测试的总结报告。其内容包括程序的时间特性统计,程序的覆盖信息统计,程序中的各子程序质量度量信息统计,以及程序结构、间接跳转和调用的警告信息等。

(7) 汇编语言编程约定

为增加汇编应用程序的逻辑清晰性及代码的可读性和可维护性,保证汇编应用程序具有较好的模块化和结构化,提高汇编应用程序的代码质量和代码可靠性,建立统一的汇编应用程序的编程风格,并保证 CRESTS/ATAT 工具的静态分析功能能够正常地使用:

- 提出了汇编应用程序的编程约定;
- 测试报告中将会对违反编程约定的内容给予警告。

9.1.1.2 科锐时(CRETS)全数字仿真嵌入式软件测试工具 CRESTS/CodeCast

1. 概　述

全数字仿真运行平台 CRESTS/CodeCAST 是能够满足模拟或仿真外部硬件行为进行软件运行和测试需求的工具。该工具运用国际流行的仿真、测试脚本语言来编写外部硬件逻辑行为所产生外部激励事件以构成嵌入式软件的外部信号激励或数据输入,从而满足软件在全数字仿真运行环境下无须人的干预而闭环运行的要求。

基于嵌入式应用的特点,嵌入式软件全数字仿真测试支撑平台 CodeCAST 要为嵌入式系统提供全数字仿真测试环境或测试平台,实现对嵌入式系统进行实时、闭环的系统测试。具体地说 CodeCAST 要为用高级语言(C,ADA 等)编写的嵌入式软件测试提供了有效的、统一的协作平台。在该平台上完成被测软件的分析、运行和测试,最重要的是要实现嵌入式系统外部事件的全数字仿真,使得嵌入式软件就像在真实硬件环境下连续不中断地运行。

2. 工作流程

从嵌入式软件全数字仿真测试支撑平台(CodeCAST)总体结构图可以看出,CodeCAST 的工作流程是:

- 对被测程序进行插桩处理;
- 对被测程序进行静态分析,生成程序理解数据和质量度量数据;
- 装载在开发环境中交叉编译后的被测软件;
- 对被测嵌入式软件程序进行测试;
- 通过全数字仿真模拟端口、中断等外部事件,使被测嵌入式软件程序能够"闭环"运行;
- 对测试结果进行分析,生成测试报告;
- 依据 CodeCAST 的工作流程,CodeCAST 能够满足嵌入式软件开发阶段的内部测试和验收阶段的测试要求,并能够为测试方、被测方及上级主管单位提供可以信赖和再现测试过程与测试问题的测试报告。

3. 主要性能特点

CodeCAST 要为嵌入式软件提供全数字仿真测试的支撑平台,实现对嵌入式系统进行实时的、闭环的系统测试。具体地说,CodeCAST 要为用高级语言/汇编语言(包括混合编程)编写的嵌入式软件测试提供了有效的、统一的协作平台。在该平台上完成被测软件的分析、运行、测试,最重要的是要实现嵌入式系统外部事件的全数字仿真,使得嵌入式软件就像在真实硬件环境下能够连续不中断地运行,并进行系统测试。

(1) 建立嵌入式应用的核心——CPU 的虚拟目标机

CPU 的虚拟目标机实际上就是嵌入式开发应用中大家常用到的 CPU 模拟器 Simulator。由于嵌入式应用千差万别,CPU 的种类和型号多种多样,因此 CPU 虚拟目标机的实现也是各不相同,但它们的核心内容都是相同的。

CodeCAST 虚拟目标机所要完成的任务有:CPU 指令集的解释、CPU 时序的模拟、CPU 端口动作的仿真和 CPU 中断机制的实现等。虚拟目标机中对程序运行性能的计算及时间统计是基于所对应 CPU 的指令周期以及 CPU 的工作主频。这是一个相对量,但它能够指导开发人员优化程序,保证程序的运行性能,而且实际的定时或实时设计就是以它为基础的。

(2) 程序理解与质量分析

程序理解是测试程序、调试程序和维护程序的基础,也是程序质量度量、评估的基础。国外最新研究成果表明,维护和逆向工程工作 70% 的时间花在对系统的理解上。为了帮助软件测试人员进行软件质量评测,知道软件的哪些部分能正常运行,哪些部分应该加以改进,哪部分应该重新实现,哪些部分要重点测试必须首先研究程序的理解技术。

CodeCAST 在程序理解方面要做的工作是解决高级语言程序单元之间的调用关系、被调用关系以及程序单元内部的控制流程关系的表示和图形显示。

软件质量是人们十分关心的问题,但软件质量的评价十分复杂。为了准确地评定软件的质量,首先必须对影响软件质量的各个因素进行量化,然后才能通过定性与定量相结合的方法评价软件的质量。软件分析主要是为软件测试人员提供度量被测软件质量的度量数据,即度量元。

CodeCAST 在软件质量分析方面要做的工作是在国际软件质量标准 ISO/IEC 9126 和权威理论(McCabe 结构复杂性度量)基础上,给出那些严重影响程序整体质量的度量元。

(3) 软件测试

软件测试是检验软件质量,验证软件功能、性能及结构正确与否的重要手段。软件测试涉及到很多测试技术,如结构测试(覆盖测试或"白盒"测试)、功能测试("黑盒"测试)、单元测试、集成测试、系统测试以及回归测试。为完成这些测试类型,需要设计测试用例,编写测试脚本。应用测试用例和测试脚本进行软件测试最大的好处是测试结果可以再现,测试自动化和回归测试能够得到保证。

CodeCAST 的结构测试(覆盖测试或"白盒"测试)是被测软件在 CPU 虚拟目标机运行环境下按照测试要求运行完成的。在正式运行前,要对被测软件在程序理解和分析的基础上进行插桩。在程序运行以后,就可以给出覆盖信息。覆盖测试的结果可在调用图、控制流图上用醒目的颜色标注,或以统计的数据给出。

CodeCAST 的功能测试("黑盒"测试)是通过特定输入或输入序列,检验相关输出或输出序列来测试程序处理或程序处理流程的正确性。

CodeCAST 的单元测试是通过配置程序单元的运行环境或构造程序单元运行的驱动并实际运行该程序单元完成的。基于一组正确的程序单元采取自底向上的方法可进行组装测试或集成测试,最终进行系统测试。

CodeCAST 通过实时获取或改变虚拟目标机的数据和状态来支持测试用例或测试脚本的应用。CodeCAST 支持用国际上流行的高级脚本语言来编写测试用例或测试脚本。单元测试的测试驱动也要用脚本语言来编写。测试的自动化和回归测试环境的建立都可用脚本编程来完成。

(4) 全数字仿真

嵌入式软件通过 CPU 的各种端口与外部硬件发生关联,全数字仿真是针对嵌入式软件而言的。真实 CPU 端口所对应的型号是电信号,嵌入式软件在端口读取或输出的信号则是数据信号。因此,通过对端口 I/O 与中断事件产生的逻辑编程,就能够实现端口、中断或外部事件的全数字仿真。

CodeCAST 提供模拟外部设备产生外部激励信号的机制(全数字仿真),即用脚本语言编写端口事件、中断事件以及其他外部事件的逻辑流程。

(5) 结 论

总之,全数字仿真运行平台 CRESTS/CodeCAST 能够满足软件仿真运行与测试的要求,方便灵活地仿真外部硬件行为,监控程序运行的内部状态,支持软件的覆盖测试和功能测试的需求。

目前,嵌入式软件全数字仿真的思想越来越受到人们的重视,其方法和技术越来越成熟,应用领域越来越广,成功案例越来越多(军事、国防、交通、电子等有大量的应用例子)。特别是仿真和测试脚本语言的出现,为人们编写仿真程序提供了强有力的手段。反过来,脚本语言又很好地促进了全数字仿真概念的普及和应用的推广。

CodeCast 与 TESS 的不同主要在于 TESS 采用非侵入(非干预,不插桩)的基本思想,是指令集模拟并解释执行;CodeCast 的基本思想是在源码中预先插入一些标记,然后再在指令集中模拟执行,大部分功能与非侵入(非干预,不插桩)相同

9.1.2 半数字/半物理仿真测试工具

9.1.2.1 基于仿真目标机的非侵入式嵌入式软件测试工具 CRESTS/TESSC(SHAM)

软件验证设备(Software Verification Facilities,SVF)的目标是提供一个通用的应用程序界面(API),使得这些工具和应用程序可以独立于目标处理器而工作。此外,它也提供了一个非结构化的测试环境的基本原则。

1. TESSC 结构图

TESSC 结构图如图 9.11 所示。

2. TESSC SVF 组成

TESSC SVF 是一个多计算机的环境,包括一个宿主机(一般是一个工作站)和一个软件

嵌入式系统及其软件理论与实践——基于超系统论

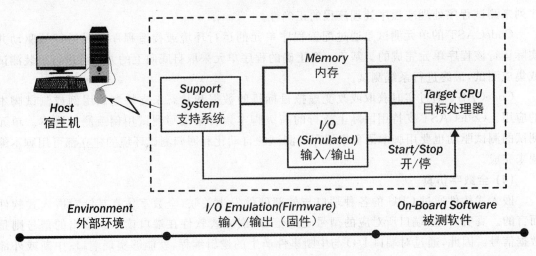

图 9.11 TESSC 结构图

处理构件(Software Handling Module, SHAM), SHAM 包括目标处理器(CPU)的一个复制和一个支持与控制系统。这个目标 CPU 在测试过程中运行软件,支持与控制系统、控制目标 CPU,并仿真低层次的硬/软件接口。工作站用来全面地测试、控制复杂环境的仿真。因为目标 CPU 的类型和软件在测试中的类型是一样的,所以被测软件就不需要重写了。

3. 支持系统 Support System

SHAM 一个最重要的特性是目标 CPU 和所有与它相关联的时间可以被支持与控制系统所控制。这个随时可以停止的方法在目标处理器被释放和由于环境仿真需要时间计算而冻结时,允许实时地运行。来自于目标处理器运行的时间可以认为与仿真的实时时间是相同的,所以它被用来控制整个系统的时间线,因此它可被用来创建一个具有真实功能系统的软件测试环境。

SHAM 的支持与控制系统可以不需要指令来监视所有软件测试细节,为了支持被测试中软件的观察,这里提供了一系列的功能:

- 断点可以被设置在目标 CPU 的所有内存和 I/O 地址空间的位置;
- 断点可以区分读和写访问,也能区分数据和指令的区别;
- 断点可以按照模拟的实时进行设置;
- 跟踪最后一个 1K 总线循环的缓冲区;
- 在独立位置层次上的内存访问检测。

4. C/S 结构

SHAM 的属性使得可以在宿主机上使用测试工具和仿真模型,测试和仿真对于 SHAM 遵从 Client/server 的概念。由于 SHAM 和 HOST 使用了同一个应用程序界面(API),用户可以自由地建立仿真模型,使得它更加有效。

5. 主要的技术特性

SHAM 主要的技术特性如下:

- 模拟所有 I/O;

第9章 理论结合实践——工具平台及其实施

- 在软件测试中不需要任何设备；
- 对所有内存的 I/O 可以设置断点；
- 故障注入；
- 覆盖率分析；
- 跟踪缓冲区(反跟踪/逻辑分析)；
- 实时测试，系统可以重用。

6. 对 CPU 的控制

宿主界面使得 SHAM 可以通过总线被宿主系统所控制。宿主机可以进入 SHAM 的内存映射，使得宿主机不仅可以完全控制支持系统的微控制器，而且可以控制目标机 CPU 环境。

7. TESSC 的广泛使用

计算机中的嵌入软件日趋复杂且数量庞大，TESSC 是基于目标处理器的 Processor-in-the-loop 的仿真软件验证设备，已经形成一系列产品。在太空应用中，已经支持了一系列处理器应用。

SHAM 系统已经广泛应用到国内的各种卫星项目中。从项目前期的系统仿真、系统设计，系统调试，系统验证、到系统的后期维护都发挥了重要的作用。在各种项目的前期仿真工作中，SHAM 都是一个重要的元素，可以在项目前期精确设计卫星的功能；在系统详细设计阶段 SHAM 作为各种空间项目中星载计算机主要仿真系统，在软件的开发调试上极其重要；在星机、弹载软件系统测试与验证阶段 SHAM 也是最重要的测试设备之一。引进 SHAM 系统，应用基于 SHAM 的体系结构，可进行系统仿真，星(机、弹)载软件开发和星机、弹载软件测试。

9.1.2.2 基于仿真目标机的侵入式嵌入式软件测试工具 CRESTS/SCT-Cast

CRESTS/SCT-Cast 与 CRESTS/TESSC 构造、功能类似，不同之处只是 CRESTS/TESSC 是非侵入式，CRESTS/SCT-Cast 是侵入式。

9.1.2.3 基于真实目标机的非干预式嵌入式白盒测试工具 CRESTS/RT-TEST

1. 主要用途

CRESTS/RT-TEST 提出一种新的技术途径来解决嵌入式软件单元测试、覆盖测试中要求不插桩的关键技术问题，同时能在嵌入式软件调试环境下利用高级符号调试技术、外部事件全数字仿真技术以及其他相关技术实现嵌入式软件的覆盖测试、单元测试、集成测试和系统测试等功能。并支持测试用例的加载和测试过程的自动化，实现对嵌入式系统进行实时、闭环的和非侵入式(不插桩)的系统测试。

2. 需 求

以 TI DSP 为例，目前 DSP 的开发环境包括 DSP 仿真器、目标板和 CCSx.0 开发环境，现有的环境只能进行开发和调试，尚无法进行单元测试和组装测试。

传统的软件覆盖测试一般都是借助于插桩的方法实现的。插桩使得被测软件的代码膨胀。这对于资源紧张、代码紧凑、实时性强以及软件与硬件紧密相连的嵌入式软件来说，对测试带来很大的不准确性影响。而这让国内嵌入式应用大户——军工、国防企业(如航空、航天、船舶、兵器等)在进行嵌入式软件测试时无法忍受。代码膨胀有可能导致系统错误(被测程序设计中的代码和数据分配受到影响)、时序错误(被测程序的中断与端口输入/输出的时序延时),甚至逻辑错误;而且代码膨胀还影响软件运行的真实性和实时性,影响软件的实时跟踪和测试。

另外,对嵌入式软件进行覆盖测试、功能测试或系统测试需要有测试用例的驱动和外部事件的激励。传统的嵌入式软件覆盖测试工具或"白盒"测试工具共同的问题是测试用例驱动和外部事件激励很难引入,即中断事件、端口输入/输出事件以及其他相关事件无法按应用的逻辑时序产生,无法构造能使被测软件闭环运行的测试环境;传统的功能测试工具或"黑盒"测试工具辅助构造被测软件运行平台的外围硬件环境或工作环境,通过仿真外围设备和外围电路的真实信号,为嵌入式系统提供仿真测试环境,实现对嵌入式系统进行实时、闭环的、非侵入式(不插桩)的系统测试,当前这些"黑盒"工具与"白盒"工具是分离的,很难满足嵌入式软件既要进行"白盒"测试还要进行"黑盒"测试的"灰盒"测试需求。

3. 设备主要技术性能指标

CRESTS/RT-TEST 在高级符号调试技术的基础上为嵌入式软件提供半实物的仿真测试支撑平台,实现对嵌入式软件进行实时的、闭环的、非侵入式(不插桩)的系统测试。具体地说本项目利用高级符号调试环境为 DSP 5416 处理器上高级语言 C 编写的嵌入式软件测试提供了有效的、统一的协作平台。

在该平台上完成被测软件的分析、运行、测试,最重要的是实现了嵌入式系统外部事件的全数字仿真,使得嵌入式软件就像在真实的运行环境下能够连续不中断地运行,并进行系统测试。

4. 工作流程

工作流程如下:
- 对被测软件的程序进行语句行处理;
- 交叉编译、连接被测程序,生成含有调试符号信息的可执行目标程序;
- 装载在开发环境中交叉编译后的可调试目标程序;
- 对被测程序进行静态分析,生成程序理解数据和质量度量数据;
- 对被测嵌入式软件程序进行测试;
- 通过 JTAG 接口或串口与目标机进行通信与控制;
- 通过全数字仿真模拟端口、中断等外部事件,使被测嵌入式软件程序能够"闭环"运行;
- 对测试结果进行分析,生成测试报告;
- 依据上述工作流程,CRESTS/RT-TEST 能够满足嵌入式软件开发阶段的内部测试以及确认与验收阶段的测试要求,并能够为测试方、被测方及上级主管单位提供可以信赖和再现测试过程与测试问题的测试报告。

5. 设备系统原理

设备系统原理图如图 9.12 所示。其基本架构如图 9.13 所示。

第 9 章 理论结合实践——工具平台及其实施

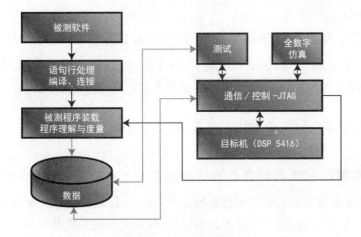

图 9.12 设备系统原理

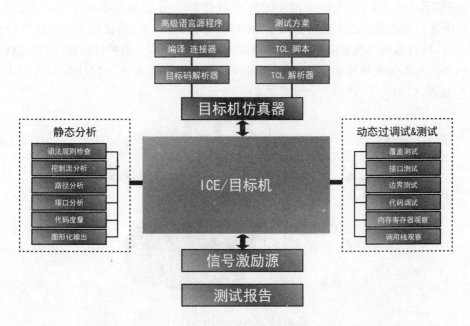

图 9.13 基本架构

9.1.2.4 基于真实目标机的干预式嵌入式白盒测试工具 CRESTS/RT - Cast

CRESTS/RT - Cast 与 CRESTS/RT - TEST 构造、功能类似,不同之处只是 CRESTS/RT - Test 是非侵入式,CRESTS/RT - Cast 是侵入式。

9.1.2.5 基于原型目标机半数字仿真非干预嵌入式软件测试 CRESTS/Pro - Test

借用快速原型机的概念,CRESTS/Pro - Test 原型目标机,其 CPU、内存是真实的;原型机要构造尽可能多样化和冗余的接口(不一定真实现),外围激励是全数字仿真的。原型目标机对真实目标机是冗余的,端口的输入输出(外围激励)是数字仿真的,是通过像基于真实目标机的非干预式嵌入式白盒测试工具 CRESTS/RT - TEST 一样的方法对其的读写操作而实现的。其功能与 CRESTS/RT - TEST 类似,为嵌入式软件测试提供了一个测试板(类似开发板

Developing Board)。

9.1.2.6 基于原型目标机半数字仿真干预嵌入式软件测试 CRESTS/Pro – Cast

CRESTS/Pro – Cast 与 CRESTS/Pro – TEST 构造、功能类似,不同之处只是 CRESTS/Pro – Test 是非侵入式,CRESTS/Pro – Cast 是侵入式。

9.1.3 嵌入式在环的全物理仿真测试工具

9.1.3.1 硬件辅助在线实时白盒测试测试工具 CRESTS/H – Test

在嵌入式开发领域迫切需要采用合适的工具,从单元、集成、系统、现场等各个阶段,对用户真实的目标系统软件进行实时在线测试和分析,保证系统的性能和可靠性。

CRESTS/H – TEST 采用的是嵌入式插桩技术,是专为嵌入式开发者设计的高性能测试工具;CRESTS/H – TEST 广泛应用于嵌入式软件静态分析和动态测试中,CRESTS/H – TEST 采用硬件辅助软件的系统构架和专用的源代码插桩技术,用适配器或探针直接连接到被测试系统,从目标板总线获取信号,为跟踪嵌入式应用程序,分析软件性能,测试软件的覆盖率以及内存的动态分配等提供了一个实时在线的高效率解决方案。它分为 HWIC 和 SWIC 两种工作方式,如图 9.14 所示。

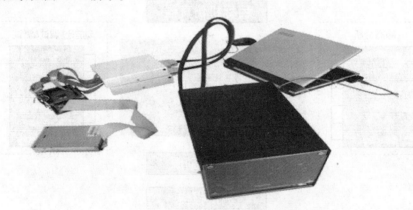

图 9.14 CRESTS/H – TEST

针对总线开放的被测系统,可以将适配器连接到被测目标机 CPU 总线上进行数据信号采集、分析;如果目标系统没有可以连接的 CPU 总线,则可以采用 SWIC 的方式,采用能与系统进行通信的端口(网口等)进行交互,完成对目标程序的分析。

图 9.15 为 H – TEST 采集方式(通过飞线方式)。

程序静态分析与检查功能:
- 程序分析与检查功能支持代码编程规则检查,并对影响程序结构化的代码进行警告;
- 提供程序控制流图、程序控制流轮廓图、程序调用树、程序被调用树和程序危害性递归等。
- 给出度量程序质量的多种度量元,如 McCabe 的圈复杂度,程序跳转数,程序扇入/扇出数、程序注释率、程序调用深度、程序长度、程序体积、程序调用及被调用描述等。控制流图和调用图如图 9.16 和图 9.17 所示。

第9章 理论结合实践——工具平台及其实施

图 9.15　H－TEST 采集方式（通过飞线方式）

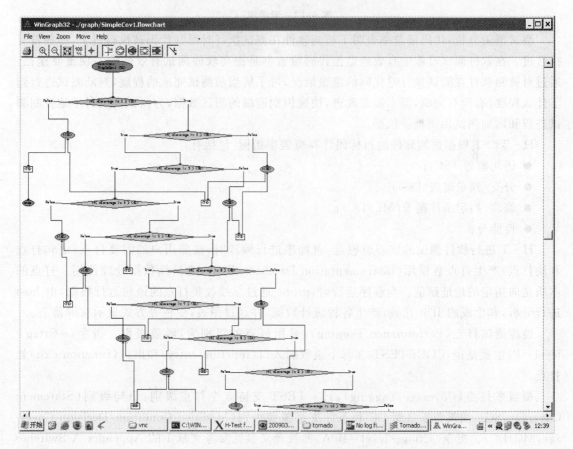

图 9.16　控制流图

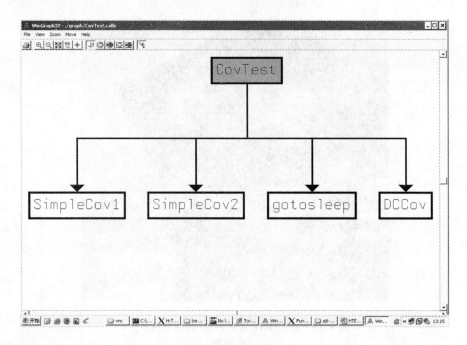

图 9.17 调用图

测试覆盖分析:代码覆盖率表明了被测软件在测试执行时哪些代码被执行过了,哪些没有执行过。在软件测试过程中有效地监控代码覆盖率是提高软件测试有效性的一项重要途径。通过对被测软件在测试执行时代码的覆盖情况,可了解当前测试完成的程度,判断测试进行到了什么程度,有没有完成,需不需要改进,快速识别遗漏的测试数据,为测试人员科学地控制测试进程和增加测试用例提供依据。

H-TEST 根据被测软件的目标码计算覆盖率指标,包括有:

- 语句覆盖(SC);
- 分支/判定覆盖(DC);
- 修改/判定条件覆盖(MC/DC);
- 性能分析。

H-T 进行软件测试的核心思想是:对程序进行编译时,按照用户的需要打点(语句打点和块打点)产生打点数据库(Instrumentation Database,IDB),为后续数据处理使用。打点的本质是向指定的地址赋值。当程序运行时,probe 通过总线收集打点的语句运行数据,由 host 进行分析,和生成的 IDB 比较,产生各种统计数据,并通过图表,变色等方式显示在屏幕上。

性能测试打点(Performance Tagging),采用打点的级别为:函数级别。指令:-Cttag-level=P,也就是说,CODETEST 在每个函数的入口(function entry)和出口(function exit)处打点。

覆盖率打点(Coverage Tagging),H-TEST 支持 3 个打点级别:语句级别(Statement Coverage,SC),决策覆盖级别 DC 和条件决策覆盖级别(Modified Condition/Decision Coverage,MC/DC)。指令-Cttag-level=B/A,参数含义参见参考文献 1 的 Appendix A Switches (Switches)。

内存测试打点(Memory Tagging),打点后,当程序中调用内存时,H-TEST 用自己的程序取代程序中的调用内存函数(malloc,calloc 等)。当调用发生时,往数据端口(data_port)和控制端口(ctrl_port)写一个标签和调用分配的最大值,当错误发生时,H-TEST 就可以指示错误信息和诊断信息。

实现原理图如图 9.18 所示。

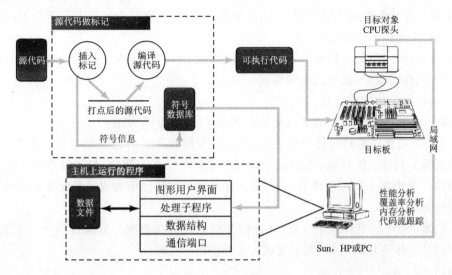

图 9.18　实现原理

对于嵌入式实时系统来说,性能指标是至关重要的,优化性能是指在系统资源(如内存容量,CPU 时钟频率)不变的情况下,采取相应的措施(如优化关键算法,优化调用接口,修正任务的优先权)来提高系统的响应速度,执行效率等。

性能分析为优化性能提供科学依据,它主要是对模块调用关系和分支调用频度进行跟踪检测,实时地显示它们的执行时间和调用的次数等信息,以便较容易地发现系统的瓶颈。

H-TEST 可以完全精确的同时监视整个应用程序,探测程序执行的瓶颈所在,时间误差不大于 10 ns。因此它可以监控大型程序中每一个子程序的执行。H-TEST 可以精确计算出每个模块的执行时间,并能够列出其最大、最小和平均以及累计执行时间。H-TEST 的性能分析能够为嵌入式应用程序的优化提供依据,通过优化关键函数的运算法则,调整优化调用接口,使软件工程师可以有针对性地优化某些关键性地函数或模块,以及改善整个软件的总体性能。

可同时测量的模块数量不受限制,生产率提高,再也不用凭猜测进行局部测量,不用多次进行复杂枯燥的设置和测量。全程跟踪方式,收集全部数据,精确度高,一次可以同时测量多达 128 000 个函数。非采样方式采集,收集全部数据,完全精确;同时监视整个程序,不用凭猜测选择测量部分;上下文相关跟踪,时间误差不大于 10 ns;易于理解;以不同的级别显示性能数据(函数级、任务级);组织严密的性能数据显示简明易读。动态内存分配分析。

H-TEST 能够实时监视目标代码的动态内存分配信息,显示每个函数、每个内存分配点的内存分配和释放情况,同时监视动态内存分配的错误。分析统计动态内存的使用情况,分配、释放信息,分配的最大值和当前值。可以快速准确确定内存泄漏问题,确定是哪个函数,哪一行代码引起的。对改善优化内存分配策略提供强有力的决策依据。

- 提前故障警告:动态内存分配分析,识别内存漏洞,查出无用的内存区域,知道真正的

内存分配情况;
- 可视化内存错误提示:当出现错误时,识别精确的逻辑关系,准确地识别每一个错误,精确定位内存错误;
- 信心:在程序运行失败之前,侦测问题所在;
- 了解内存分配的真实情况:测量内存的使用情况,发现对内存的不正常使用,在系统崩溃前,发现内存泄漏错误;
- 发现内存分配错误:精确显示发生错误时的上下文情况,指出发生错误的原由,无需做痛苦的代码跟踪,就可以发现错误;
- 在问题出现前发现征兆;
- 追踪功能:H-TEST 提供代码追踪和变量/地址追踪功能。

H-TEST 对程序实际运行过程进行记录,以了解程序运行的实际情况。该工具可以从两个不同的抽象层次:① 高级,函数执行的入口和出口。② 源码级,显示每条执行过的语句。提供在跟踪记录中单步模拟程序的运行,显示函数的调用链。最大跟踪深度没有限制(仅受硬盘的容量限制)。

H-TEST 还可以对程序中变量/地址的变化情况进行追踪。追踪过程中记录的内容包括:变量/地址发生变化的时间,发生变化时正在执行的代码。

总的特点如下:
- 利用上述追踪功能,可以大大提高软件开发人员的工作效率;
- 使用专用软件插桩技术,插桩膨胀率小(1%~15%);
- 不占用目标系统资源(无需在目标板上运行监控软件);
- 采集速度达到 10 ns,也就是支持总线采集频率 100 MHz;
- 采集数据非常准确;
- 与 CPU 类型无关;
- 与编译器(开发环境)无关;
- 可在 cache 打开方式下工作;
- 强大的性能分析,一次可以同时测量多达 128 000 个函数;
- 强大的覆盖率分析,支持 SC、DC、MC/DC 级的覆盖;
- 强大的内存分配分析;
- 数据流跟踪功能,跟踪深度达到 500 K;
- 可显示函数的调用、被调用关系,动态显示软件的运行流程;
- 图形化的分析结果输出:CRESTS/H-TEST 以图形化的方式自动产生程序调用(被调用)图、控制流图及轮廓图等,以程序动态运行后对控制流图自动着色的方式直观表示语句、分支、路径的覆盖;
- 支持各级别、全过程测试:CRESTS/H-TEST 支持单元级、部件级、集成级、系统级、现场的测试以及软件全寿命周期各阶段的回归测试,测试结果的自动累加;
- 专为嵌入式软件分析测试设计,而不是硬件产品的一项附加功能。

9.1.3.2 快速原型机嵌入式软件测试平台 CRESTS Protype

借用实时仿真中快速原型机的概念,快速构造嵌入式软件运行的目标机原型机,原型目标机要构造尽可能多样化和冗余的接口,即原型目标机对真实目标机是冗余的。

1. 仿真原型机系统构建

仿真原型系统根据目标机的构造,提供基于工业标准总线(PXI 总线、CPCI 总线、VME 总线和 VXI 总线)的开放式、易扩展、多用途、具有较高自动化水平的实时仿真目标机。仿真系统使用仿真工具建立仿真模型,并下载到仿真原型机的实时操作系统中运行,最后通过实际的 I/O 硬件板卡来完成信号的输入和输出,以实现被仿真对象与测试对象的物理连接。仿真原型系统要包容目标机 CPU 和 I/O。

硬件在环测试系统结构如图 9.19 所示。

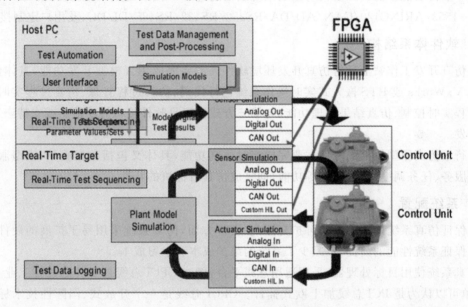

图 9.19 硬件在环测试系统结构

2. 在该平台建立测试系统的步骤

- 采用模型开发工具建立系统的初步理论模型;
- 根据用户初步需求,建立与目标系统一致的仿真原型系统硬件配置;
- 模型下载到仿真原型系统实时操作系统中运行;
- 对仿真原型系统进行评估,分析、完善目标系统需求;
- 重复以上步骤,直到全面实现用户的需求,仿真原型系统成为目标系统的 1.0 版本。

3. 特 点

- 复杂系统仿真的全过程支持;
- 支持实时动态参数调整;
- 仿真模型代码的自动生成,(或已有代码)编译下载;
- 强大的仿真模型管理体系;
- 实时内核;
- 多种常用总线和 I/O 接口的支持;
- 特殊或非标设备接口的扩展支持;

- 方便简捷的仿真环境配置。

4. 硬件体系结构

仿真原型系统的硬件体系结构是由仿真开发工作站和仿真原型机两部分组成,仿真原型系统的硬件配置又可以分为便携式配置和固定型配置两种。仿真开发工作站是一台高性能PC,主要面向用户,用于进行模型或软件开发工作,模型中的动态参数调整。仿真原型机运行于裸机或实时操作系统 RTOS 下,主要完成实时仿真任务,驱动整个仿真模型(被测代码)的正常运行。仿真开发工作站和仿真原型机之间的通信通过以太网来完成,支持模型数据的动态下载和上传功能。仿真原型机与激励系统通信通过 I/O 接口完成,目前支持的 I/O 有 MIL-STD-1553/ARINC429/CAN/AD/DA/RS232/RS422/RS485/DI/DO,及用户定制接口等。

5. 软件体系结构

在仿真开发工作站上运行仿真开发环境软件。主要完成仿真模型开发功能,具体包括自动生成 VxWorks 或 ETS 嵌入式实时操作系统运行代码、仿真过程管理、仿真过程实时监视、仿真过程实时控制、仿真结果处理功能、与第三方建模工具软件接口等功能。或支持嵌入式软件的开发。

运行于仿真原型机上的软件主要完成实时仿真功能,具体又包括数据服务、模型服务、异常处理服务、任务调度、接口驱动等功能,即完成仿真目标机的特性。

6. 系统配置

为保证仿真系统的通用性和可扩充性,在硬件方面,仿真系统采用易于扩展的硬件平台,这样在保证系统性能的前提下,减少了系统的维护成本和学习成本。

仿真系统使用目标处理器,采用通用总线平台,例如 CPCI 总线是 PCI 总线在工业上的扩展,简单可以认为是 PCI 总线加上欧式插针。CPCI 总线是一个开放式、国际性技术标准,由 PCI 总线工业计算机制造商组织(PCI Industrial Computer Manufacturers Group,PICMG)负责制定和支持。

7. 仿真系统控制软件包

仿真系统控制软件包是仿真系统专用软件包,实现仿真系统的控制和管理功能。软件包可支持 Matlab/MATRIXx/Labview 建模,并能自动生成在 VxWorks/ETS/ETS 操作系统上运行的源代码,同时对整个仿真过程进行监视和控制,以保证仿真的顺利进行和仿真结果的准确性。

8. 主要功能

- 自动生成 VxWorks/ETS/ETS 嵌入式实时操作系统运行代码;
- 当用户使用 Matlab/MATRIXx/Labview 开发模型后,可以使用仿真系统控制软件包提供的 Matlab/MATRIXx/Labview 工具自动生成实时代码,并下载到仿真系统 CPCI 硬件平台上运行,控制硬件平台的硬件输入输出。这样可以使得用户只要专注于模型设计和模型运行效果,从而提高开发效率;
- 仿真过程管理:仿真系统控制软件包能引导用户完成从数学建模到最终建立半实物仿真系统的全过程,用户只需要通过简单的操作就可以实现整个过程;

- 仿真过程实时监视:仿真系统控制软件包提供仿真过程数据的实时监控,使用软件包工具用户可以方便地、以多种形式实时观察仿真系统在运行过程中变量的变化过程,可以随意指定需要观察的模型变量,并指定相应的显示方式;
- 仿真过程实时控制:仿真系统控制软件包提供对仿真过程中仿真参数的实时修改,通过参数的修改用户可以改变仿真流程,并人为的模拟故障信息;
- 仿真结果处理功能:仿真系统控制软件包支持对仿真数据的事后分析处理,数据可直接导入 Matlab/MATRIXx/Labview 产生对应曲线和图形结果,并支持第三方的海量数据处理软件 Excel 等,处理结果可为用户直接生成相关文档;
- 支持 Matlab/MATRIXx/Labview 仿真平台。

9.1.3.3 嵌入式软件仿真测试系统 EASTsys

嵌入式软件仿真测试系统(Embedded Applications Simulation Testing System,EASTsys)是针对嵌入式系统及其软件测评需要进行实时在线测评工作的需求,根据配置的不同,对型号内各嵌入式系统及其嵌入式软件进行测评的一体化设备。

1. 主要用途

- 对多种嵌入式中相关计算机电子控制系统进行有效的系统测试、检测及监控,尤其适用于系统级的软件确认测试和验证测试,包括嵌入式软件测试控制工具、仿真模型开发工具、测试结果分析工具、实时仿真机、I/O 设备等;
- 在真实环境下进行系统、软件的实时确认测评,从而对系统、软件要求的实时性、健壮性进行准确的测评;
- 通过对真实情况的模拟,不仅降低了危险性和成本,同时还能详尽地记录待测系统、软件的每一步操作,并能在事后通过考评待测系统、软件对不同情况的反应和处置是否正确、合理,以此确定待测系统、软件是否合格。通过测试脚本和仿真模型提供的场景,借此可以发现系统、软件中潜在的缺陷,提高系统、软件的可靠性;
- EASTsys 的设计充分考虑了现行系统、软件测试工具在软件测试工作中的使用,结合嵌入式系统、软件测试的一般方式,从实际测试工作的要求出发;在提高整个系统的通用性和可扩展性同时,保证系统、软件测评平台的可靠性,可以满足客户对嵌入式系统、软件测评的需要。

2. EASTsys 系统功能

嵌入式仿真测试系统的功能如下:

- 根据被测系统、软件的需要,模拟现场总线系统上的数据,可以给被测软件提供除自身外的所有来自总线的激励;
- 根据被测对象的不同,提供除总线以外的各种电信号激励源;
- 对现场总线的运行状态进行实时监测和分析;
- 提供良好的人机交互界面,对实时在线测评平台各设备进行控制,完成系统、软件测评,提供各种系统、软件测评所需要的用例;
- 完成软件系统、测评过程中,各项测评用例和任务的实时调度,保证系统、软件测评所需要的实时性。

3. 详细设计

嵌入式系统、软件仿真测试系统是一个以局域网为基础的集中数据管理、分布数据处理系统。它由实时仿真机、I/O系统、软件测评控制模块、测试结果分析工具、总线仿真和总线监控模块、实时调度模块组成。

嵌入式系统、软件仿真测试系统以高可靠性、高稳定性的服务器作为实时在线测评的测评数据交换中心,所有测评数据均在服务器中进行存储。

在进行嵌入式系统、软件仿真测试时,测评过程由软件测评终端进行控制,各前端设备均可由软件测评终端进行设置,同时各前端设备实时采集的数据和分析结果均可以在系统、软件测评终端上进行显示,各前端设备产生的测评用例由测评终端发出。

(1) 设备框图

嵌入式仿真测试系统的设备选型和设计中尽量采用了通用和高可靠性的技术,并结合标准接口进行设计,可以提高嵌入式仿真测试系统的通用性、可移植性并保证了平台具有一定的扩展性。图9.20为嵌入式仿真测试系统的设备框图。

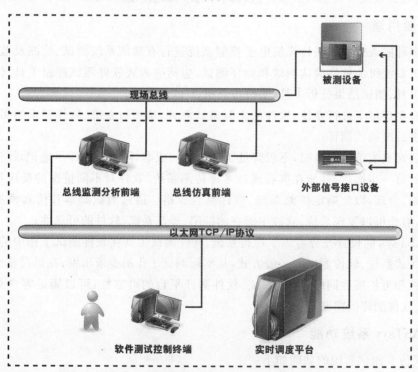

图9.20 实时在线测评平台(即嵌入式软件仿真测试系统)设备框图

(2) 对外接口设计

嵌入式仿真测试系统主要有两类接口,一类为现场总线接口,另一类为被测嵌入式系统、软件载体提供的各类电信号接口。

此嵌入式仿真测试系统的设计以现场总线为总线,因此嵌入式仿真测试系统的现场总线接口为总线接口,此接口的硬件设计须与被测设备接口一致。

由于被测设备中嵌入式接口较多,各嵌入式载体的电信号接口各不相同,在对外接口设计中需要兼顾各接口。其中因测评时各外部敏感器的激励信号的产生与其动力学模型密切相关,本方案中对软件载体的电信号接口不做描述,进行此系统、软件的实时在线测评时,须有相关设备进行配合。

(3) 总线仿真

总线仿真前端采用例如基于 PXI 总线的高可靠性工控机,是 PXI 机箱在一个系统中提供了 PXI 外围卡槽。所有的 PXI 插槽中均提供了 PXI 标准中规定的内部 10 MHz 参考时钟以及星形触发,PXI 触发总线和 PXI 局部总线。

PXI 机箱均备有工业级 ATX 电源,为系统提供经济可靠的电源。机箱的报警模块监视电源供电的状态、温度和冷却风扇的状态。一旦检测到错误,LED 和蜂鸣器将开始工作。故障风扇可以从前面板取出,并支持热插拔,这可以有效地降低了平均修复时间。

(4) 总线监测分析前端

总线监测分析前端与总线仿真前端硬件设计相同。

(5) 外部信号接口设备

外部信号接口设备采用的平台与总线仿真前端相同,也采用 PXI 机箱,并配置 PXI 系统控制器。根据目前的软件测评对象,外部信号接口设备需要配置的板卡类型有数字量 I/O 卡、模拟量 I/O 卡。

(6) 总线电缆

按照实际使用的总线接口形式加工软件测评用的总线电缆和转接电缆。

(7) 网络支撑设备

嵌入式软件仿真测试系统局域网使用工业标准的快速以太网和 TCP/IP 协议,为整个系统提供标准的互连硬件和软件接口,最大限度简化各测评设备之间的接口,并提供最大的拓扑灵活性,保证了系统具有较大的可扩展性。网络设备包括快速以太网路由交换机、网络布线。

(8) 软件设计

嵌入式软件仿真测试系统的软件由实时调度软件、软件测评控制软件、总线仿真软件和总线监测分析软件、外部信号接口设备控制软件 4 部分组成。上述软件采用统一的软件网络接口要求,便于功能的扩展和软件的开发调试。

实时调度软件:通过快速以太网,从前端和外部接口设备接收数据,保存入数据库,同时送软件测评控制终端。主要功能如下:

- 实时工作状态下,接收前端和外部接口设备形成的各种数据包,处理后保存入后台数据库,并将上述数据包转发至软件测评控制终端;
- 实时工作状态下,接收并记录软件测评终端上测评人员发出的控制指令,如前端或外部信号接口设备配置参数、测评启动指令、测评用例指令、模拟测评数据,处理后保存入数据库,并将上述内容转发至相应的前端和外部信号接口设备;
- 事后分析回放状态,按照软件测评终端需要从数据库中检索测评数据,发送到测评终端,以便于测评人员进行数据分析和撰写测评报告;
- 使用标准的 TCP/IP 协议与其他计算机通信。

软件测评控制软件:在软件测评控制终端上运行,操作系统为 Windows 2000/xp/2008,主要功能如下:

- 实现软件测评人员用户的登录、身份认证、退出等基本操作;

- 接收实时调度平台传来的各类前端和外部接口设备数据；
- 根据各种敏感器等测量系统参数处理公式，将部分实时源码数据处理成相应的各种敏感器等测量系统参数；
- 接收总线监测分析前端发来的总线数据，并分类处理和显示；
- 可按软件测评人员的需求，回放某个时间段的数据并处理显示；
- 软件测评人员可通过界面发送遥控指令和注入数据；
- 显示发送遥控指令或注入数据的名称、代号和时间；
- 提供友好的控制界面，完成对各前端和外部接口设备的控制；
- 根据用户需求，打印某个页面。

总线仿真和总线监测分析软件：运行在总线仿真前端上，操作系统为 Windows 2000，主要功能如下：

- 设置和初始化总线卡；
- 按照总线应用层协议的要求实现对总线上各智能终端的模拟，具备自检测功能；
- 可以根据当前的软件测评对象，设置总线上各模拟单元的激活情况，激活设备可以任意组合；
- 如果被测软件为管理软件，总线仿真软件不需要模拟输出测帧，其他软件进行测评时，总线仿真软件需实现各种敏感器等测量系统数据组帧的功能，并将各种敏感器等测量系统数据作为测评数据发送给实时调度平台；
- 如果被测软件为管理软件，总线仿真软件不需要接收从软件测评终端发来的注数包，并模拟总线发出的注入数据，其他软件进行测评时，总线仿真软件需具备此功能；
- 具有本地控制和远程控制的功能，可通过软件测评控制终端实现对其远程控制，本地控制状态下，须对数据进行完整的保存；
- 提供友好的操作界面。

外部信号接口设备控制软件：运行在外部信号接口设备上，操作系统为 Windows 2000/xp，主要功能如下：

- 根据测评对象的不同，对外部信号接口设备进行不同的设置，以完成模拟被测软件外部接口的功能；
- 根据各类板卡的初始化；
- 根据测评对象的不同，对被测对象所需要的外部激励进行模拟，提供足够通道数的 I/O；
- 管理软件进行测评时，外部信号接口设备须能够将各种敏感器等测量系统数据发送给服务器；
- 管理软件进行测评时，外部信号接口设备提供串行数据接口，模拟注数通道向管理单元注入数据；
- 具有本地控制和远程控制的功能，可通过软件测评控制终端实现对其远程控制，本地控制状态下，须对数据进行完整的保存；
- 提供友好的操作界面。

9.1.3.4 Pro–TESTsys

此系统由仿真原型机系统 Protype 和嵌入式软件仿真测试系统 EASTsys 两部分组成。

9.1.4 复杂系统工具

复杂仿真系统提供一套完整的嵌入式系统全生命周期解决方案,提供统一的开放接口,完成嵌入式系统的整个运行环境的建设,实现外部场景仿真、端口设备仿真、故障注入模拟、白盒测试分析、快速精确的故障定位、可视化的监控终端等功能。网络和物理拓扑分别如图 9.21 和图 9.22 所示。

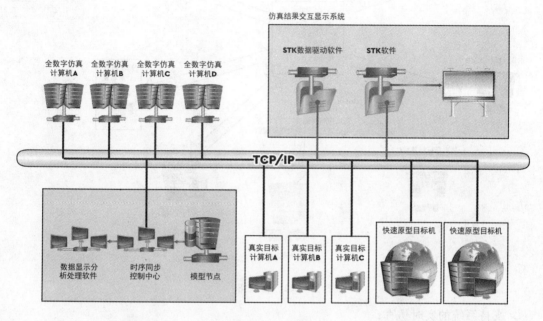

图 9.21 网络拓扑

1. 协同仿真工具 CRESTS/CoSim

(1) 需要在桌面环境下为测试软件提供外围环境;
(2) 支持模块化、可重用、可重构;
(3) 可尽早和更广泛的在工程项目各阶段进行模拟仿真;
(4) 支持全数字,半物理、全物理模式;
(5) 支持实时模式;
(6) 支持分布式;
(7) 支持任务调度和时序;
(8) 复杂环境建立;
(9) 成本低。

CoSim 特点如下:
➢ 支持 Matlab/MATRIXx 模型的导入;
➢ 支持 Matlab/MATRIXx 模型的封装;
➢ 支持对模型的编辑和修改;
➢ 支持对导入的模型仿真运行时参数的在线修改;

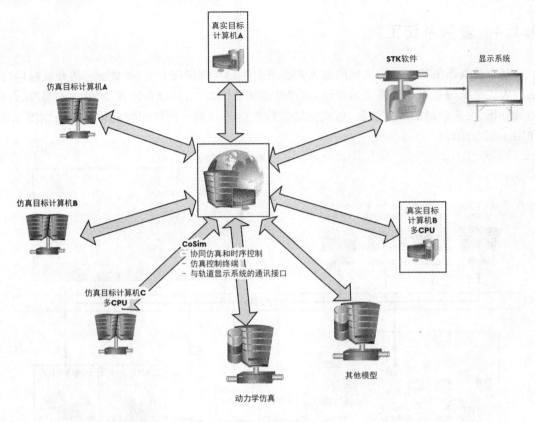

图 9.22 物理拓扑

- 支持系统的实时仿真；
- 支持系统的时序控制；
- 模型的独立运行，不依赖于原来的运行环境；
- 支持自动化回归测试，包括记录、修改自动化记录文本；
- 支持模型数据显示；
- 支持全数字虚拟仿真目标机；
- 支持全数字模型外部设备自定义仿真，输入设备和输出设备（I/O，AD/DA，串口，CAN 总线，1553B 总线等）；
- 支持 VtsysSim 软件。

复杂系统实现原理如图 9.23 所示。

2. 工作流创建工具 VtSysSIM

VTsysSIM 是嵌入式仿真过程中外围数据激励仿真工具，是为了满足嵌入式仿真中黑盒、白盒仿真的需要推出的；主要体现在对嵌入式外围接口的仿真，如串口、并口、A/D 等接口，并支持二次开发接口仿真具体设备；可与科锐时虚拟样机、CoSim、EASTsys 中的一种或几种结合起来组成嵌入式软件仿真测试解决方案；采用可视化的人机界面，产生嵌入式软件运行的各种激励，适合嵌入式软件的系统测试；在功能体系上 VTsysSIM 分为全数字和半物理两种方式。

模型封装过程

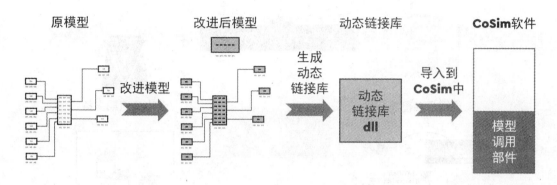

图 9.23 复杂系统实现原理

可根据项目需要手动添加相应的端口配置模块,配置各端口的数据项,并自动生成操作界面;数据图形、数据表格等多种显示方式,方便测试人员观察测试结果;针对目标机或仿真目标机的测试需求,可使用多种形式测试用例;测试用例的管理,包括保存和删除等功能;以测试用例为单位进行用例保存;以测试方案中的测试用例名称进行保存,方便检索和进行回归测试;测试数据的记录、回放和分析;多种方式显示测试数据的输出,以图表、曲线等形式输出;测试数据以文件方式保存,并输出到数据库中,方便进行统计分析;提供故障注入接口,如边界值、异常值及非法性注入等;采用 TCP/IP 网络通信方式交互数据。

9.1.5 嵌入式工程人/机/物管理工具

本小节介绍基于需求导向的嵌入式开发/测试平台 CRESTS/REGuide Validate,如图 9.24 所示。

以嵌入式软件为例:
- 基于需求导向的嵌入式软件测试;
- 设计(验证)、开发、测试一体化。

1. 需求导向的重要性

在开发/测试过程中,检查需求是否全部实现,找出需求与实现源码间的不同,相对应错误可能有需求没有源码,或者有源码而没有对应的需求。要确认需求的高一致性实现就要建立起需求与源码间的双向自动追溯机制。

在回归测试过程中,不知道修改了源码后,要涉及到哪些测试用例;在软件变更过程中,需求改变了,也不知道要涉及到哪些源码;在纠错过程中,需要修改源码模块时,也不知道会涉及哪些需求的实现。总之,需求与源码中任何一个改变了,都可能引起需求与源码间的不一致性错误。图 9.25 为嵌入式软件全寿命周期示意图。

2. 目 标

基于需求导向的嵌入式软件开发/测试平台 CRESTS/REGuide Validate 通过调试和测试

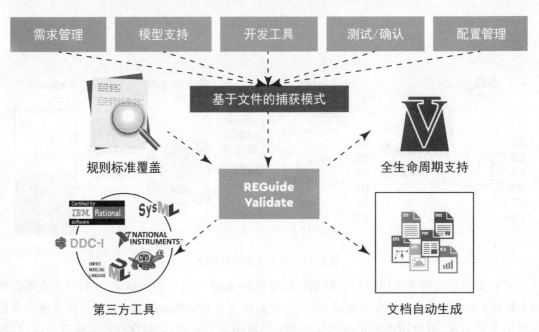

图 9.24　基于需求导向的嵌入式开发/测试平台 CRESTS/REGuide Validate(RV)

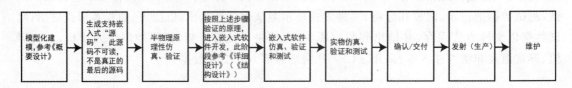

图 9.25　嵌入式软件全寿命周期示意图

嵌入式软件,确认需求与源码之间是否一致,实现源码、测试用例和需求之间的双向多级自动追溯,即实现了需求说明书和各对应文档与源代码之间链接的自动化、多级双向相互追溯的自动化,以及其更新的自动化。

3. 实现方式

通过测试用例与可被测试到的源文件、类、模块、程序分支的对应关系,分析技术建立的对应关系,完成编码和测试执行后实际上存在的对应关系。实现方法是:在测试脚本文件的说明语句中,用◎HTML◎、◎WORD◎、◎EXCEL◎关键词分别关联到 HTML、RTF 和 Excel 格式写的软件需求说明书、设计文档等,并通过测试用例执行时自动写入测试用例脚本的标签与测试结果数据库的数据进行自动匹配而实现,具有准确、精确和能够自动维护的特点。

4. 支持嵌入式环境

REGuide Validate 提供相当丰富的图形浏览功能,通过源代码产生结构图、函数调用图等。这些结构图快速地给出程序结构,以帮助用户理解、测试和维护用户的软件系统。集成了科锐时嵌入式开发/测试工具。

5. 体现 GPS 功能

REGuide Validate 提供动态的逻辑框图和流程图功能简化了代码跟踪,使得用户在检查代码和跟踪复杂程序的逻辑流程变得更为容易。能大大加快对代码的理解,而且能帮助在程序中找到逻辑错误,显示了嵌入式代码测试覆盖和性能,显示未执行代码和路径。

6. 技术与功能特点

动态地建立测试结果与需求说明书、测试用例、设计文档、源代码等之间的相互追溯能力,具有准确、精确和能自动维护的特点:

- 指出没有实现的需求;
- 避免源代码修改后回归测试的盲目性;
- 指出无用的源码,没有需求与之相对应;
- 防止软件修改的不一致性错误;
- 提高回归测试效率,可以达到10倍甚至更高的效率;
- 支持需求管理和需求变更管理。

进一步扩大到人机物,类似于第1章介绍的美国的赛博空间 CPS。根据嵌入式软硬件一体化开发、仿真、测试、管理的集成系统的要求,采用"基于需求导向的嵌入式全寿命集成平台(REGuide Validate,RV),在所提供的数字化、半物理黑白盒等解决方案中作为架构总平台,如图 9.26 所示。

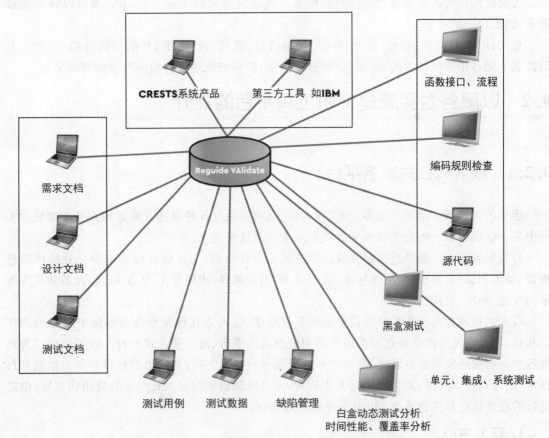

图 9.26 基于需求导向的嵌入式全寿命集成平台

RV 以全新的系统工程理念,继承瀑布型、V 型、迭代型等传统的工程观点,面向嵌入式全寿命周期的各种文档和数据进行管理,并建立全寿命周期的基于各种设计工具所产生的软件、硬件、系统的各种文档之间,文档和数据之间,需求、设计和编码之间的多级、双向关联。

RV 可以完成嵌入式系统全寿命周期各阶段的基于各种标准的影响分析、覆盖分析、追踪分析;实现嵌入式全生命周期各阶段文档间及其各种工具设计结果、仿真结果、测试用例与代码间的自动双向追溯和定位;正向追溯可帮助指出没有实现的需求;反向追溯可确定由于软硬件设计变更、仿真方案对需求的影响范围和波及的反向技术范围,避免硬件、源代码修改后回归测试的盲目性;还指出无用的源码防止软件修改的不一致性错误。有效提高嵌入式软件和嵌入式系统项目的研发、测试、维护效率,提高项目的可靠性。

RV 在开发、仿真、测试过程中,可以帮助检查需求是否全部实现,找出需求与实现源码间的不相对应错误 — 可能有需求没有源码,或者有源码而没有对应的需求。要确认需求的高一致性实现,就要建立需求与源码间的双向自动追溯机制。

RV 在回归测试和纠错过程中,需要确定修改源码后,要涉及到哪些测试用例,涉及哪些需求;在软件变更过程中,需要确定需求改变要涉及到哪些源码。总之,需求与源码中任何一个改变,都可能引起需求与源码间的不一致性错误。

无论使用任何需求管理、配置管理、配置变更管理等软件工程工具,RV 都可以将其集成进来,做成统一的系统。

总之,RV 对"需求、验证、设计、验证、详细设计、测试、确认、维护"的一致性检查,建立上到需求下到各细节间的双向、多级、自动追溯机制,提供方便快捷的面向需求的管理平台。

9.2 以服务为实施理论和工具平台的媒介

9.2.1 嵌入式公共服务平台

建立的各种嵌入技术不论多全面、强大,也必须要通过各种服务方式运用到各个领域的实践中去。这里提出一种公共服务平台的概念来表现这种理念。

公共服务平台一般是指按照开放性和资源共享性原则,为区域和行业中小企业提供信息查询、技术创新、质量检测、法规标准、管理咨询、创业辅导、市场开拓、人员培训、设备共享等服务的设施、场所、机构。

嵌入式技术公共服务平台以信息系统工程技术、嵌入式软件及系统全寿命平台系列为核心基础,结合当地的产业特点而形成的通用信息技术平台、通用嵌入式平台。该平台可以为当地各类企业快速发展信息系统、嵌入式系统提供平台技术支持;可以为当地培养各类信息平台技术、嵌入式技术人员,调整和优化人才结构,大力推动创新型嵌入式产业的应用和发展,创造良好的经济效益和社会效益。以卫星导航领域为例:

1. 研发中心

建立卫星导航产业使用的嵌入式产品软硬件全生命周期研发平台,以各种免费和政府资助的合理收费方式提供使用。

2. 测评中心

拥有完备的组织构架与专业的测试团队,为卫星导航企业用户提供涉及各种测试级别与类型的专业化地图卫星导航产品和软件测评服务,参见附件2。

3. 咨询中心(专业会议、展览、展示中心)

针对卫星导航客户的工程化管理的需求、人员、研发流程、文档、机头提出合理化卫星导航定位、位置服务、嵌入技术产品与软件相关的咨询服务。

4. 培训中心

奥吉通公司在中位协委托指导下,成立了中国卫星导航定位培训中心,并开展卫星导航定位、位置服务、嵌入式技术产品与软件等相关培训业务,旨在为社会输送一流的卫星导航定位专业人才。可与校方合作共建"大专、本科、硕士毕业生试训基地"和"博士后流动工作站",以培养卫星导航定位系统工程开发与测试工程师,推动卫星导航定位产业的发展。

5. 交流中心

提供卫星导航产业的产品、技术展示展览,为业内、业外的人员提供交流平台。展示行业品牌,体验最新成果,创新企业营销。包括行业资讯;技术创新展示;产品应用推广;项目对接信息;产品展示;行业品牌。

6. 外包中心

建立、健全软件外包业从发包到收包的标准流程和检验、检测机制,提供外包发布、招标、验收等服务。

7. 文化中心

打造卫星导航相关文化展示、交流、休闲一体化的交流平台,利用和整合相关文化资源,展示交流卫星导航行业文化、企业文化等,满足企业人员文化需求,促进行业的综合实力和影响力的提升。

8. 金融中心

为卫星导航产业的相关单位创造金融交流平台,提供全方位投融资服务,包括接洽会谈、项目推荐、政府招商、投资机构、投资项目等服务。

9.2.2 云计算服务平台方式

云服务是指通过使用云计算的手段,有效地整合硬件设备、网络设备等各类优质资源,为客户提供最便捷的使用方式和最优质的使用体验。

从我国云计算快速发展遭遇"成长的烦恼"说起,2012年云计算成为热点,我国独立自主研发本土化的云服务以应对国外厂商的强有力竞争。传统运营商凭借其强大的人力、财力、客户资源的优势发展符合国情的云服务。同时国家下大力气扶持民营企业,全面提升我国云计算实力。由此可见,我国政府与业界都对云计算报以极大的热情。

为了更好地向大众提供优质、便捷的嵌入式系统平台,在业界建立了基于云服务的公共服务平台，致力于向社会各界提供最简单、最廉价的嵌入式研发、测试系统平台。让嵌入式开发人员和测试人员告别繁杂的硬件设备，专注于更加优质、更加高效的软件研发和测试。

以嵌入技术为主的卫星导航定位公共云服务平台为例。利用自主产权的嵌入式平台和先进工程化管理工程平台，打造涵盖咨询、测试、培训、研发平台、外包服务、交流、文化、金融8个方面全方位的国内最大的嵌入技术为主的卫星导航公共服务平台。

为了更好地向大众提供优质、便捷的嵌入式系统平台，致力于向社会各界提供最简单、最廉价的嵌入式研发、测试系统平台；让嵌入技术人员无需采购昂贵的硬件测试设备专注于更加优质、更加高效的研发；为拓展业务范围，在军工企业的基础上，也向非军工企业提供便捷、快速的嵌入式研发、测试、仿真等平台服务，触网电商概念下，扩大公司宣传范围、力度，降低进入门槛，建立面向全国乃至全世界的云服务平台，提供公司产品的在线试用、多种收费使用服务方式。客户只需通过网页便可进行包括卫星导航定位领域嵌入技术的在线研发、测试、分析、仿真、确认、验证。详细可参见附录3。

附录 1

TCL 脚本语言教程

1.1 概　述

1.1.1 TCL 背景

　　TCL/TK 的发明人 John Ousterhout 教授(伯克利大学的教授)20 世纪 80 年代初,在教学过程中发现集成电路 CAD 设计中很多时间花在编程建立测试环境上。并且环境一旦发生了变化,就要重新修改代码以适应。这种费力而又低效的方法,迫使 Ousterhout 教授力图寻找一种新的编程语言,它既要有好的代码可重用性,又要简单易学,这样就促成了 TCL(Tool Command Language)语言的产生。

　　TCL 最初的构想是希望把编程按照基于组件的方法(Component Approach),即与其为单个的应用程序编写成百上千行的程序代码,不如寻找一个种方法将程序分割成一个个小的,具备一定"完整"功能的,可重复使用的组件。这些小的组件小到可以基本满足一些独立的应用程序的需求,其他部分可在这些小的组件功能基础上生成。不同组件有不同的功能,用于不同的目的,并可为其他的应用程序所利用。当然,这种语言还要有良好的扩展性,以便用户为其增添新的功能模块。最后,需要用一种强的,灵活的"胶水"把这些组件"粘"合在一起,使各个组件之间可互相"通信",协同工作。程序设计有如拼图游戏一样,这种设计思想与后来的 Java 不谋而合。终于在 1988 年的春天,这种强大灵活的胶水,即 TCL 语言被发明出来了。

1.1.2 定　义

　　TCL 是一种可嵌入的命令脚本化语言(Command Script Language)。"可嵌入"是指把很多应用有效地,无缝地集成在一起。"命令"是指每一条 TCL 语句都可以理解成命令加参数的形式:

　　　　命令 [参数 1] [参数 2] [参数 3] [参数 4] …… [参数 N]

脚本化是指 TCL 为特殊的,特定的任务所设计。但从现在角度看,可以说 TCL 是一种集 C 语言灵活强大的功能与 Basic 语言易学高效的风格于一身的通用程序设计语言。

TK(Tool Kit) 是基于 TCL 的图形程序开发工具箱,是 TCL 的重要扩展部分。TK 隐含许多 C/C++ 程序员需要了解的程序设计细节,可快速地开发基于图形界面 Windows 的程序。据称,用 TCL/TK 开发一个简单的 GUI 应用程序只需几个小时,比用 C/C++ 要提高效率 10 倍。需要指明的是这里所说的"窗口"是指 TCL 定义的窗口,与 X－Windows 与 MS Windows 的定义有所不同,但它可完美地运行在以上两个系统上。

1.1.3　TCL 结构图(图中的黑方块代表组件)

TCL 结构图如附图 1.1 所示。

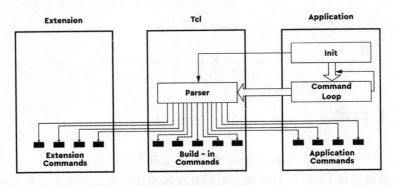

附图 1.1　TCL 结构图

1.1.4　TCL 语言特点

1."可信赖的"可移植性

TCL 是一种高级程序设计语言。它将程序设计概念高度抽象,真正地把程序设计与操作系统底层结构隔开,因此不依赖于任何平台,具有良好的可移植性。

TCL 是用 C 语言开发的。它现在可运行在 Unix,Windows 和 Macintosh 等各种平台上。

2.较高的执行效率:

TCL 常用的功能模块被编译生成 C 的库文件。因此,TCL 虽然是按解释方式执行的,但多数执行代码调用的是编译成机器语言的 C 库文件,因此其执行效率仍然很高。

3.简单易学

TCL 语言简单易学,与 C 语言的风格有相似的流程控制语句,支持过程化结构。但它也有其本身的风格特点。如隐含了数据类型,即没有了字符,整数,浮点,数组等的差别,全为统一的变量。变量间赋值仍有数据类型间的强制或缺省转换。取消了变量的定义,在程序体的任何部分,都可顺手"抓来"变量。

如果用户有 C 语言的基础,注意一下 TCL 的变量定义方法,花一天的时间,即可基本掌握。没有 Windows 编程经验的人(可以完全没有 X-Windows 或 MS Windows 的概念),也可在几天之内,参照一些范例程序编出跨平台的 Windows 窗口程序来。

4. 与操作系统的集成

TCL 还提供以 Shell 的方式与操作系统集成在一起。如同包裹在原系统 Shell 外的又一层 Shell。这样既可运行所有的操作系统命令,同时又可运行 TCL 的命令,从而克服了一般 Unix Shell script 的编程复杂、可移植性差的缺点,以及在 MS Windows 系统下没有脚本开发语言的缺憾,实现了"强强合作"。

1.2 TCL 基础

TCL 是类似于 UNIX Shell 的一种解释性的语言,这就是说 TCL 命令首先被读取,接着就被执行。也是一个用来设置查看的工具箱,它可以利用 TCL 语法来创建按钮、滚动杆、对话框以及窗口等 GUI 组件。

为了运行 TCL,TCLsh 和 Wish 与 sh 或 csh 这样的标准 UNIX shell 类似,它们都允许命令被交互地执行或从某个文件中读入。在实际情况中,人们很少交互地使用这些 Shell,因为它们的交互能力很有限。

TCL 和 wish 之间的主要差别是:Tclsh 只理解 TCL 命令,而 wish 理解 TCL 和 TK 两种命令。

1.2.1 交互方式

本节将简单介绍 TCLshell 的交互使用方式来说明它的一个问题。要想开始交互使用 TCL,只须在 UNIX shell 的提示符下输入 TCLsh(或 wish),这时将出现提示符"%",在这一提示符后,输入如命令:% echo "hello world",在输入这一命令之后,hello world 将会显示在新的提示符之后。接下来执行如下命令:% puts "hello world"。

1.2.2 非交互方式

通常情况下,TCLsh 和 wish 一般是以非交互的方式来使用的,这就是说,它们在 UNIX 的提示符($)下被调用并执行脚本,例如:

```
$ TCLsh myprog.TCL
$ wish myprog.TCL
```

或者从一个脚本内来调用它们,这个脚本的第一行通常与如下内容类似:

```
#!/usr/bin/TCLsh
```

在通常情况下,对脚本的每次安装都必须修改第一行,因为 wish 或 tchsh 可能位于不同的位置。为了避免在每次安装时都必须对脚本进行编辑,TcLsh 的手册页推荐利用如下 3 行代码作为所有 TCL/TK 脚本的头 3 行:

```
#!/bin/sh
# the next line restarts using TCLsh \
exec wish "$0" "$@"
```

这意味着,用户只须在自己的路径中具有 wish 就可以使用脚本。利用这种方法产生的结果可能会根据系统上 sh 版本的不同而不同。

TCL 非交互使用方式的实际优点是与 UNIX shell 的非交互使用方式的优点相同。非交互使用方式允许把多个命令组合在一起,并且只要输入脚本的名字就可以执行脚本中的所有命令,同时这种方式可以加速对大型程序的开发和调试。

1.2.3 TCL 与 C++、Java 的区别

附表 1.1 是 TCL 与经典的程序设计语言 C++,及现在时髦的 Java 做一些比较。

表附 1.1　TCL 与 C++、Java 的区别

	C++	TCL/TK	Java
运行程序速度	快	与 C++可比	慢
调试难易程序	复杂 每次修改完代码 需重新编译	简单 修改完代码可直接运行	比较简单 修改完代码需重新编译成 ByteCode,而且编译速度很慢
程序代码复杂程度 以上面的 grep 为例	复杂 50 行程序代码	简明 10 行程序代码	比较简单 40 行程序代码
系统资源占用情况	200MB HD 32MB Memory	3MB HD 4MB Memory	20MB HD 4MB Memory
代码可维护性 可移植性	好	一般	较好

1.3　TCL 语法

1.3.1　命令结构

TCL 命令的基本结构是:

　　commandname arguments

这里的 commandname 是 TCL 所要执行的命令,arguments 是提供给此命令的可选变元,整个行(commandname 和 arguments)称为一个命令。命令之间通过换行(\n)或者由分号(;)来分隔。如果在一行上只有一个命令,分号可以省略。

注意:TCL 区分大小写。

例如:

```
set a 0
set b 1
```

也可以是：

```
set a 0;set b 1
```

1.3.2 TCL 核心命令

set：	break：	file：	lsearch：	switch：
unset：	catch：	fileevent：	lsort：	tell：
info：	cd：	flush：	namespace：	time：
expr：	clock：	foreach：	open：	trace：
string：	close：	glob：	package：	unknown：
while：	concat：	history：	pid：	uplevlel：
incr：	console：	if：	pwd：	upvar：
proc：	continue：	interp：	read：	vwait：
for：	error：	lappend：	regexp：	write：
puts：	eof：	join：	rename：	source：
gets：	eval：	linsert：	return：	
format：	exec：	list：	scan：	
after：	exit：	llength：	socket：	
append：	fblocked：	load：	source：	
array：	fconfigure：	lrange：	split：	
binary：	fcopy：	lreplace：	subst：	

1.3.3 注 释

除命令外，TCL 脚本中另一种类型的代码行是注释。如同在 UNIX shell 和 Perl 中那样，注释行是以 # 号开头的行。

例如：

```
# this is a commen
```

但是与 shell 中不同的是，下面一行内容并不是注释：

```
set foo 0 # initialize foo
```

它将会产生一个错误，这是因为 TCL 解析器总是认为一条命令应该以换行或分号结束，因此如果想要在命令所在的同一行上包括注释内容，这个命令必须以分号结束，就像下面这样：

```
set foo 0 ;# initialize foo
```

练习1

(1) 请用 puts 命令输出"I love TCLscript language."

(2) 请用 puts 命令输出"Good Morning!",并在同一个命令行上加上注释:"Practice the TCLcommand."

练习题1 参考答案

(1) puts stdout "I love TCLscript language."

(2) puts stdout "Good moning."   ;♯ Practice the TCLcommand

1.3.4 数据类型

TCL 不支持诸如 int、float、double 或 char 之类的变量类型。这意味着,在同一程序中,一个变量可以在不同的时刻分别被设置为数值、字符或字符串。但是在内部,TCL 把所有的变量都当作字符串来看待。

当需要操作变量时,TCL 允许以 ANSIC 所能识别的任何一种方式来提供数字(实数或整数),下面列出的是可以提供给变量的有效数字值的例子:

    74 整数   0112 八进制,以 0 开头

    0x4a 十六进制,以 0 x 开头

    74.实数 74.0 实数 7.4e1 实数 7.4e+1 实数

除此之外的其他值都被当作是字符串,如果把它们应用于数学表达式,则会产生错误。

注意:字符用单引号,字符串用双引号。

1.3.5 变 量

1) 变量定义

TCL 可以定义两种类型的变量:标量和数组。要创建标量变量并对它赋值,可利用 set 命令。例如:

    set a 5

    set b "The second value."

数组也是用 set 命令赋值,赋值同时也就是定义。数组的索引是圆括号。例如:

    set aa(0) 0 ; set aa(1) 1; set aa(2) 2

2) 变量的引用

变量的引用是在变量名前加 $ 符号。例如:

    set a $b ;♯把 b 的值传递给 a

3) 检查变量

可以利用 info exists 检查变量是否存在。例如:

    info exists a

4）显示变量的值

　　　　set a

5）清除变量

　　　　unset aa

练习 2

（1）定义一个变量 aa 并赋值为 0x55，然后显示输出变量 aa 的值。

（2）定义变量 bb，把 aa 的值赋值给 bb，并在该行加上注释。

（3）检查变量 bb 是否存在。

（4）清除变量 bb。

（5）检查变量 bb 是否存在。

练习题 2　参考答案

（1）set aa [expr 0x55]

（2）puts stdout ＄aa

（3）set bb ＄aa ;♯ send the value of aa to bb

（4）info exist ＄bb

（5）unset bb

（6）info exist ＄b

1.3.6　引用和置换

　　引用和置换被大量应用于与变量有关的操作。引用有双引号，花括号等。置换主要是变量置换和命令置换，变量置换是在变量名前加 ＄ 符号，命令置换放在方括号里面。

　　双引号主要用途是创建具有内嵌空格的字符串。同时还可以嵌入置换，花括号不能嵌入置换。例如：

```
set a 10
set b 20
set dw "yuan"
set ss "This price is [expr $a+ $b] $dw "
set ss {This price is [expr $a+ $b] $dw }
```

　　花括号的引用类似于 UNIX shell 中单引号的使用。花括号的引用将利用给定的字符来创建字符串集，其中不进行置换（命令置换或变量置换），并且不对 C 语言的转义序列进行解释。利用花括号括起来的字符串，其真正的用途在于把某些具有特殊意义的字符作为值提供给变量。

　　反斜杠替代它用来引用解释器有特殊意义的字符，它可以用来延续长命令。例如：

　　　　puts stdout { This\nis a \nmulti-line\nstring }

　　双引号和花括号的区别在于：双引号允许替代而花括号不允许替代。

例如：

```
set s "hello"
puts stdout "The length of s is [string length $ s]."
puts stdout { The length of s is [string length $ s].}
```

练习 3

（1）变量的置换，定义变量 aa＝10，引用变量 aa，并赋值给 bb。

（2）双引号的引用，puts stdout " aa＝$aa   bb＝$bb "。

（3）花括号的引用，puts stdout {aa＝$aa   bb＝$bb}。

（4）方括号的置换，puts stdout "aa＋bb ＝[expr $aa＋$bb]"。

练习题 3　参考答案

（1）set aa 10

　　set bb $aa

（2）puts stdout "aa ＝ $aa bb ＝ $bb"

（3）puts stdout {aa ＝ $aa bb ＝ $bb}

（4）puts stdout "aa ＋ bb ＝ [expr $aa ＋ $bb]"

1.3.7　字符串操作

字符串操作的 TCL 命令有：string，append，format，scan 和 binary。

1. string

string 实际上是一个可以对字符串实行操作的集合。它的第一个参数决定操作的种类。语法：

string option string1 string2

option 主要有：

string compare str1 str2 按字典顺序比较，相同返回 0，str1 在 str2 前－1，否则 1；

string first str1 str2 返回 str1 在 str2 中的首次出现的索引，否则返回－1；

string index string index 返回指定索引位置的字符；

string last str1 str2 返回 str1 在 str2 中最后一次出现的索引，否则返回－1；

string length string 返回 string 的字符数目；

string match pattern str 符合 pattern 匹配，返回 1，否则返回 0；

string range str i j 返回 str 字符串中从 i 到 j 的内容；

string tolower str 返回 str 的小写形式；

string toupper str 返回 str 的大写形式；

string trim str ? char? 从字符串两端裁剪 chars 中的字符串，默认为空白；

string trimleft str ? char? 从字符串左端裁剪 chars 中的字符串，默认为空白；

string trimright str ? char? 从字符串右裁剪 chars 中的字符串，默认为空白。

2. compare

string compare str1 str2

它像 C 的 strcmp 函数一样,字符串一样,返回 0;第一个字符串在字典上小于第二个,返回-1;大于第二个,返回 1。

例如:

```
set cc "I have finished the work."
set bb "I have finished"
if {[string compare $ cc $ bb] = = 0} {
    puts stdout "the same."
} elseif {[string compare $ cc $ bb] = = 1} {
    puts stdout "big."
} else {
    puts stdout "small."
}
```

3. append

字符串连接命令。

　　append str1 str2 str3　　　;#将 str2 和 str3 连接到 str1 后面。

例如:

```
set str1 "abc"
set str2 "def"
set str3 "ghi"
append str1 $ str2 $ str3
```

4. format

format 和 C 语言中 printf 一样,它指定格式显示一个字符串。

例如:

```
set aa "good moning"
set bb 50
set cc 30
format "%-20s %d %#x" $ aa $ bb $ cc
```

5. scan

scan 按照一定格式解析字符串并给变量赋值。它返回成功转换的数目。

命令形式:

　　scan string format var ? var? …
　　scan 格式基本上和 format 命令相同,只是没有 %u。

例如:

(1) format "%d" [scan "acAJHIhot" {%[a—z]} result]

(2) scan "13" %x result

(3) scan "55" {%x} result

(4) scan "55" {%d} result

1.3.8 表达式综述

对字符串的一种解释是表达式。几个命令将其参数按表达式处理,如:expr、for 和 if,并调用 TCL 表达式处理器(TCL_ExprLong,TCL_ExprBoolean 等)来处理它们。其中的运算符与 C 语言的很相似。

```
!         逻辑非
*  /  %  +  -  <<  >>      左移 右移 只能用于整数。
<   >   <=   >=   ==   !=   逻辑比较
&  ^  |      位运算 与 异或 或
&&  ||      逻辑"与" "或"
x ? y : z   If-then-else 与 C 的一样
```

TCL 中的逻辑真为 1,逻辑假为 0。

例如:

(1) 5/4.0 * 5/([string length "abcd"] + 0.0) 计算字符串的长度转化为浮点数来计算。

(2) "0x03" > "2";"011" < "0x12"   都返回 1。

(3) set a 1; expr $a+2; expr 1+2   都返回 3。

注意:TCL 表达式运用与 C 语言基本上是相同的,在数学计算赋值时要用 expr。

练习 4

(1) 计算表达式(0x67 +1)*4+6 并把值赋给变量 tst。

(2) 把变量 tst 的值在加 1,赋给变量 test。

(3) 用十六进制显示输出变量 test 的值。

练习 4 参考答案

(1) set tst [expr [expr [expr [expr 0x67] + 1] * 4] + 6]
       或 set tst [expr (0x67 +1)*4 +6]

(2) set test [expr $tst +1]

(3) puts stdout [format "%#x" $test]

1.3.9 数字、数学表达式和数学函数的操作

数字的操作就是对变量进行赋值。这和其他语言一样。而对于数学表达式的操作,TCL 本身并不计算数学表达式,而是通过 expr 命令来处理数学表达式。数学运算符和数学函数和 C 语言的数学函数差不多。

abs(x) x 的绝对值。

round(x) x 舍入后所得到的整数值。

cos(x) x 的余弦(x 为弧度)。

cosh(x) x 的双曲余弦。

acos(x) x 的反余弦(0~π)。

sin(x) x 的正弦(x 为弧度)。
sinh(x) x 的双曲正弦(-p/2 到 p/2)。
asin(x) x 的反正弦(-p/2 到 p/2)。
tan(x) x 的正切(x 为弧度)。
tanh(x) x 的双曲正切。
 atan(x) x 的反正切(-p/2 到 p/2)。
exp(x) e 的 x 次幂。
log(x) x 的自然对数。
log10(x) x 的底为 10 的对数。
sqrt(x) x 的平方根。
pow(x,y) x 的 y 次幂。

数学表达式应用实例:
例如:

```
set a  -10
set b 20
set c 3
set a [expr abs($a)]
puts stdout [expr pow(($a+$b)/3,$c)]
```

练习 5

使用各种数学函数(略)。

1.3.10 控制结构

TCL 实现结构控制的命令主要有:if,switch,foreach,while,for,break,continue,catch,error,return。

花括号另一个好的属性是它们可以组合包含换行符的内容。

1. if then else 控制结构

结构如下,注意这种格式是固定的。

```
if {} {
} elseif {
} else {
}
```

例如:

```
set key 6
if {$key ==0} {
     puts stdout 0
} elseif {$key ==1} {
     puts stdout 1
} else {
```

```
            puts stdout "any"
        }
```

2. switch 控制结构

命令格式为：

switch flags value body1 pat1 body2 pat2 ….

flags 决定 value 匹配方式的标志：

－exact 精确匹配。

－glob 使用 glob 类型匹配。

－regexp 使用规则表达式匹配。

－没有标记。

注意：switch 的注释必须放在命令体内。

例如：

```
set key 0
switch - exact $ key {
0 { puts stdout 0 }
1 { puts stdout 1 }
default { puts stdout "any" }
}
```

3. 循环控制结构

(1) while 结构

　　while booleanExpr body

　　例如：

```
set i 0
while { $ i<10 } {
        incr i
}
```

(2) Foreach 结构

　　foreach loopvar valuelist commandbody

　　例如：

```
set i 0
foreach value {1 3 5 7 9} {
    incr i [expr $ value * 5]
    puts stdout $ i
}
```

(3) for 结构

for initial test final body

　　例如：

```
for {set i 0} {$ i<10} {incr i 3} {
        puts stdout $ i
    }
```

4. break, continue, return

break 退出循环, continue 继续循序的下一次迭代, return 过程返回。

5. catch

catch 捕获错误发生。如果没有错误捕获,往往会中断脚本的执行。
  catch 命令结构
  catch command ? resultvalue?
    if [catch {command arg1 arg2 …} result] {
        puts stderr $ result
      } else {
        puts stdout "command ok."
      }

练习 6:

(1) 定义变量,并判断其值是大于零,还是小于零,还是等于零,并输出判断的结果。
(2) 用 switch 方式,完成上题中的输出。
(3) 用 while 方式计算 1～100 之和。
(4) 用 for 方式计算 1～100 之和。
(5) 用 foreach 方式 1～5 之和。

练习 6 参考答案

(1) set aa 6

```
if {$ aa >0} {
    puts stdout "aa > 0"
} elseif {$ aa = = 0} {
    puts stdout "aa = 0"
} elseif {$ aa<0} {
    puts stdout "aa < 0"
}
```

(2)

```
set aa 6
if {$ aa >0} {
    set flag 0
} elseif {$ aa = = 0} {
    set flag 1
} elseif {$ aa<0} {
    set flag 2
}
switch $ flag {
```

```
        0 { puts stdout "aa = 0"}
        1 { puts stdout "aa > 0"}
        2 { puts stdout "aa < 0"}
        default { puts stdout "any"}
    }
(3) set i 1
           set result 0
           while { $i <= 100 } {
      set result  [expr $result + $i]
               incr i 1
           }
               puts stdout $result
(4) set result 0
       for {set i 0} {$i <= 100} {incr i 1} {
       set result  [expr $result + $i]
        }
             puts stdout $result
(5) set aa 0
    foreach value {1 2 3 4 5} {
       set aa [expr $aa + $value]
    }
```

1.3.11 数组变量

要想创建一个一维数组,可以像下面这样进行:

  set fruit(0) banana;   set fruit(1) orange;

这两个命令将创建一个数组变量 fruit,并把它的两个元素分别赋值为 banana 和 orange。注意:计算机计数是从 0,而不是从 1 开始。

对数组的赋值不必按照索引的顺序,例如,下面命令在数组 fruit 中创建了 3 个元素:

  set fruit (100) peach;
  set fruit (2) kiwi;
  set fruit (87) pear;

TCL 中的数组非常类似于把"关键字"与值联系在一起的关联数组。TCL 中的数把某一给定的字符串与另一个字符串联系起来,这使得这种数组可能具有非数字的数组下标,如:

  set fruit (banana) 100

这一命令把数组 fruit 中元素 banana 的值设置为 100,被赋的值也可以不是数字:

  set food(koala) eucalyptus; set food(chipmunk) acorn;

如果想访问存放在一维数组中的值,可利用 $,例如: puts $food(koala);这一命令将显示出存放在数组 food 中下标为 koala 的值。

数组下标也可是一个变量,例如:

  set animal chipmunk; puts ﹩food(﹩animal);

如果在前面进行了赋值,这两个命令将输出 acorn。

多维数组是一维数组的简单扩充,其设置方式如下:set myarray(1,1) 0;

这一命令把数组 myarray 中位于 1,1 处的元素的值设置为 0。利用逗号分隔下标,读者可以设置三维、四维或更多维的数组,例如:

  set array(1,1,1,1,1,1) "foo"

除了设置数组的值外,TCL 还提供用来获取有关数组信息的命令 array,以及用来输出有关数组信息的命令 parray。如果已经提供了如下命令:

set food(koala) eucalyptus; set food(chipmunk) acorn; set food(panda) bamboo;

那么命令 parray food 将产生如下的输出结果:

food(chipmunk)=acorn

food(koala)=eucalyptus

food(panda)=bamboo

array 命令的基本语法如下:

array option arrayname

有关数组最常用的信息之一是数组的大小:

set fruit(0) banana; set fruit(1) peach; set fruit(2) pear; set fruit(3) apple;那么命令%array size fruit;

将返回 4,这一数值通常在循环中非常有用。

由于数组可以具有非顺序的或非数字的下标,因此 array 命令提供一个用来从数组中获取元素的选项,见前面数组 food 的定义,那么开始获取元素所需做的第一件事是利用 startsearch 遍历数组。这是通过首先获取数组的一个搜索 ID 来完成的:

  set food_sid [array startsearch food]

方括号中的命令 array startsearch food 返回一个字符串,这一字符串是搜索标志的名字。这个名字将在以后的引用中用到,因此需要把它赋给某个变量。在本例中,这一变量为 food_sid。

要获取 food 数组的第一个元素(以及其后的每个元素),可以利用如下命令:

  array nextelement food ﹩food_sid;

当完成对数组的搜索时,可利用如下命令终止搜索:

array donesearch food ﹩food_sid;

array 命令的另一个选项是在遍历数组时经常用到的 anymore。当在搜索中还有元素时,它将返回 true(也就是 1),这一命令当与前面所说明的数组 food 一起使用时,前两次将返回 1。

  array anymore food ﹩food_sid;

要清除变量(标量或数组),可以利用 unset 命令,例如:unset banana;

这个命令将取消 banana 变量。如果利用 unset ＄banana(假如 banana 已被设置为前面所显示的值)来取代刚才的 banana,那么会得到如下一条错误信息:

```
can't unset "0": no such variable
```

发生错误的原因是:当把＄放在变量名的前面时,在执行命令之前变量的值将被替换进去。

练习 7

(1) 建立一个 64 个元素的数组 maddr,下标是 0～63,并赋初值为零。
(2) 给该数组赋值为 0～63,并打印输出。
(3) parray,array 命令查看该数组。

练习 7 参考答案

(1) for {set i 0} {＄i＜64} {incr i 1} {
    set maddr(＄i) 0
    }
(2) for {set i 0} {＄i＜64} {incr i 1} {
    set maddr(＄i) ＄i
    puts stdout ＄maddr(＄i)
    }
(3) parray maddr
    array size maddr
    set maddr_id [array startsearch maddr]
    array nextelement maddr ＄maddr_id
    array donesearch maddr

1.3.12 过程和作用域

过程封装一个命令集合,并引入了变量的局部作用域。过程可以对常用命令进行参数化。涉及的命令有:proc,global,upvar。

1. 过程定义

命令格式:

```
proc name params body
```

定义完过程以后,使用它就像使用命令一样。值得注意的是,过程定义的参数不含有参数类型。

例如:

```
proc pt {a {b 2} {c -4}} {
    set result [expr ＄a/＄b+＄c]
    puts stdout ＄result
    }
```

注意：设置 args 关键字作为最后一个参数，过程可以有可变数目的参数。
例如：

```
proc gcst {a {b 2} args} {
foreach param {a b args} {
puts stdout "\t $ param = [set $ param]"
}
}
```

2. 过程的引用

过程的引用就像用 TCL 命令一样。

```
pt 1 2 4
pt 100    5 6
gcst 4 7 9
gcst 3 5 1 2
```

3. 作用域

过程中的变量是局部变量，它的作用域只是在过程中，过程外不可见。过程外定义的变量，对于一个过程是不可见的。

```
set ss good
proc pg {cc} {
    set gg 4
    puts stdout $ gg
    puts stdout $ ss        ;在过程中是不可见的。
    puts stdout $ cc
}
```

（1）全局变量

全局变量是最顶层的作用域。这种作用域在任何过程之外。必须使用 global 命令定义。global 命令在过程之内出现，必须在所有访问该变量的过程中都要安置 global 命令，否则不起作用。

例如：

```
proc randominit {seed} {
global randomseed
set randomseed $ seed
}
proc random {} {
global randomseed
set randomseed [expr $ randomseed * 2 + 5]
puts stdout $ randomseed
return $ randomseed
}
proc randomrange {range} {
```

```
            set t [random]
            set tt [expr int( $ t * $ range)]
            puts stdout $ range
            puts stdout $ t
            puts stdout $ tt
        }
        randominit 4
        random
        randomrange 10
        set result [random]
        puts $ result
```

(2) 使用 upvar 按名称调用

当需要传递变量而不是数值给一个过程时,可以使用 upvar 命令。upvar 命令将局部变量和一个在 TCL 调用堆栈之上的作用域里的变量关联。

语法格式:

```
        upvar ? level? Varname localvar
```

参数 level 是可选的,默认为 1(高于 tcl 调用堆栈 1 级),可以指定需要提升的其他某个数目的框架,或者利用♯number 语法指定一个绝对框架数字。♯0 级指全局作用域。

例如:

```
        proc incr {varname {amount}} {
        upvar $ varname var
            if [ info exists var] {
                set var [expr $ var + $ amount]
            } else {
                set var $ amount
            }
            return $ var
        }
        proc sl {} {
            for {set i 0} { $ i<10} {incr i 2} {
                puts stdout $ i
            }
        }
```

练习 8

(1) 声明一个累加的过程(从 1 开始累加,加到给定的数)。

```
        proc add_up {{a 1}} {
        }
```

(2) 运用这个累加函数计算 1~100 的累加和。

练习 8　参考答案

```
    (1) proc add_up {a} {
```

```
        set value 0
        for {set i 1} {$ i <= $ a} {incr i 1} {
            set value [expr $ value + $ i]
        }
        return $ value
            }
    (2) add_up 100
```

1.3.13 输入输出

输入输出操作主要是对文件和控制台的输入输出操作。控制台的命令主要有：

stdout,stdin,Stderr。

文件 I/O 相关的命令有：

open what? Access?? Permission?	给文件或者管道返回通道 ID
puts ? nonewline? Channel? String	写入字符串
gets? Channel? Varname?	读入一行
read? Channel ? numbytes?	读出 numbytes 字节，或者全部数据。
read?　- nonewline channel	读取所有字节，舍弃最后的换行符(\n)
tell chanel	返回搜索偏移量
seek channel offset ? origin?	设置搜索偏移量,origin 是 start,current,end
eof channel	查询是否在文件末尾
flush channel	写入一个通道的缓冲区
close channel	关闭一个 I/O

1. 控制台输入输出

控制台输入输出命令有：puts,gets。命令格式：

puts stdout/stdin/stderr string

例如：

　　set a 6; puts stdout $ a;
　　gets stdin a; puts stderr $ a

2. 文件的输入输出操作

对于文件的输入输出，其过程主要是，打开文件->设定文件位置->读写文件->关闭文件。

1）打开文件 open 命令

语法格式：

open what? access?? Permission?

what 是文件名或者管道。

access 参数有：r ,r+,w,w+,a,a+；RDONLY,WRONLY,RDWR,APPEND,CREAT,EXCL,NOCTTY,

NONBLOCK,TRUNC。

例如：

```
set fileid [open t.txt w + ]
set fileid [open t.txt RDWR]
```

2）读写操作：gets，puts，read 命令

puts 命令写入一个字符串和换行符。－nonewline 参数阻止通常会附在输出通道的换行符。

gets 命令读取输入的一行。

例如：

```
puts $ fileid good
gets $ fileid val_line ♯读取一行到变量 line
```

read 命令读取数据单元。两种参数形式：－nonewline 和 numbytes。

例如：

```
set aa [read $ fileid] ♯读取整个文件
set aa [read $ fileid 4]读取 4 个字节长度的数据。
```

3）随机访问文件：tell，seek 命令

seek offset 设定在文件中的位置指针。文件的读取从该指针处开始。偏移指针的原点有：start，current，end。tell 返回当前偏移量的位置。

命令格式：

```
seek channel offset? origin?
tell channel
```

例如：

```
seek $ fileid 5 start
tell $ fileid
```

4）关闭文件 close 命令

格式：

```
close channel
```

例如：

```
close $ fileid
```

练习 9

打开一个数据文件 c:\rdata.dat（该数据文件每行是一个数据），从中读出数据，加上 10 后写到另一个文件 c:\wdata.dat。

练习 9　参考答案

```
if [ catch { open "c:\\rdata.dat" r} filerd] {
    set filerd [open "c:\\rdata.dat" r + ]
}
if [ catch { open "c:\\wdata.dat" a + } filewd] {
```

```
        set filewd [open "c:\\wdata.dat" a+]
    }
    while {![eof $filerd]} {
        gets $filerd aa
        set aa [expr $aa + 10]
        puts $filewd $aa
    }
    close $filerd
    close $filewd
```

1.3.14 规则表达式

规则表达式是一种描述字符串类型的正式方式,常用的运算符如附表 1.1 所列。

规则表达式有下列条目:

本义字符;

匹配字符;

重复从句;

轮流从句;

圆括号组合的子类型。

附表 1.1 规则表达式运算符

运算符	说明
.	匹配任意单个字符
*	匹配前面类型的零个或多个实例
+	匹配前面类型的一个或多个实例
?	匹配前面类型的零个或一个实例
( )	组合子类型。重复和轮流操作符适用于整个进行的子类型
|	轮流
[ ]	分隔一个字符集。范围如[x-y]那样指定。如果集合中第一个字符是"^",则是一个看集合中的其他字符是否不存在的匹配(补集匹配)
^	固定类型到字符串开始。只有是第一个字符时有效
$	固定类型到字符串末尾。只有是最后一个字符时有效

例如:

    ..   匹配所有两个字符的字符串

    [Hh]ello   匹配方括号内的任意字符,只要有 H 或 h 才满足

    [^a-zA-Z]   匹配所有大小写字符外的字符

    (ab)+   匹配一个包含一个或多个 ab 序列的字符串

    .*   匹配任何字符的类型

    Hello|hello 匹配 Hello 或则 hello

    ^[\t]+   匹配所有以空格或者跳格符开始的字符串

regexp 和 regsub 命令:regexp 提供对规则表达式匹配器的直接访问。它不但告知

是否一个字符串匹配一个类型,也可以展开一个或多个匹配子字符串。如果字符串的某个部分匹配该类型,返回1,否则返回0。

语法格式:

  regexp ? flag? pattern string ? match sub1 sub2 …
  set env(DISPLAY) sage:0.1
  regexp {(\[^:\]*):} $ env(DISPLAY) match host

注意:host 匹配的是圆括号中的组合子类型。

regsub:实现基于类型匹配的字符串替代。

语法格式:

  regsub ? switches? pattern string subspec varname

regsub 命令返回匹配和替换的数量。没有匹配时,返回 0。regsub 命令复制 string 到 varname,出现 pattern 后采取 subspec 指定的方式进行替换。如果类型不匹配,则 string 毫无修改的复制到 varname。

switches 选项开关如下:

  —all: 替换所有出现该类型的地方。

  —nocase:pattern 中的小写字符可以匹配 string 中的小写或大写字母。

  ——: 将类型和开关分开。

    替换类型,subspec,可以包含本义字符和下面的特殊序列:

  "&" 由匹配类型的字符串替代

  "\1"到"\9"由匹配 pattern 中的子类型的字符串替换,支持九个子类型,对应关系是根据类型指定时左圆括号的顺序决定的。

例如:

  regsub {(\[^\.\]*)\.c} file.c {cc c & -o \1.o} ccCmd

练习 10

(1) 用 regexp 命令解析 url http://www.sun.com:80/index.html 为 protocol serverport path。

(2) 用 regsub 命令把 url http://www.sun.com:80/index.html 中的 http 替换成为 ftp80 替换成为 5 000。

练习 10 参考答案

(1) set url "http://www.sun.com:80/index.html"
  regexp {(\[^:\]+)://(\[^:/\]+)(:(\[0-9\]+))?(/.*)} $ url match \
    protocol server x port path

(2)
  regsub {(\[^:\]+)://(\[^:/\]+)(:(\[0-9\]+))?(/.*)} $ url {ftp://\2:5000\5}

附录 2
卫星导航定位与位置服务产品及软件测评

2.1 卫星导航定位

2.1.1 全球导航卫星系统

GNSS(Global Navigation Satellite System)的中文全称是全球导航卫星系统,它是泛指所有的卫星导航系统,包括全球的、区域的和增强的,如美国的 GPS、俄罗斯的 Glonass、欧洲的 Galileo、中国的北斗卫星导航系统,以及相关的增强系统,如美国的 WAAS(广域增强系统)、欧洲的 EGNOS(欧洲静地导航重叠系统)和日本的 MSAS(多功能运输卫星增强系统)等,还涵盖在建和以后要建设的其他卫星导航系统。国际 GNSS 系统是个多系统、多层面、多模式的复杂组合系统。正在步入以这四大系统为主、涵盖其他卫星导航系统的多系统并存时代。

全球卫星导航定位系统一经问世,在市场需求的牵动下很快就深入到各国军事、安全、经济领域的方方面面,使航空、航海、测绘、机械控制等传统产业的工作方式发生了根本的改变,开拓了位置服务(LBS)等全新的信息服务领域,并迅速发展成为一个新兴的产业——卫星导航定位产业。

卫星导航定位技术指利用 GNSS 系统所提供的位置、速度及时间信息对各种目标进行定位、导航及监管的一项新兴技术。与传统的导航定位技术相比,卫星导航定位技术具有全时空、全天候、连续实时地提供导航、定位和定时的特点,已成为人类活动中普遍采用的导航定位技术。

卫星导航定位产业链如附图 2.1 所示。

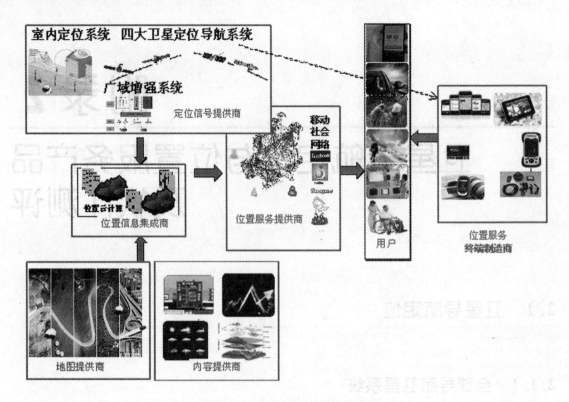

附图 2.1　卫星导航定位产业链

2.1.2　北斗卫星导航系统

2.1.2.1　系统简介

Compass 系统是北斗卫星导航系统的英文名称,是中国卫星导航系统的总称。中国的北斗卫星导航系统于 2012 年形成区域覆盖能力,计划于 2020 年左右实现全球覆盖。届时将提供两种服务方式,即开放服务和授权服务。

北斗的三大功能是导航、定位和授时。

国家发展北斗卫星导航系统三步走战略如附图 2.2 所示。

2.1.2.2　北斗卫星导航定位产业

北斗产业链包括空间卫星、地面系统、终端设备以及运营服务。经过多年发展,北斗产业链上下游产业的研发和产业化逐渐趋于成熟,2010 年,面向北斗一代系列的芯片、终端、系统集成和运营服务领域市场规模达 15 亿元水平。

2012 年 12 月 27 日,北斗二代系统对亚太地区的正式运营以来,其产业化进程不断加快、市场化程度不断深入、行业快速增长长期持续,北斗在行业应用领域遍地开花,正逐步实现大众消费的规模应用,北斗产业正站在高速发展的"黄金十年"的起点。

1. 交通运输

基于北斗系统的"新疆公众交通卫星监控系统"、"公路基础设施安全监控系统"、"港口高

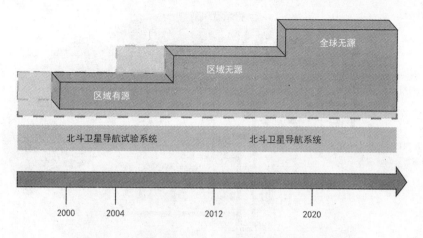

附图 2.2 国家发展北斗卫星导航系统三步走战略

精度实时定位调度监控系统"高铁等应用推广工作,取得了良好的示范效果。

2. 海洋渔业

基于北斗系统的海洋渔业综合信息服务平台实现了向渔业管理部门提供船位监控、紧急救援、信息发布、渔船出入港管理等服务。

3. 水利

基于北斗系统的水文监测系统,实现了多山地域水文测报信息的实时传输,大大提高了灾情预报的准确性,为制定防洪抗旱调度方案提供重要的保障。

4. 气象

研制成功了一系列气象测报型北斗终端设备,提出了实用可行的系统应用解决方案,解决了国家气象局和各地气象中心气象站的数字报文自动传输和可视化问题。

5. 林业

基于北斗的森林防火系统已成功用于实战。

6. 通信

成功开展了北斗/GPS 双模授时应用示范,突破了光纤拉远、抗干扰螺旋天线等关键技术,研发了一体化卫星授时系统,如附图 2.3 所示。

7. 电力

成功开展了基于北斗系统的电力时间同步应用示范,为电力事故分析、电力预警系统、保护系统等高精度时间应用创造了条件。

8. 救援

基于北斗系统的导航定位、短报文通信以及位置报告功能,提供全国范围的实时救灾指挥调度、应急通信、灾情信息快速上报与共享等服务,极大地提高了灾害应急救援的快速反应能力和决策能力。

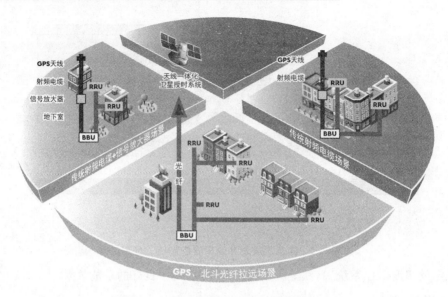

附图 2.3　北斗/GPS 光纤拉远授时示意图

2.1.3　导航定位产品

地图导航定位产品是指基于导航电子地图的导航定位设备,由导航电子地图为导航定位设备提供道路交通数据,导航定位设备利用 GNSS 技术(包括基站定位、惯性导航等辅助技术)和嵌入式电子信息处理技术对导航电子地图展开以汽车导航、行人导航和位置服务为核心的应用。地图导航定位产品可以是独立的系统(如 PND),也可以是某个系统的子系统(如汽车影音系统的导航子系统,或者导航信息服务平台的手持终端)。

地图导航定位产品是一个完整的测评单元。它的内部构成包括地图、软件和硬件 3 部分。因此,针对其测评也是针对这 3 部分构件分别具有不同的技术特征和评价标准,分别制定地图、软件和硬件的测评标准,以及综合了这 3 部分构件级标准的产品级总成标准。

中国卫星导航定位协会参照相关的国标和行标(如《车载导航电子地图产品规范》GB/T 20267-2006、《汽车卫星导航系统通用规范》GB/T 19392-2003、《GPS 导航型接收设备通用规范》SJ/T 11420-2010)制定了《地图导航定位产品测评大纲》。《测评大纲》给出了地图导航定位产品测评活动的技术依据、测评范围和内容、测评方法和要求。

2.2　地图导航定位产品测评

地图导航定位产品的测评内容包括导航电子地图质量,导航定位设备的基本功能和技术性能。其中导航定位设备由软件和硬件组成,内置有地图数据,对导航定位设备的测评分为由软件实现的基本功能测试、整机的系统效率(如地图缩放速度、POI 查询响应时间和路径计算耗时等)测试,以及硬件技术性能指标的审查。

软件基本功能的检测依托导航定位设备进行。检测方法包括室内环境的静态测试和基于卫星导航仿真信号的实验室测试以及道路环境的动态测试。通过人工操作、实地路测和长时间加电运行等方式检测导航软件的基本功能指标。

附录 2 卫星导航定位与位置服务产品及软件测评

2.2.1 测评大纲

1. 测评范围

地图导航定位产品的测评设备类型包括但不限于以下 4 类：基于地图导航定位功能的手机、PND 导航仪、汽车后装导航仪、汽车前装导航仪。产品服务方式包括离线导航（本机端运行）和在线导航（服务器端运行）两种。

2. 测评针对的基本功能

地图导航定位产品测评针对的是导航定位产品的地图显示、查询、路径规划、道路引导和系统性能等 5 项功能。每项功能由一组质量元素构成，每个质量元素分成若干条检测内容，参见附表 2.1 和附表 2.2。

附表 2.1 导航定位设备地图显示功能描述

检测对象	质量元素	检测项	检测内容	说明
道路	完整性	道路显示内容缺失	是否缺失道路、截断道路或存在孤立路	在大比例尺下检查是否少路，中小尺度下查是否存在孤立路
	准确性	显示道路的真实度	1) 道路位置与形状是否与地图数据符合 2) 道路名称及其他可显性属性信息是否与地图数据符合 3) 道路之间的空间关系是否与地图数据符合	在最大比例尺下检查压盖关系
	一致性	道路显示继承性	同名道路自小（比例尺）到大（比例尺）是否能继承性显示	
	表征质量	图形合理性	1) 大比例尺下，道路面状图形边缘是否平滑和宽窄适中 2) 昼夜光线环境下道路色调是否舒适	
		关系协调性	1) 道路与其他要素的位置关系是否与地图数据符合 2) 道路与其他要素的图形或注记是否存在重叠以至影响读图效果	
		图面载负量	1) 图面的道路路网密度是否适中 2) 中小比例尺下，是否存在实际上有低等级但显示为大范围空载画面的现象	
背景	完整性	背景显示内容缺失	重要背景（国界、省界、主要水系、城市大面积绿地等）是否缺失	
	准确性	显示背景的真实度	1) 背景要素位置是否与地图数据符合 2) 背景要素的名称、类型等属性信息是否与地图数据符合 3) 背景要素的几何图形是否与地图数据相符 4) 背景要素的拼接是否存在明显间隙	

续附表 2.1

检测对象	质量元素	检测项	检测内容	说 明
背 景	一致性	背景显示继承性	1)同名背景要素自小(比例尺)到大(比例尺)是否能继承性显示 2)继承性显示图形是否经过符合地图综合取舍原则的处理	
	表征质量	图形合理性	背景要素的几何图形是否失真	
		关系协调性	1)背景与其他要素的位置关系是否与地图数据符合； 2)背景与其他要素的图形或注记是否存在重叠以至影响读图效果	
		图面载负量	图上背景要素的信息量是否适中	
注记点	完整性	注记点显示内容缺失	是否缺失重要的地名、地标物和重要场所的点信息	导航软件的注记点来源于地图的POI和注记等两类数据
	准确性	注记点的真实度	1)注记点的名称、类别、位置是否与地图数据相同 2)注记点图标是否符合约定	
	一致性	注记点显示继承性	同名注记点自小(比例尺)到大(比例尺)是否能继承性显示	
	表征质量	注记点图标合理性	注记点图标是否易于理解	
		注记点关系协调性	1)注记点与其他要素的位置关系是否与地图数据相同； 2)注记与其他要素的注记或图形是否存在重叠以至影响读图效果	
		注记点图面载负量	图面的注记点信息量是否适中	
地图显示性能	静态显示性能	地图显示视角	1)是否支持真北方向显示 2)是否支持车头方向显示	
		昼夜显示模式	是否支持依时间/时区/纬度/季节自动切换,或者手动切换昼夜显示模式	
	动态显示性能	相邻比例尺切换时间	地图缩放的画面切换速度≤1″	
		同一比例尺平移拖拽时间	是否窗口移动速度均匀,没有明显的画面跳动感和拖拽迟滞性	
	比例尺范围	尺度范围	至少包括 1:5 000 ~ 1:4 096 万尺度	
		全屏显示全图	在最小尺度上应显示出全国地图	
		尺度级差	相邻尺度的比例尺级差≤4倍	
	地图标注	比例尺	1)画面常驻或者可选择的显示比例尺标注 2)尺度值是否与画面实际比例尺相同	用图解式(图形加注记)或其他显性方式绘制
		指北针	画面标绘有指北针,或者其他真北方向指示符	

附录 2　卫星导航定位与位置服务产品及软件测评

附表 2.2　导航定位设备系统性能描述

检测对象	质量元素	检测项	检测内容	说　明
定位性能	道路匹配性	1)当前观测位置与真实位置的匹配性；2)从错误的匹配位置校正到正确的匹配位置	1)相邻路段的间隔在15米以上的条件下，当前位置是否能正确的匹配到所在道路 2)是否支持失配后的校正能力	同向主路和辅路的路况环境，以及高架路及周边的环境中，不做匹配要求
	定位滞后时间	交叉口处的光标位置滞后时间	最大比例尺地图显示的条件下，行驶到交叉口位置时，观测当前光标位置与交叉口位置的延迟距离所折算的滞后时间是否≤3 s	
	开机定位时间	开机定位时间	在异地首次使用，或者同地停机超过24 h的条件下，分别在静止和行车状态下检测从开机到有效定位的时间是否≤120 s	
	定位信号图示	指示信号锁定状态的卫星信号示图	1)画面上是否有卫星信号示图 2)卫星信号示图指示的卫星锁定状态对否正确	
运行稳定性	无故障时间	连续运行无故障	不断电连续运行时间8 h的条件下：1)是否有死机现象 2)是否出现乱屏等故障现象	
	异常处理	对操作或设备异常的处理能力	误操作是否引起运行异常	
交互性能	响应用户操作的时间	1)触摸屏操作响应时间；2)按键操作响应时间	1)除规定的响应时限外，响应时间是否较长且无提示，超出用户等待的忍耐度；2)对于需要较长等待时间的操作是否提供退出操作的功能	
	触摸屏校准	1)触摸屏坐标精度 2)触摸屏坐标校准	1)手触指定区域时是否出现了错误的坐标指向或偏移；2)坐标出现错误的指向或偏移有否校准坐标操作	

2.2.2 检测指标

对检测的基本功能各项质量元素设计了合格和不合格两种检测指标,如附表2.3和附表2.4所列。

附表2.3 导航定位设备地图显示功能描述

检测对象	质量元素	合格	不合格
道路	完整性	未出现缺失道路、截断道路或孤立路的数量占检测数量的60%以上	未出现缺失道路、截断道路或孤立路的数量占检测数量的60%以下
	准确性	1)道路的位置、形状、名称及其他可显性属性信息否与地图数据的符合度在60%以上 2)道路之间的空间关系与地图数据的符合符合度在60%以上	1)道路的位置、形状、名称及其他可显性属性信息与地图数据的符合度在60%以下 2)道路之间的空间关系与地图数据的符合符合度在60%以下
	一致性	60%以上的道路有继承性	60%以下的道路有继承性
	表征质量	1)面状道路图形的边缘平滑,宽窄适中 2)昼夜光线环境下道路色调舒适 3)道路与其他要素的位置关系与地图数据符合度60%以上 4)道路与其他要素的图形或注记不存在重叠度60%以上 5)图面的道路路网密度适中 6)中小比例尺下,不存在大范围空载画面的现象	道路与其他要素的位置关系与地图数据符合度在60%以下
背景	完整性	国界和主要水系无缺失	国界和主要水系有缺失
	准确性	1)背景的位置、几何图形、名称、类型等与地图数据的符合度在60%以上 2)背景的拼接不存在明显间隙	背景的位置、几何图形、名称、类型等与地图数据的符合度在60%以下
	一致性	60%以上的同名要素有继承性	60%以下的同名要素有继承性
	表征质量	1)背景的几何图形无明显失真 2)背景与其他要素的位置关系与地图数据符合度在60%以上 3)背景与其他要素的图形或注记不存在重叠 4)图上背景的信息量适中	背景与其他要素的位置关系与地图数据的符合度在60%以下

附录2 卫星导航定位与位置服务产品及软件测评

续附表2.3

检测对象	质量元素	合格	不合格
注记点	完整性	未出现缺失重要地名、地标物和重要场所的数量占检测总数的60%以上	未出现缺失重要地名、地标物和重要场所的数量占检测总数的60%以下
	准确性	1)注记点的名称、类别、位置与地图数据符合度在60%以上 2)注记点图标符合约定	注记点的名称、类别、位置与地图数据的符合度在60%以下
	一致性	60%以上的注记点有继承性	60%以下的注记点有继承性
	表征质量	1)注记点图标易于理解 2)注记点与其他要素的位置关系与地图数据符合度在60%以上 3)注记与其他要素的注记或图形不存在重叠; 4)图面的注记点信息量适中	注记点与其他要素的位置关系与地图数据的符合度在60%以下
地图显示性能	静态显示性能	1)支持真北方向、车头方向显示 2)支持昼夜显示模式	缺失真北方向和车头方向显示,或显示错误
	动态显示性能	1)地图缩放的画面切换速度≤1″ 2)窗口移动均匀	画面切换速度、画面跳动感和拖拽迟滞性超出容忍范围【注】在线导航模式的手机不作此项检测
	比例尺范围	1)至少包括1:5 000~1:4 096万尺度 2)相邻尺度的比例尺级差≤4倍 3)在最小尺度上应显示出全国地图	比例尺范围不符合要求 【注】在线导航模式的手机和国外产品不作此项检测
	地图标注	1)画面有比例尺标注 2)尺度值与画面实际比例尺相同 3)画面标绘有指北针,或其他真北方向指示符	缺失任一项要求

附表2.4 导航定位设备系统性能检测指标

检测对象	质量元素	合格	不合格
定位性能	道路匹配性	相邻路段的间隔在15 m以上的条件下,道路匹配率在80%以上	道路匹配率不足80%
	定位滞后时间	最大比例尺地图显示的条件下,行驶到交叉口位置时,当前光标相对交叉口位置的延迟距离所折算的滞后时间≤3 s,或没有明显的滞后感觉	有明显的滞后感觉 【注】对于仅有基站定位的手机不作此项检测
	开机定位时间	在异地首次使用,或者同地停机超过24 h的条件下,分别在静止和行车状态下检测从开机到有效定位的时间≤120 s,或在可容忍范围内	有效定位时间过长 【注】对于仅有基站定位的手机不作此项检测
	定位信号图示	1)画面上有卫星信号示图 2)有手机商设置的GPS信号指示标识符	未提供或者出错 【注】对于仅有基站定位的手机不作此项检测

续附表 2.4

检测对象	质量元素	合格	不合格
运行稳定性	无故障时间	不断电连续运行时间 8 h 的条件下,死机或乱屏等故障现象不多于 1 次	出现故障现象＞1 次
	异常处理	误操作不引起运行异常	误操作引起运行异常
	未列入的项目【注】	检测过程中未发现检测范围之外的严重错误	检测过程中发现检测范围之外的功能存在严重错误
交互性能	响应用户操作的时间	除规定的响应时限外,触摸屏或按键操作的响应时间未超出用户等待的忍耐度,或者提供了进度条,或者提供了退出功能	1)除规定的响应时限外,响应时间较长且无提示,超出用户等待的忍耐度 2)未提供退出操作的功能
	触摸屏校准	1)触摸屏坐标精度满足操作要求 2)电阻式触摸屏提供了坐标校准功能	1)手触指定区域时出现了错误的坐标指向或偏移,且无法校准 2)电阻式触摸屏未提供坐标校准功能

在功能项中要求检测的所有项目在检测指标中都会说明如何判定功能项的通过条件,参照检测指标,可以判定功能项在检测中是否能够通过。

2.2.3 检测方法

对于地图导航定位产品的测评分为两种方式:在室内进行的测试和在实际道路环境下进行的道路测试。具体检测方法如附表 2.5 和附表 2.6 所列。

附表 2.5 导航定位设备地图显示功能检测方法

检测对象	质量元素	检测方法
道路	完整性	在指定的检测区域内,比对导航仪显示的地图和给定的地图样区数据之间的差异。以地图样区数据为标准,统计错误数量,判定道路质量元素的完整性、准确性、一致性和表征质量等指标是否合格
	准确性	
	一致性	
	表征质量	
背景	完整性	在指定的检测区域内,比对导航仪显示的地图和给定的地图样区数据之间的差异。以地图样区数据为标准,统计错误数量,判定背景质量元素的完整性、准确性、一致性和表征质量等指标是否合格
	准确性	
	一致性	
	表征质量	
注记点	完整性	在指定的检测区域内,比对导航仪显示的地图和给定的地图样区数据之间的差异。以地图样区数据为标准,统计错误数量,判定注记点质量元素的完整性、准确性、一致性和表征质量等指标是否合格
	准确性	
	一致性	
	表征质量	

附录2 卫星导航定位与位置服务产品及软件测评

续附表 2.5

检测对象	质量元素	检测方法
地图显示性能	静态显示性能	执行地图旋转操作,其中车头方向可通过模拟导航或室外路测实现;选择昼夜显示模式,观看显示效果;判定指标是否合格
	动态显示性能	1)以指定的城市为中心,从最小比例尺到最大比例尺顺次执行地图缩放操作;统计相邻比例尺画面切换速度的均值,判定指标是否合格 2)以指定的城市为中心,执行漫游操作,观察画面跳动和拖拽迟滞性。给出体验评价 【注】在线导航模式的手机不作此项检测
	比例尺范围	从最小比例尺到最大比例尺顺次执行地图缩放操作,观察和统计所支持的尺度层级和级差,以及能否显示全国地图;判定指标是否合格 【注】在线导航模式的手机和国外产品不作此项检测
	地图标注	1)目测画面或者通过选择调阅,判断是否有比例尺标注和指北针 2)从最小比例尺到最大比例尺顺次执行地图缩放操作,观察比例尺标注和实际比例尺是否相同

附表 2.6 导航定位设备系统性能检测方法

检测对象	质量元素	检测方法
定位性能	道路匹配性	在实际路测环境下: 1)选择路网密集区域,观察道路匹配情况,统计匹配率 2)选择主辅路区段,观察失配后的自动校正能力 3)若有手动校正按键,执行操作,观察效果
	定位滞后时间	在实际路测环境下,经过交叉口时观察光标滞后时间;评估滞后引起的导航效果 【注】对于仅有基站定位的手机不作此项检测
	开机定位时间	1)关机 24 h 后开机,统计开机定位时间 2)在行驶过程中重新开机,统计开机定位时间 【注】对于仅有基站定位的手机不作此项检测
	定位信号图示	观察画面是否有卫星信号示图 【注】对于仅有基站定位的手机不作此项检测
运行稳定性	无故障时间	不断电连续运行时间 8 h 1)统计死机次数 2)统计出现乱屏等现象的次数
	异常处理	在检测过程中统计因误操作引起的运行异常
	未列入的项目	在检测过程中统计遇到的其他功能错误
交互性能	响应用户操作的时间	1)在各种操作中观察或测定系统响应时间 2)对于出现较长响应时间的操作,观察是否提供了进度条,或者退出操作的功能
	触摸屏校准	对于电阻式触摸屏检查是否有校准操作

路径规划的部分功能项、道路引导功能和定位性能的各项检测必须在道路环境下实施。

1. 室内测试

按照《测评大纲》中对于测试方法的要求,地图显示和查询功能的全部测试工作可以在室内完成,包括测试用例编写和执行。

2. 室外测试

地图数据而非实地数据是判定导航软件正确性的唯一依据。对于软件表达的数据与实地情况不符的问题,如显示出来的道路信息与实地不符,POI 与实地不符等情况出现时,应判断软件是否正确地使用了内置地图数据。数据使用正确则判定软件正确。因此,针对一部分检测项目划定检测区,并为检测方提供地图标准数据。检测过程中应用标准数据,而不是实地数据判定软件功能的正确性。

2.2.4 导航定位设备技术性能测试

1. 测试条件

在如下正常的大气条件下进行:

温度:15°～35°;

相对湿度:25%～75%;

大气压力:86～106 kPa;

试验期间施加于系统的电源电压应在额定电压的(100±5)% 范围内。

2. 检测要求和方法(见附表 2.7)

附表 2.7 检测要求和方法

检测单元	检测项	检测要求	检测方法
结构	刚强度	应有足够的刚度和强度	按 GB/T 19392-2003《汽车卫星导航系统通用规范》中的 5.2.2 的规定进行
	操作装置	面板各按键、开关等应有永久性的标志	
	外表	接收设备的外表面应无凹痕、划伤、裂缝、变形等缺陷;涂(镀)层不应起泡、龟裂和脱落。金属零件不应有锈	
性能要求	首次定位时间	冷启动≤120 s	按 GB/T 19392-2003《汽车卫星导航系统通用规范》中的 5.4.4 的规定进行
	重新捕获时间	GNSS 卫星信号短暂中断,中断时间不超过 5 s,接收设备重新获捕卫星信号并确定其位置的时间应小于 4 s	按 GB/T 19392-2003《汽车卫星导航系统通用规范》中的 5.4.5 的规定进行
	电源	直流:偏离额定电压+10%、-20%,设备应能正常工作	按 GB/T 19392-2003《汽车卫星导航系统通用规范》中的 5.6 的规定进行

附录 2 卫星导航定位与位置服务产品及软件测评

续附表 2.7

检测单元	检测项	检测要求	检测方法
性能要求	工作温度	−10°～55°试验温度稳定时间 2 h	SJ/T 11420−2010 中 5.7.1 的规定进行
	贮存温度	−40°～70°试验温度稳定时间 2 h	
	振动	频率范围:10～55～10 Hz 振幅:2 mm 加速度:9.8 m/s² 交越频率:13 Hz 每一轴线上的扫频:20 个循环次数	按 SJ/T 11420−2010 中 5.7.2 的规定进行
	冲击	设备应能承受峰值加速度为 100 m/s²、脉冲持续时间为 16 ms,1000 次的半正弦波的冲击试验。	按 SJ/T 10325−1992 中 5.2.3 的规定进行
	湿热	设备应能在温度为 40 ℃、相对湿度为 93%、试验周期为 48 h 的恒定湿热的环境下正常工作。	按 SJ/T 11420−2010 中 5.7.3 的规定进行
	安全性	a) 当天线或天线输入、输出端接头和接收设备的输入、输出接口发生短暂短路或接地时,不应给接收设备带来永久性损伤 b) 电源部分应有防止过电压、过电流、电源瞬变以及偶然极性反接的保护装置 c) 接口插座处应有明显的标记和防插错装置 d) 有两个或两个以上不同功能的接口时,应选不能通用的接插件	按 GB/T 19392−2003《汽车卫星导航系统通用规范》中的 5.5 的规定进行
	电磁兼容性	电源端子干扰电压的限值 0.15～0.50 MHz:准峰值限值 79 dBμV,平均值限值 66 dBμV 0.50～30 MHz:准峰值限值 73 dBμV,平均值限值 60 dBμV 辐射干扰场强的极限值 30～230 MHz:准峰值限值 40 dB(μV/m) 230～10 000 MHz:准峰值限值 47 dB(μV/m) 电源线尖峰信号传导敏感度 应满足 GB 15540−1995 中 5.6 要求	按 GB/T 19392−2003《汽车卫星导航系统通用规范》中的 5.7 的规定进行
包装		在产品上应有以下标志:商标、企业名称与地址、产品型号、生产日期。 包装盒内应备有装箱单、合格证、使用说明(书)等。	按 GB/T 19392−2003《汽车卫星导航系统通用规范》中的 5.12 的规定进行

2.2.5　测评结果判定

合格:在基本功能检测指标中质量元素全部为合格,技术性能全部合格,判为导航定位设备检测合格。

不合格:在基本功能检测指标中出现任一质量元素的不合格项,技术性能出现任一项指标不合格,判为导航定位设备检测不合格。

2.3　测评的实施流程

在《测评大纲》指导下进行的是针对地图导航定位产品进行的黑盒测试,关注的是产品的功能。

黑盒测试也称功能测试或数据驱动测试,它是在已知产品所应具有的功能,通过测试来检测每个功能是否都能正常使用,在测试时,把程序看作一个不能打开的黑盒子,在完全不考虑程序内部结构和内部特性的情况下,测试者在程序接口进行测试,它只检查程序功能是否按照需求规格说明书的规定正常使用,程序是否能适当地接收输入数据而产生正确的输出信息,并且保持外部信息(如数据库或文件)的完整性。黑盒测试方法主要有等价类划分、边值分析、因果图、错误推测等,主要用于软件确认测试。"黑盒"法着眼于程序外部结构、不考虑内部逻辑结构、针对软件界面和软件功能进行测试。"黑盒"法是穷举输入测试,只有把所有可能的输入都作为测试情况使用,才能以这种方法查出程序中所有的错误。实际上测试情况有无穷多个,人们不仅要测试所有合法的输入,而且还要对那些不合法但是可能的输入进行测试。

2.3.1　前期准备

(1) 设备收集、登记、入库;

(2) 项目组人员配备、培训,选择有测试理论是实践基础的项目成员,针对地图导航定位产品特点进行相应培训;

(3) 项目组管理规定、文档规范制定。

(4) 路测路段选择、路测计划制定;按照测评大纲中对于测试路段的要求,在实际路段选择确认路测路线。

2.3.2　测评流程和执行

软件测试是一个极为复杂的过程。一个规范化的软件测试过程通常包括以下基本的测试活动:拟定软件测试计划、编制软件测试大纲、确定软件测试环境、设计和生成测试用例、实施测试和生成软件测试报告。测试计划早在需求分析阶段即应开始制定,其他相关工作,包括测试大纲的制定、测试数据的生成、测试工具的选择和开发等也应在测试阶段之前进行。充分的准备工作可以有效地克服测试的盲目性、缩短测试周期,提高测试效率,并且起到测试文档与开发文档互查的作用。

附录 2　卫星导航定位与位置服务产品及软件测评

软件测试大纲是软件测试的依据。它明确详尽地规定了在测试中针对系统的每一项功能或特性所必须完成的基本测试项目和测试完成的标准。无论是自动测试还是手动测试，都必须满足测试大纲的要求。

1. 测试计划制定

根据项目组成员的人数和需测试设备的数量等相关因素，衡量工作量后制定出整个测评项目的测试计划，如附表 2.8 所列。

附表 2.8　测试计划

时间段	所需完成任务
6月26日—7月10日	所有设备的测试用例编写
7月11日—7月24日	所有测试用例的执行
7月25日—7月27日	编写测试相关文档及报告
7月28日—7月31日	合并汇总本次项目所有资料、准备交付客户

2. 测试用例编写

根据《测评大纲》内对于功能测试的检测要求，详细理解用户的真正需求和地图导航定位产品的功能，然后着手制订测试用例。

测试用例包括欲测试的功能、应输入的数据和预期的输出结果。测试数据应该选用少量、高效的测试数据进行尽可能完备的测试；基本目标是设计一组发现某个错误或某类错误的测试数据，测试用例应覆盖以下几个方面。

(1) 正确性测试：输入用户实际数据以验证系统是否满足需求规格说明书的要求；测试用例中的测试点应首先保证至少覆盖需求规格说明书中的各项功能，并且正常。

(2) 容错性(健壮性)测试：程序能够接收正确数据输入并且产生正确(预期)的输出，输入非法数据(非法类型、不符合要求的数据、溢出数据等)，程序应能给出提示，并进行相应处理。把自己想象成一名对产品操作一点也不懂的客户进行任意操作。

(3) 完整(安全)性测试：对未经授权的人使用软件系统或数据的企图，系统能够控制的程度，程序的数据处理能够保持外部信息(数据库或文件)的完整。

(4) 边界值分析法：确定边界情况(刚好等于、稍小于和稍大于和刚刚大于等价类边界值)，在测试过程中输入一些合法数据/非法数据，主要在边界值附近选取。

(5) 压力测试：输入 10 条记录运行各个功能，输入 30 条记录运行，输入 50 条记录运行，进行测试。

(6) 等价划分：将所有可能的输入数据(有效的和无效的)划分成若干个等价类。

(7) 错误推测：主要是根据测试经验和直觉，参照以往的软件系统出现错误之处。

(8) 效率：完成预定的功能，系统的运行时间(主要是针对数据库而言)。

(9) 可理解(操作)性：理解和使用该系统的难易程度(界面友好性)。

(10) 可移植性：在不同操作系统及硬件配置情况下的运行性。

(11) 回归测试：按照测试用例将所有的测试点测试完毕，测试中发现的问题开发人员已经解决，进行下一轮的测试。

（12）比较测试：将已经发布的类似产品或原有的老产品与测试的产品同时运行比较，或与已往的测试结果比较。

每个测试项目测试的测试用例不是一成不变的，随着测试经验的积累或在测试其他项目发现有测试不充分的测试点时，可以不断地补充完善测试项目的测试用例。

一个软件系统或项目共用一套完整的测试用例，整个系统测试过程测试完毕，将实际测试结果填写到测试用例中，操作步骤应尽可能的详细，测试结论是指最终的测试结果（结论为：通过或不通过）。具体示例如附表2.9所列。

附表2.9 测试用例示例

项目名称	TOMTOM 4EN52(VIA225)导航定位设备设备测试			软件版本号	TOMTOM 12.050.1077664.74
编　号		用例作者	＊＊＊	设计日期	20130701
模块名称	查询功能				
用例标识	FT_GD13－9_SM_TC_01				
测试环境	PND设备：TOMTOM 4EN52(VIA225)导航定位设备 2 软件版本：TOMTOM 12.050.1077664.74				
测试类型	功能测试				
测试目的	测试地图查询功能下有关名称输入的模糊查询是否支持模糊查询的能力，输入的名称样板能否正确的匹配与之对应的地图POI或道路名称（以需要查找的地点为"滨河世纪广场"为例）				
需求追踪	评测大纲附件B.6.2表1(2)地图查询功能—名称输入—智能性—模糊查询				
输入数据	数据1：北京市 数据2：滨河广场				
操作步骤	1. 打开设备，到主菜单，单击"导航到" 2. 选择"目的地名称" 3. 依次选择"按城市搜索"，选择"北京市" 4. 单击"输入名称" 5. 输入数据2，单击右下角"OK"按钮 6. 查看设备是否成功的找到了符合汉字的所有地点并一一列出 7. 查看设备是否成功的找到了符合模糊查询的地点并一一列出 8. 在列表中通过上下键翻页是否可以找到"滨河世纪广场"并单击 9. 查看设备是否正常的在地图中定位了"滨河世纪广场"的位置并显示了周边的地图				
预期结果	1. 完成第6步后，设备成功的找到了符合汉字的所有地点并一一列出 2. 完成第7步后，设备成功的找到了符合模糊查询的地点并一一列出 3. 完成第8步后，在列表中通过上下键翻页可以找到"滨河世纪广场" 4. 完成第9步后，设备正常的在地图中定位了"滨河世纪广场"的位置并显示了周边的地图				
实际结果	1. 完成第6步后，设备成功的找到了符合汉字的所有地点并一一列出 2. 完成第7步后，设备成功的找到了符合模糊查询的地点并一一列出 3. 完成第8步后，在列表中通过上下键翻页可以找到"滨河世纪广场" 4. 完成第9步后，设备正常的在地图中定位了"滨河世纪广场"的位置并显示了周边的地图				
测试结论	■通过　　□不通过			监督人员	＊＊＊
用例执行人	＊＊＊			执行时间	20130701

附录 2　卫星导航定位与位置服务产品及软件测评

3. 测试用例执行、实际路测执行

在测试用例编写完成的基础上，按照《测评大纲》的要求，进行相应的测试工作，其中：路径规划、道路引导、系统性能中的部分功能和性能需要在符合大纲要求的样区和路径下进行测试执行工作。

4. 测试结果整理汇总

测试完成后，为了保证测试过程的完备性并能够直观的了解测试需求、测试过程和测试结果之间的关系，需要整理测试用例追踪表，将测试需求、测试用例、执行单及测试结果一一对应起来，如附表 2.10 所列。

附表 2.10　项目测试用例追踪表

项目名称：	TOMTOM　4EN52（VIA225）	项目标识：	GD13-9
大纲中需求	对应测试用例	对应用例执行单	是否通过测试
表 1(2)查询功能-名称输入-输入方法-拼音首字母-是否支持汉语拼音首字母输入	FT_GD13-9_SM_TC_01	FT_GD13-9_SM_TC_01	是
表 1(2)查询功能-名称输入-输入方法-全拼-是否支持汉语拼音全码输入	FT_GD13-9_SM_TC_02	FT_GD13-9_SM_TC_02	是
……	……	……	……

5. 评分工作

按照测评大纲中对各个功能项目测评的要求及产品使用过程中各功能实现对整个产品的影响，制定出对应的评分规则，针对测评的不同功能为参测产品进行评分。在完成测试并提交测试报告的基础上，直观地展示出所有参测产品的功能实现能力和效果差异，为给生产厂商提供更细化的产品优化建议建立基础，如附图 2.4 所示。

6. 测试文档、测试报告编写提交

测试报告是确认产品是否满足应用要求的根本，因此必须认真撰写，必须对测试过程作详细的记录，测试报告应涵盖的主要内容有产品名称、厂商名称、测试环境、测试手段、测试内容、测试步骤、测试结果分析、测试员和项目管理等。

7. 项目验收

测试完成后需要进行项目的验收交付工作，测评过程中形成的相关文档和结果都需要进行验收确认，交付的主要测评文档和结果包括《测试计划》、《测试说明》、《测试用例设计单》、《测试用例执行单》和《测试报告》和《测试总结》等。

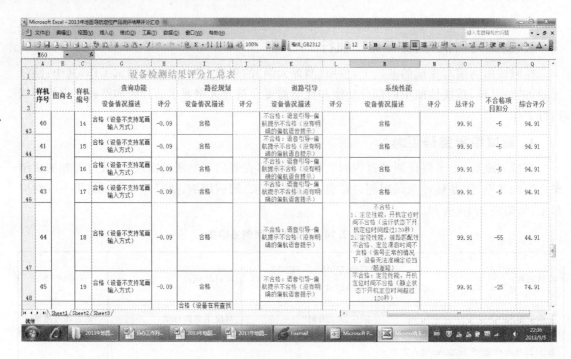

附图 2.4 测试评分

2.4 室内测试的原理（信号仿真）

导航定位等地面接收设备在测试过程中面临很多的问题，其中包括：

（1）大量的室外测试，耗时、费力、费用高昂（其中包括车辆费用、油费、路桥费用等），而且测试工作在很大程度上受到测试环境中空间、路况、安全和道路交通规则等各方面的影响；

（2）测试环境无法确定，被天气、测试位置等多种不确定的外界因素影响；

（3）测试过程面临环境无法重现的难题，正如上一条中提到的，特定环境下的天气、遮蔽物、路况，甚至是多种需要进行测试的极端环境，如强干扰、高速度、屏蔽、遮挡等无法模拟；

（4）测试结果不易量化，性能测试不精确。

以上问题在导航定位等地面接收设备的测试过程中日益凸显，为解决以上问题，提出了卫星信号仿真器使用的相关需求。要求设备可在开发、测试、验证、定型、集成或者生产、故障诊断等环境中对接收设备提供卫星信号仿真，从而进行精确的常规测试和性能评估，降低现场测试的高昂费用。

针对各个不同生产厂家的导航设备，需要有设备能够对用户终端的导航设备进行测试，以判定该导航设备是否满足指标要求。通常的方法是利用一台信号发生器模拟导航卫星信号输出信号至导航设备，模拟测试导航设备在"真实"接收到导航信号时的性能参数。

这种利用设备来模拟卫星导航信号的实验室环境测试方案，具有以下优点：

1) 可重复性：利用模拟卫星信号发生器，测试场景是可重复的，这就保证了所有产品的测试环境是一致的，测试结果是可以复现的。这在真实环境下几乎是不可能的，因为在真实环境下，每颗卫星与导航仪中间的相对位置在不停变化，大气的参数也在变化，所以真实环境是不可重复的。

2）可控性：利用模拟卫星信号发生器，可以按照用户的需求设置卫星的数目，每颗星的延时，多径效应等参数，这样就允许用户测试可能出现的各种不同状况。而这在真实环境下，很多参数是用户不可知的而且不可控的。

3）准确性：利用模拟卫星信号发生器，可以很准确地设置每颗星的功率、干扰信号的大小等参数，这也是真实环境下无法得知的。

4）极限性能测试：利用模拟卫星信号发生器，可以轻松地设置各种极端环境，例如极低的功率，很少的卫星数目等，检测此时的导航设备是否能够正常工作，而在真实情况下几乎无法把握这些极限环境何时会出现。

2.4.1 功 能

卫星信号仿真器主要用于导航设备的测试，它可以模拟导航卫星信号输入到导航仪内部；可以模拟导航仪能够进行定位所需的最小电平信号，可以逐渐减小信号发生器模拟的导航卫星信号的输出功率，最终找到导航仪能够进行定位所需的最小电平；设备可以人为的将信号发生器输出的导航卫星信号关断一段时间，然后再打开，模拟导航信号突然丢失一段时间后导航设备再次捕获需要多少时间；需要利用两台信号发生器，一台产生卫星导航信号，另一台产生干扰信号，将两路信号利用合路器输入至导航设备，检查此时导航设备能否正常工作。设备一般支持北斗2和GPS、伽利略、格洛纳斯等常用的导航系统，提供多体制、多波束、多载体、多输出以及闭环实时等仿真功能，提供精确的、可重复的和可控制的测试数据来源，可提供多个信道的GPS、北斗信号。

卫星信号仿真器可在有限的实验室空间内提供对已生成信号的控制能力和可重复性，而且在系统部署之前便可实现，这些都有助于缩短项目计划时间并降低成本。可以在信号实际存在于在空间中实际发送之前对其进行仿真，使用真实的天空环境是无法实现这一目标的。可对生成的信号加以控制，通过单台设备即可实现模拟，达到在可控的实验室条件下执行测试的目的。星群模拟器能够生成与GNSS卫星相同的发送信号，导航定位等地面接收设备会以实际处理卫星信号的方式来处理这些模拟信号。

卫星导航信号仿真器需具备轨迹仿真、环境仿真、异常仿真和交互仿真控制功能，基于测试场景模拟再现接收机接收到的卫星信号环境。可仿真某颗卫星出现异常伪距，以测试接收机的自主完好性功能。这些场景定义了接收机在给定仿真时刻的位置、运动状态，以及卫星星座参数、电离层和对流层参数、多径、遮挡、干扰等环境的影响。能够模拟真实场景，包括弱信号条件、强干扰条件、高动态、多路径干扰，以测试接收机在这些极端环境下的性能。还要求能够模拟现实卫星导航系统的异常系统，以测试接收机在出错环境下的性能。

支持抗干扰、惯导辅助、高动态以及10 ms实时闭环等终端产品的仿真测试。系统可扩展、硬件可重构、软件可升级、不同导航信号源之间可同步级联，满足各种多模用户机的测试需求。

卫星导航信号仿真器需具有静态、动态轨迹生成和测试能力，各通道伪距、功率、载波初相独立设置能力，针对星座模型生成导航电文能力，多径信号模拟能力，可编程信号场景生成能力，大气层、电离层模型参数设置能力，相对论误差模拟能力，提供静止、汽车、轮船、飞机等载体运动模型,支持实时闭环仿真测试,具有数据记录和分析处理能力。卫星导航信号仿真器如附图 2.5 所示。

附图 2.5　卫星导航信号仿真器

卫星导航信号可通过电缆或天线输出。

具体实现的功能可以包括：

1) 模拟多颗卫星：

a. 能够在 L1 和 L2 频段模拟 GPS 卫星信号；

b. 支持设置为静态模式(static mode)和本地模式(localization mode)。在静态模式下,用户对卫星信号进行手动配置。在本地模式下,仪器允许用户模拟"真实"的位置信息；

c. 允许用户自己选择星历文件；

d. 支持卫星的动态切换和实时变化功能；

e. 能够设置为 GPS、北斗混合导航模式。

2) 支持用户模拟多颗 GPS 卫星信号,可以是 P 码或者 C/A 码、P 码混合信号。

3) 支持的频点包括北斗卫星导航系统(BD-2)B1、B2、B3。

4) 支持模拟 12 颗卫星,使用户能够模拟的卫星数目由 6 颗上升到 12 颗,同时支持混合导航模式。

5) 支持移动场景的模拟,支持用户定义轨迹的接收机移动。

6) 用户能够模拟的卫星数目由 12 颗上升到 24 颗,同时支持混合导航模式。

针对前文提到的最基本的定位时间测试、再次捕获时间测试、抗干扰测试、灵敏度测试和大气参数变化测试。用户可以在一台信号发生器内部产生多种导航制式的混合信号,用于测试。

2.4.2　性　能

可精确测试多模兼容接收机的各项性能指标,例如定位精度、启动时间、测速精度、授时精度、信号搜索和跟踪灵敏度、多经抑制能力、接收机通道能力等。卫星导航信号仿真器可以输出导航卫星射频信号、高稳定度 1PPS 标准秒脉冲信号、10MHz 标准时基信号。

通过模拟实现在额定、极端或错误状态条件下开展性能测试所需的条件。

2.4.3 软　件

卫星信号仿真器的软件一般包含配置数据仿真软件，能够根据用户要求对仿真数据进行配置，如卫星轨道数据、电离层、对流层参数、用户轨迹等。控制软件可对卫星导航信号模拟器输出进行信号中断、信号恢复、开关每一个可见星信号、调制方式选择和功率控制等。

2.5　白盒测试的原理及方法

2.5.1　相关背景

信息化和卫星导航的融合促进了嵌入式系统产业的发展，嵌入式系统的最终产品已经不是软件，而是卫星导航的系统产品，其复杂程度正随着整个信息技术的进步和用户需求的提高而迅速加大。基于此，产品的研发平台和测试工作就日益重要，国外先进研发制造企业的产品研发平台和测试费用往往各占到其研发成本的 15%～30%，而我国相关企业的研发平台和测试费用仅各占到研发费用的 7%～10%，有着明显的差距和提升空间。随着行业的不断发展，相关企业对软件测评的重视程度不断提升，与此同时，相关参评企业在工作不断推进的过程中，也发现了相关软件测评投入少、方法少、工具少的瓶颈，相关企业需求不断增长。

在卫星导航定位产品及软件测评领域，重黑盒轻白盒的现象依然普遍存在，测试的不完备性和随意性为相关产品质量的保障和提升带来了很大的隐患。而随着相关企业的不断发展，对导航定位软件进行更加深入的白盒测试工作已经越来越成为一些企业重要的诉求。然而，在国内，相关产业发展晚，对测试工作的重视程度不足导致的市场需求低，行业起步晚，已经造成了现在很多企业有相关需求却没有相关服务和工具的提供商的尴尬状态。

1. 测试环境的构建方面

现有的测试环境依然是大量依托实际的硬件环境，在硬件开发的制约下软件开发的进度和测试的效果也总是得不到保障，如何实现大量的可重复的并行测试环境搭建，现在行业仍然没有一套成熟的解决方案。

2. 测试周期方面

现如今导航定位产品的功能日益增加，从而导致需要被测试的功能越发增多，使用传统的测试方法无法重用已经存在的测试用例，而每次产品的更新和新品的出产，都会引入大量的测试需求，并且大部分是重复劳动，从而花费大量时间和人力编写新的测试用例，而测试的随意性又导致测试工作的大量重复劳动和遗漏，这都给测试工作的工作效果和工作效率提升带来了不好的影响。

3. 测试工具研发方面

大多数的导航定位产品及软件生产企业仍然采用的是内部约定俗成的测试习惯和规范，这一方面没有规范可以遵循，另外一方面，没有专业测试工具的协助，大量的测试工作是无法实现的，如：性能测试，一个路径规划策略的实现性能，仍然可能是通过测试人员大概估算时间的方式进行衡量，精确性和客观性很差。因此，在符合行业相关特点的基础上，结合相关的国标和军标中的软件测试标准，研发出一套能够适合导航定位软件测评的工具出来，是一件急迫需要投入时间和人力成本去解决的事情。

基于以上需求，如何开展针对手机、PND 导航仪、汽车后装导航仪、汽车前装导航仪这 4 种导航定位设备中软件的白盒测试，需要进行大胆的技术创新和方法探索。

卫星导航产品与软件的测评需要针对国内相关产业急需解决的核心技术缺乏、行业信息交流不畅、工程实施难度大、软件测评不专业、业务发展方向难以明确、人才缺失等问题，对症下药，促进产业发展。在产生经济效益的同时，旨在和相关卫星导航、信息技术、航天技术、硬件开发测试企业共同为整个行业的发展吸引更多嵌入式技术、导航电子地图制作、导航设备研发生产、芯片制造等相关企业的集聚，逐步形成中国卫星导航电子产品研发、生产、测试集中、有序发展的良好状态。

2.5.2 技术内容

1. 导航定位软件白盒测试中主要存在的问题

（1）导航定位软件中性能测试无明确和精确的方法；
（2）导航定位软件测试随意性大，测试完备性不明确；
（3）外部数据环境不易模拟，极端数据环境无法实现，造成测试的不完备；
（4）代码量过大，测试工作不易整合及追溯；
（5）产品测试中反馈出来的问题，无法在代码中查找原因，快速定位问题来源；
（6）软件复杂性随着多个团队、长时间的研发不断增加，代码冗余量过大。

针对以上在实际的软件测试工作中遇到的问题，可以运用白盒测试的基本理论，探索出一条适合导航定位软件测试的工作方法。

2. 技术实现

针对以上白盒测试工作中存在的瓶颈和问题，白盒测试的主要解决方法包括：

（1）源代码插桩：在客户被测源码中插入数据采集的桩，用于对客户代码的执行情况进行监控。采用变量插桩的方式，一方面能够完整的实现代码监控功能，另一方面也大大降低了插桩对于源代码的影响，尤其是减少了插桩对于代码测试中性能测试部分的准确性影响。

（2）全数字的测试环境：针对在研发和测试过程中遇到的硬件设备匮乏或者未完成研发的瓶颈，可以针对性的采用全数字测试环境，仿真客户代码的运行环境和 CPU，在测试过程中，客户只需有多套可以运行该测试平台的 PC 即可进行并行的、不受硬件环境限制的测试工作，提高了工作效率，减少了硬件成本。

（3）外部数据激励注入：在代码测试环境全数字模拟的情况下，测试过程变得简单可控，在全数字环境下运行代码,通过寄存器、变量、内存值修改的方式,按照客户测试中设计的数据进行外部测试数据的注入,而注入方式也非常简单,只需要通过简单的 TCL 脚本语句即可实现。

(4) 数据采集和分析:系统在整个被测代码的运行过程中,采集插桩点反馈的数值数据和时间数据,通过客户的要求和测试计划,进行覆盖率分析(包括 SC、DC、MCDC)得出用户测试的完备性,或者通过性能信息(P)得出用户被测代码的性能数据。为用户的测试流程控制和性能优化提供最直观的测试数据支撑。

2.5.3 应用举例

很多相关企业都是在 Wince 环境下进行研发和测试工作,首先,要搭建符合客户实际工作环境的测试环境。测试环境选择和安装较为通用的 EVC 开发环境和 WinCE5.0 中文模拟器,以上环境安装完成后,在 EVC 中建立工程,编译成功后自动连接模拟器。该环境与客户开发、编译、测试的环境是完全一致的,既可以快速地搭建于客户的实际工作环境中,又有利于用户测试工作的开展。

1. 被测代码插桩处理

针对导航定位软件测试过程中遇到的种种测试难题,在不改变研发测试环境的基础上,对被测代码进行简单的处理,即插桩操作。具体过程如下:

(1) 预处理参数选择:这个过程中,需要根据 Wince 特殊的环境进行预处理参数设置,同时,预处理头文件的选择也很重要,根据客户开发环境的不同,如 Arm 或者 X86 环境,选择相应的预处理文件,例如,客户开发环境是 ARMV4,选择头文件目录为:"..\Windows CE Tools\wce400\STANDARDSDK\Include\Armv4i"。

(2) 对被测代码进行预处理:可以直接采用 Wince 安装目录下的"Microsoft eMbedded C++ 4.0\EVC\WCE400\bin\cl.exe"对被测代码用于进行预处理操作,操作完成后,生成相应的.i 后缀的预处理文件。

(3) 预处理后插桩:用插桩工具对于预处理后的.i 文件进行插桩,完成插桩工作。插桩后的代码如附图 2.6 所示。

插桩操作就像是在被测代码中加入了观测点,判断语句执行结果是什么,语句是否被执行,执行到每一个函数,甚至是每一句话的具体系统时间都明确地记录下来,为后续的测试数据分析工作开展提供强有力的支撑。

2. 全数字仿真技术

全数字仿真技术是综合解决嵌入式软件测试中由于嵌入式环境所带来的测试困难的一种解决方案。

使用计算机仿真的方式构造嵌入式软件运行所需的硬件环境,即目标机,对目标机数据环境的数字仿真,各种软件测试技术手段在全数字仿真环境下的应用。这种测试不需要硬件系统,完全使用软件进行数字仿真。

全数字仿真是使用计算机仿真的方式构造嵌入式软件所需的硬件环境和嵌入式软件运行时所需的外部数据的过程。它包括:目标硬件环境的数字仿真,通过对处理器、内存、外围可编

附图 2.6 插桩后代码

程芯片以及上述各器件之间连接的仿真,构造目标机硬件环境目标数据环境的数字仿真,其中包括相关端口的数据或外围设备的数学模型。

以测试工具 NativeCast 为例,它是一款通用软件测试系统,是面向高级语言通用软件全寿命周期的测试系统。工具采用了专利插桩技术,是为软件开发者设计的高性能分析测试工具,它广泛应用于软件静态分析和动态测试中。工具可同时监视整个应用程序,可以适应从单元级、集成级,直到系统级等各个阶段的应用。从而避免了选择程序的哪部分来观测以及如何配置相应工具来对各部分进行测试带来的困难并能生成可靠的跟踪及测试结果。

与其他纯软件测试产品相比较,工具的插桩代码对系统影响最小(代码膨胀率<15%),可以解决其他一些纯软件测试产品不能解决的问题。工具的系统架构如附图 2.7 所示。

本工具对客户被测代码进行测试的实现原理图如附图 2.8 所示。

工具将用户的被测代码进行处理并运行在全数字的测试环境下,通过 TCP/IP 的方式对运行过程中的测试数据进行采集,工具的工作方式如附图 2.9 所示。

由于在 Wince 环境下可以简单地进行 TCP/IP 环境的配置,在实际测试中可以将运行客户代码的模拟器作为目标代码运行的被测系统,通过 TCP/IP 的方式与运行本工具的 PC 进行数据交换,而 NativeCast 工具则对通过网络采集上来的测试数据进行有效的分析和处理,得出其语句、条件、条件判定覆盖、性能等动态测试结果和控制流图、调用图、被调用图等静态测试结果。

附录 2 卫星导航定位与位置服务产品及软件测评

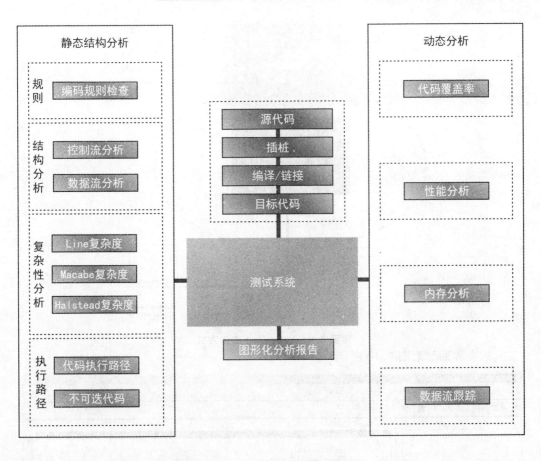

附图 2.7 NativeCast 工具的系统架构

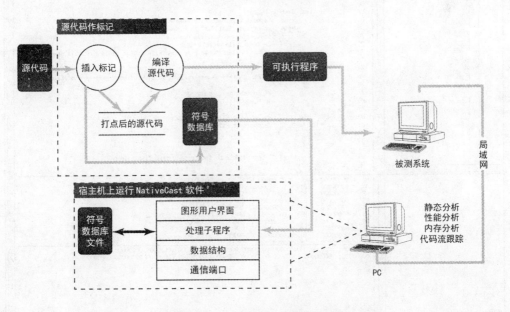

附图 2.8 NativeCast 实现原理图

嵌入式系统及其软件理论与实践——基于超系统论

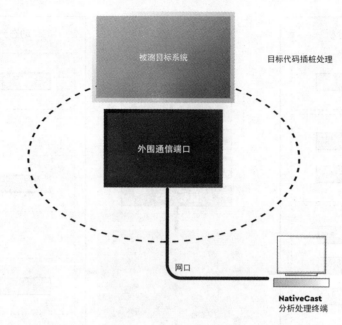

附图 2.9　NativeCast 工作方式

工具的主界面如附图 2.10 所示。

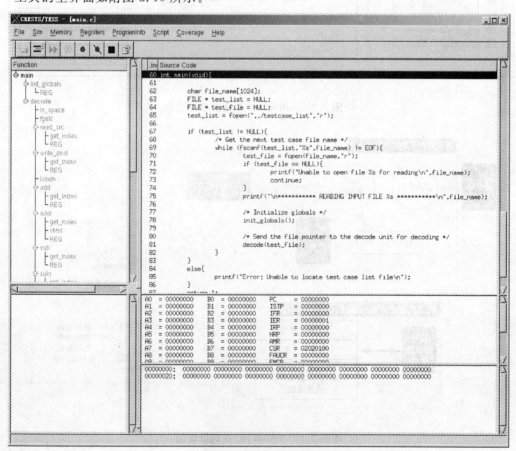

附图 2.10　工具主界面

工具的功能结构如附图 2.11 所示。

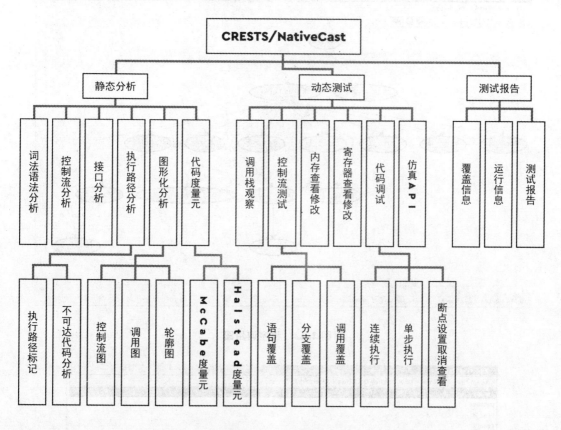

附图 2.11　工具功能结构

工具主要白盒测试功能概述：

（1）静态测试：工具通过对客户的源代码进行静态分析得出相应的静态测试结论，如：代码的扇入扇出、控制流、调用关系图等。

程序调用图可以直观的得到系统中各个函数之间的调用和被调用关系，对于用户分析冗余代码、调整逻辑关系都有很好的借鉴作用，如附图 2.12 所示。

程序度量元分析根据软件测试中白盒测试的基本理论，工具可以对被测代码的扇入、扇出、代码体积、注释率等进行分析，如附图 2.13 所示。

（2）动态测试

工具可以通过用户动态运行和测试程序，得出相应的动态测试结果，包括覆盖率分析、性能分析、内存、寄存器修改等。同时，也可以通过仿真 API，起到外部激励数据注入，测试用例执行的功能。

1）覆盖率分析

代码覆盖率表明了被测软件在测试执行时哪些代码被执行过了，哪些没有执行过。在软件测试过程中有效地监控代码覆盖率是提高软件测试有效性和完备性的一项重要途径。工具根据被测软件的目标码计算覆盖率指标，包括有：语句覆盖（SC）；分支/判定覆盖（DC）修改/判定条件覆盖（mc/Dc），如图附 2.14 所示。

在程序流程图上，通过已执行语句标红的方式，客户可以直观的对于测试用例执行情况进

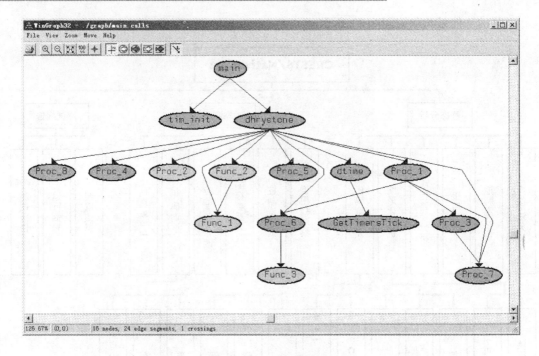

附图 2.12 程序调用图

Function Name	Recursive	Fan-In	Fan-Out	Height	Weight	Cyclomatic v(G)
memcpy	no	0	0	0	0	2
putchar	no	0	0	0	0	2
Proc_3	no	1	1	1	1	2
Proc_2	no	1	0	0	0	3
Proc_6	no	2	1	1	1	7
Proc_1	no	1	4	2	5	2
Proc_8	no	1	0	0	0	2
Proc_7	no	3	0	0	0	1
Proc_4	no	1	0	0	0	1
Proc_5	no	1	0	0	0	1
dtime	no	1	1	1	1	1
dhrystone	no	1	11	3	18	22
main	no	0	2	4	20	1
tim_init	no	1	6	0	0	1
GetTimersTick	no	1	2	0	0	1

15 Functions

附图 2.13 扇入扇出

行分析,为如何设计测试用例提供依据,如附图 2.15 所示。

针对逐个文件,甚至是单个函数的覆盖率统计,可以给工具的使用者提供测试计划制定的可靠依据,同时,不可达代码、冗余代码都可以通过覆盖率测试的结果分析得出,可以有效的为客户提供代码优化的依据。通过对测试过程中产生的插桩信息统计,结合白盒测试中对于覆盖率的测试理论,可以准确地分析出测试的完备性和覆盖率。增加测试的可控性,如附图 2.16 所示。

2) 性能分析

工具可以精确计算出每个模块的执行时间,并能够列出其最大、最小和平均以及累计执行时间。工具的性能分析能够为应用程序的优化提供依据,通过优化关键函数的运算法则,调整

附录 2　卫星导航定位与位置服务产品及软件测评

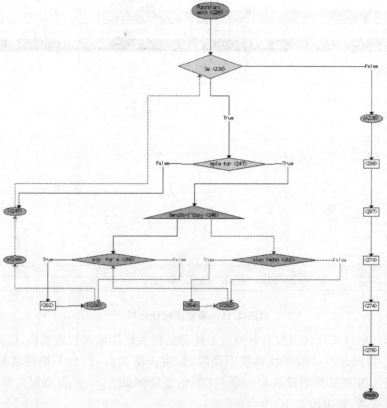

附图 2.14　控制流图

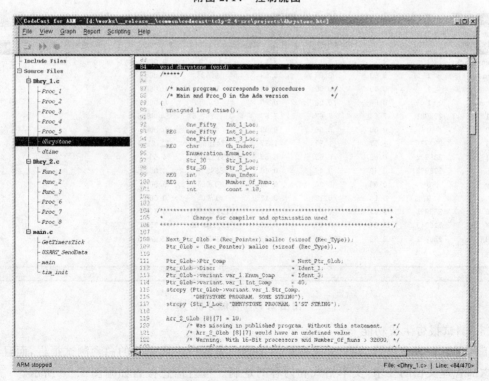

附图 2.15　标红执行过的语句

Function Coverage

Function Name	File Name	# Statements	% SC Coverage	# Decisions	% DC Coverage	% MC/DC Coverage	# Calls	% Call Coverage
putchar	main.c	4	100.00 %	2	50.00 %	-	0	0.00 %
GetTimersTick	main.c	8	112.50 %	1	100.00 %	-	0	0.00 %
tim_init	main.c	19	105.26 %	1	100.00 %	-	0	0.00 %
main	main.c	3	133.33 %	1	100.00 %	-	2	100.00 %
dhrystone	Dhry_1.c	187	29.41 %	56	17.86 %	-	10	70.00 %
Proc_1	Dhry_1.c	12	100.00 %	2	50.00 %	-	3	100.00 %
Proc_2	Dhry_1.c	8	62.50 %	4	50.00 %	-	0	0.00 %
Proc_3	Dhry_1.c	3	133.33 %	2	50.00 %	-	1	100.00 %
Proc_4	Dhry_1.c	4	125.00 %	1	100.00 %	-	0	0.00 %
Proc_5	Dhry_1.c	2	150.00 %	1	100.00 %	-	0	0.00 %
memcpy	Dhry_1.c	2	0.00 %	2	0.00 %	-	0	0.00 %
dtime	Dhry_1.c	1	200.00 %	1	100.00 %	-	1	100.00 %
Proc_6	Dhry_2.c	15	46.67 %	9	22.22 %	-	1	0.00 %
Proc_7	Dhry_2.c	3	133.33 %	1	100.00 %	-	0	0.00 %
Proc_8	Dhry_2.c	13	107.69 %	2	100.00 %	-	0	0.00 %

15 Functions | SC Coverage - 52.11 % | DC Coverage - 30.23 % | MC/DC Coverage - 0.00 %

附图 2.16　覆盖率统计分析

优化调用接口，使软件工程师可以有针对性地优化某些关键性地函数或模块，以及改善整个软件地总体性能。可同时测量的模块数量不受限制，生产率提高，再也不用凭猜测进行局部测量，不用多次进行复杂枯燥的设置和测量。工具的性能测试方式，采取全程跟踪方式，收集全部数据，精确度提高，如附图 2.17 所示。

Function Performance

Function Name	# of Calls	Minimum(uS)	Maximum(uS)	Average(uS)	Cumulative(uS)	% Total Time
putchar	192	1.07	1.07	1.07	204.80	0.0061 %
GetTimersTick	9	3.13	3.13	3.13	28.20	0.0008 %
tim_init	1	8.63	8.63	8.63	8.63	0.0003 %
main	1	0.00	0.00	0.00	0.00	0.0000 %
dhrystone	1	0.00	0.00	0.00	0.00	0.0000 %
Proc_1	238981	7.67	7.67	7.67	1832187.67	54.8886 %
Proc_2	0	0.00	0.00	0.00	0.00	0.0000 %
Proc_3	238981	1.57	1.57	1.57	374403.57	11.2164 %
Proc_4	238982	0.63	0.63	0.63	151355.27	4.5343 %
Proc_5	238982	0.40	0.40	0.40	95592.80	2.8638 %
memcpy	0	0.00	0.00	0.00	0.00	0.0000 %
dtime	9	0.13	0.13	0.13	1.20	0.0000 %
Proc_6	238981	0.67	0.67	0.67	159320.67	4.7729 %
Proc_7	716943	0.27	0.27	0.27	191184.80	5.7275 %
Proc_8	238981	2.23	2.23	2.23	533724.23	15.9893 %

15 Functions

附图 2.17　性能分析

（3）测试报告生成功能

工具可以在客户进行动态、静态测试的基础上为客户生成完整的白盒测试报告，而且根据客户内部管理文档的要求，文本格式和内容的定制。覆盖信息报告如附图 2.18 所示。

Function Coverage

Function Name	File Name	# Statements	% SC Coverage	# Decisions	% DC Coverage	% MC/DC Coverage	# Calls	% Call Coverage
putchar	main.c	4	100.00 %	2	50.00 %	-	0	0.00 %
GetTimersTick	main.c	8	112.50 %	1	100.00 %	-	0	0.00 %
tim_init	main.c	19	105.26 %	1	100.00 %	-	0	0.00 %
main	main.c	3	133.33 %	1	100.00 %	-	2	100.00 %
dhrystone	Dhry_1.c	187	29.41 %	56	17.86 %	-	10	70.00 %
Proc_1	Dhry_1.c	12	100.00 %	2	50.00 %	-	3	100.00 %
Proc_2	Dhry_1.c	8	62.50 %	4	50.00 %	-	0	0.00 %
Proc_3	Dhry_1.c	3	133.33 %	2	50.00 %	-	1	100.00 %
Proc_4	Dhry_1.c	4	125.00 %	1	100.00 %	-	0	0.00 %
Proc_5	Dhry_1.c	2	150.00 %	1	100.00 %	-	0	0.00 %
memcpy	Dhry_1.c	2	0.00 %	2	0.00 %	-	0	0.00 %
dtime	Dhry_1.c	1	200.00 %	1	100.00 %	-	1	100.00 %
Proc_6	Dhry_2.c	15	46.67 %	9	22.22 %	-	1	0.00 %
Proc_7	Dhry_2.c	3	133.33 %	1	100.00 %	-	0	0.00 %
Proc_8	Dhry_2.c	13	107.69 %	2	100.00 %	-	0	0.00 %
TOTAL		284	52.11 %	86	30.23 %	0.00 %	18	0.00 %

Function Performance

Function Name	# of Calls	Minimum(uS)	Maximum(uS)	Average(uS)	Cumulative(uS)	% Total Time
putchar	192	1.07	1.07	1.07	204.80	0.0061 %
GetTimersTick	9	3.13	3.13	3.13	28.20	0.0008 %
tim_init	1	8.63	8.63	8.63	8.63	0.0003 %
main	1	0.00	0.00	0.00	0.00	0.0000 %
dhrystone	1	0.00	0.00	0.00	0.00	0.0000 %
Proc_1	238981	7.67	7.67	7.67	1832187.67	54.8886 %
Proc_2	0	0.00	0.00	0.00	0.00	0.0000 %
Proc_3	238981	1.57	1.57	1.57	374403.57	11.2164 %
Proc_4	238982	0.63	0.63	0.63	151355.27	4.5343 %
Proc_5	238982	0.40	0.40	0.40	95592.80	2.8638 %
memcpy	0	0.00	0.00	0.00	0.00	0.0000 %
dtime	9	0.13	0.13	0.13	1.20	0.0000 %
Proc_6	238981	0.67	0.67	0.67	159320.67	4.7729 %
Proc_7	716943	0.27	0.27	0.27	191184.80	5.7275 %
Proc_8	238981	2.23	2.23	2.23	533724.23	15.9893 %

附图 2.18 测试报告生成

Function Metrics

Function Name	Recursive	Fan-In	Fan-Out	Height	Weight	Cyclomatic v(G)
memcpy	no	0	0	0	0	2
putchar	no	0	0	0	0	2
Proc_3	no	1	1	1	1	2
Proc_2	no	1	0	0	0	3
Proc_6	no	2	1	1	1	7
Proc_1	no	1	4	2	5	2
Proc_8	no	1	0	0	0	2
Proc_7	no	3	0	0	0	1
Proc_4	no	1	0	0	0	1
Proc_5	no	1	0	0	0	1
dtime	no	1	1	1	1	1
dhrystone	no	1	11	3	18	22
main	no	0	2	4	20	1
tim_init	no	1	6	0	0	1
GetTimersTick	no	1	2	0	0	1

File Metrics

File Name	Functions	Total Lines	Blank	Comment	% Comment Ratio
Dhry_2.c	6	187	27	68	36.36 %
Dhry_1.c	7	470	84	90	19.15 %
main.c	4	75	19	8	10.67 %
TOTAL	17	732	130	166	22.68 %

附图 2.18　测试报告生成（续）

附录 3
卫星导航定位与位置服务公共云服务平台

3.1 公共服务平台

公共服务平台是指按照开放性和资源共享性原则,为区域和行业中小企业提供信息查询、技术创新、质量检测、法规标准、管理咨询、创业辅导、市场开拓、人员培训和设备共享等服务的设施、场所和机构。

3.1.1 嵌入式公共服务平台

3.1.1.1 背景

当今社会,小到智能卡、手机、水表,大到信息家电、汽车,直至飞机、宇宙飞船,嵌入式技术"无处不在、无所不能",嵌入式软件也令人惊讶地创造了我国软件产值60%的份额,成为民族软件产业发展的主流方向。随着我国嵌入式软件应用领域的不断拓展、相关产业规模的不断扩大,嵌入式软件技术咨询、测试、培训等服务发展滞后,已成为制约嵌入式技术和软件产业健康发展的一大瓶颈问题。

调查显示,嵌入式软件测试相关产业仍处于起步阶段,嵌入式软件测试企业普遍规模较小,软件开发和应用方对测试的投入费用比例较低,软件评测的技术标准还未制定,都还在探索阶段,嵌入式专业人才培养还未体系化,嵌入式技术项目的实施也没有专业的人才队伍和先进技术平台的支撑。虽然国内已涌现出一些第三方测试机构,但基本仍然处于发展的初级阶段。

基于以上问题,成立嵌入式公共服务平台,可以以信息系统技术、嵌入式软件及系统全寿命平台系列为核心基础,结合当地的产业特点形成通用信息技术平台、通用嵌入式平台,推动嵌入式技术发展,实现良好的经济效益和社会效益。为平台所在园区入驻企业提供嵌入式技术咨询、测试和培训等服务,为园区企业快速发展信息系统、嵌入式系统提供平台技术支持,为园区培养各类信息平台技术、嵌入式技术人员，调整和优化人才结构，大力推动创新型嵌入式产业的应用和发展，为各地区创造良好的经济效益和社会效益。嵌入式公共服务平台如附图3.1所示。

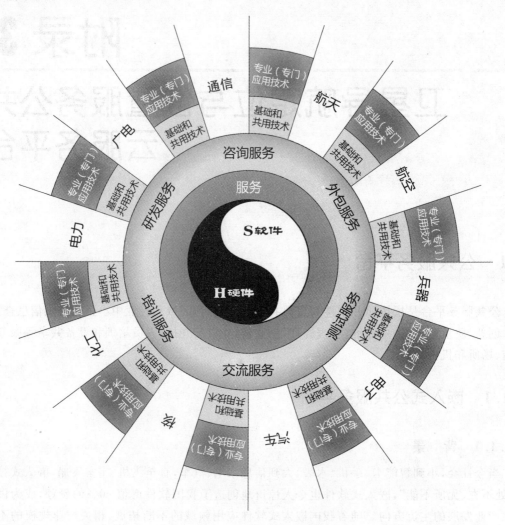

附图3.1　嵌入式公共服务平台

3.1.1.2　基本概念

嵌入式公共服务平台是以信息系统技术、嵌入式软件及系统全寿命平台系列为核心基础，结合产业特点而形成的通用信息技术平台、通用嵌入式平台。该平台除了可以发挥企业的技术优势外，还联合国内外先进信息平台技术、嵌入式平台技术的有关大学、企业共同提供信息技术和嵌入式技术的产品及其服务。可以为当地带来良好的经济效益和社会效益，诸如产业积聚、产业升级、软件规模化、软件质量优化、软件人才培养等等方面。

嵌入式公共服务平台应用范围广，市场广阔，目前主要用于各种信号处理与控制，已在国防、国民经济及社会生活各领域普遍采用。

军用：各种武器控制（火炮控制、导弹控制、智能炸弹制导引爆装置）、坦克、舰艇、轰炸机等

附录3 卫星导航定位与位置服务公共云服务平台

陆海空各种军用电子装备,雷达、电子对抗军事通信装备,野战指挥作战用各种专用设备等。

家用:各种信息家电产品,如数字电视机,机顶盒,数码相机,VCD、DVD 音响设备,可视电话,家庭网络设备,洗衣机,电冰箱,智能玩具等。

工业用:各种智能测量仪表、数控装置、可编程控制器、控制机、分布式控制系统、现场总线仪表及控制系统、工业机器人、机电一体化机械设备、汽车电子设备等。

商用:各类收款机、POS 系统、电子秤、条形码阅读机、商用终端、银行点钞机、IC 卡输入设备、取款机、自动柜员机、自动服务终端、防盗系统、各种银行专业外围设备。

办公用:复印机、打印机、传真机、扫描仪、激光照排系统、安全监控设备、手机、寻呼机、个人数字助理(PDA)、变频空调设备、通信终端、程控交换机、网络设备、录音录像及电视会议设备、数字音频广播系统等。

医用电子设备:各种医疗电子仪器,X 光机、超声诊断仪、计算机断层成像系统、心脏起搏器、监护仪、辅助诊断系统、专家系统等。

3.1.1.3 技术方案

公共服务平台产品体系的技术类别,按嵌入式平台环境划分为全数字、半数字/半物理和全物理,按嵌入式环境的系统复杂性划分:单机系统、复杂系统,按嵌入式系统被干预与否划分非干预/不插桩和干预/插桩如图 3.2 所示。下面主要介绍 4 个平台。

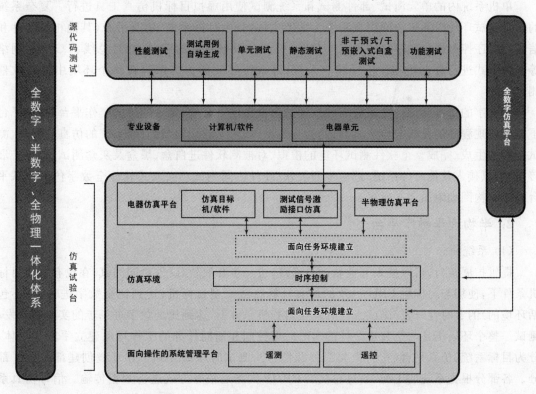

附图 3.2 全数字、半数字、全物理一体化体系

1. 全数字平台

(1) 系统简介

完成整个嵌入式软件环境的模拟;对不同方案进行比较与综合;故障注入;软件对白盒、黑盒及灰盒开发/测试;提供扩展接口,可以接入其他硬件系统,进一步开展软/硬件协同开发/测试;由于是全数字环境,具有极大的灵活性。总之,以实时时序控制和面向任务的工作环境建立手段为主体。分为目标系统、仿真平台(其他相关部件和信号)、时序部分和工作环境创建部分等 4 部分,各部分根据系统的情况,通过总线、TCP/IP 网络通信等方式进行数据传输。信号仿真系统、外系统等效器仿真系统、并在整个环境中进行软件开发/测试。有侵入/非侵入(干预/非干预,插桩/不插桩)两种方式。

(2) 系统结构分析

嵌入式目标机的全数字工作方式脱离真实目标机,在非嵌入式环境下(Windows,Unix等)模拟嵌入式软件运行所需要的目标机硬件及外部信号并让嵌入式软件像在真实目标机上一样运行(计算和处理)。

嵌入式软件通过 CPU 的各种端口与外部硬件发生关联,全数字仿真是针对嵌入式软件而言。真实 CPU 端口所对应的信号是电信号,嵌入式软件在端口读取或输出的信号则是数据信号。因此,通过对端口 I/O 与中断事件产生的逻辑编程,能够实现端口、中断或外部事件的全数字仿真。全数字仿真运行平台能够满足软件仿真运行与测试的要求,方便灵活地仿真外部硬件行为,监控程序运行的内部状态,支持软件的覆盖测试和功能测试的需求。

单机系统内的单元测试、部件测试和系统测试使用虚拟目标机仿真工具进行。复杂系统的整个测试环境以测试协同仿真系统为框架主体,分为目标系统、仿真平台(其他相关部件和信号)、时序控制部分和端口仿真等 4 部分,各部分根据系统的工况,通过总线、TCP/IP 网络等通信方式进行数据传输。信号仿真系统、外系统等效器仿真系统在整个环境中进行软件测试。

全数字的仿真测试环境为嵌入式软件的测试提供了有效、统一的协同工作平台,在该平台下能够实现程序的分析与检查、代码的运行与调试、单元的配置与测试、系统的仿真与测试、测试报告的生成、完成整个软件测试环境的模拟、对被测软件进白盒、黑盒及灰盒测试、提供扩展接口,可以接入其他硬件系统,进一步开展软/硬件协同测试。嵌入式软件全数字仿真测试平台总体结构图如附图 3.3 所示。

2. 半物理半数字平台

(1) 系统简介

提供扩展接口,可以接入其他软硬件系统,进一步开展软/硬件协同测试;在没有真实目标机条件下,使用与目标机 CPU 一致的仿真计算机或原型目标机,达到比全数字进一步(不包括环境的)的实时性开发/测试。在有真实目标机条件下,达到比全数字进一步的实时性开发/测试。整个环境仍是与全数字一样的实时时序控制和面向任务的工作环境建立手段为主体。分为目标系统、仿真平台(其它相关部件和信号)、测试时序部分和工作环境创建部分等 4 部分。各部分根据系统的工况,通过总线、TCP/IP 网络通信等方式进行数据传输。信号仿真系统、外系统等效器仿真系统、并在整个环境中进行软件开发/测试。有侵入/非侵入(干预/非干预,插桩/不插桩)两种方式。

(2) 系统结构分析

嵌入式目标机的半物理工作方式是对真实目标机或其外部接口取其一部分予以真实物理

附录3 卫星导航定位与位置服务公共云服务平台

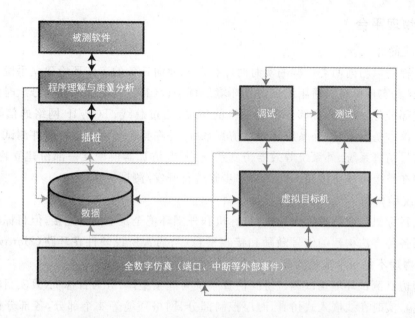

附图3.3 嵌入式软件全数字仿真测试平台总体结构图

实现,其他部分为数字化仿真。与通常所说的硬件在环路(Hardware-in-the-Loop)的半物理仿真不是一个范畴的概念。

单机系统内的单元测试、部件测试和系统测试使用真实目标机仿真测试工具进行。复杂系统的整个测试环境仍以测试协同仿真系统为主体,分为目标系统(真实目标机)、虚拟环境、仿真平台(其他相关部件和信号)、时序控制部分和网络环境等5部分,各部分根据系统的工况,通过总线、TCP/IP网络等通信方式进行数据传输。信号仿真系统、外系统等效器仿真系统在整个环境中进行软件测试。

半物理半数字的仿真环境可以将真实目标机接入仿真环境中,并对此物理仿真系统进行验证和确认,可进行白盒、黑盒及灰盒测试,对软件系统在真实目标机上进行测试。嵌入式软件半数字/半物理仿真测试平台总体结构图如附图3.4所示。

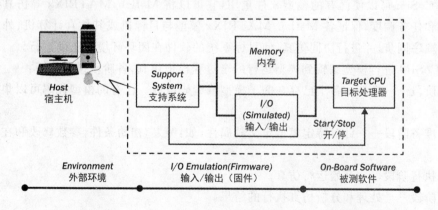

附图3.4 嵌入式软件半数字/半物理仿真测试平台总体结构图

3. 全物理平台

(1) 系统简介

整个过程仍以与前两类一样的实时时序控制和面向任务的工作环境建立手段为主体。分为目标系统（真实目标机）、通用测试仿真环境仿真平台（其他相关部件和信号）、时序部分和工作环境创建部分等5部分，各部分根据系统的情况，通过总线、TCP/IP网络通信等方式进行数据传输。信号仿真系统、外系统等效器仿真系统、并在整个环境中进行软件测试。可以将仿真平台中信号仿真系统、外系统等效器仿真系统、配电仿真器模型某一部份建立物理/半物理仿真系统并在整个系统中按照不同策略和步骤进行开发/测试。

(2) 系统结构图

嵌入式目标机的全物理工作方式：目标机和外围环境全是电信号连接，但目标机和外围环境都可使用各种方法构建的信号激励和接收平台（与通常所说硬件在环路（Hardware-in-the-Loop）的半物理不是一个范畴的概念）。

全物理仿真测试环境仍以测试协同仿真系统为框架主体，分为目标机（真实目标机或快速原型目标机）、实时在线嵌入式仿真、时序控制部分、网络环境等4个部分，各部分根据被测系统的实际情况，通过总线、TCP/IP 网络及 RS422 通信等方式进行数据传输。

全物理仿真测试环境可以完成：实时白盒测试，性能分析（包括任务数据信息分析、调用对数据信息分析、函数性能数据信息分析，A/B 定时器数据信息分析等），跟踪（测量基于一定范围内的一些触发事件），内存分析、显示并报告程序中内存的使用情况，覆盖率分析（包括语句覆盖、决策覆盖等）。嵌入式软件全物理仿真测试平台总体结构图如附图 3.5 所示。

4. 复杂系统仿真与方案设计

了解复杂系统的仿真，这里对 CoSIM 做详细介绍。实时仿真和时序控制软件（Concordant Simulation，CoSIM）提供时序控制、任务调度和协同仿真的工作。它是可构造的模拟仿真系统工具，应用于太空项目和工业项目生存周期所有阶段的 Man-in-the-loop、Hardware-in-the-loop、Processor-in-the-loop 实时仿真。

应用 CoSim 可以使已有的模型软件重用，它可以将 Matlab/MATRIXx 等仿真模型进行时序控制和任务调度，保证各 Matlab/MATRIXx 模型与目标机或其仿真计算机、外围仿真模型的时间顺序同步，并进行协同仿真，使目标系统的软件在闭环环境中正确运行。

(1) CoSIM 进行模型编辑到模型运行的全过程模拟仿真，各阶段说明如下：

开发阶段——模型由各个已存在的子模型或编码组成。已有的模型代码可以集成到模型中来。

仿真准备阶段——针对特定模型定义其属性，如：触发，初始条件，参数修改和在线监视等需求。

仿真执行阶段——开始运行仿真。

分析阶段——处理和分析仿真执行的结果。

(2) CoSIM 在系统级仿真中的作用

在目标机或仿真目标机上运行目标软件。通过外部信号接口设备或接口仿真软件提供目标设备运行的各种接口数据。CoSIM 用于系统级仿真的结构图如附图 3.6 所示。

附录3 卫星导航定位与位置服务公共云服务平台

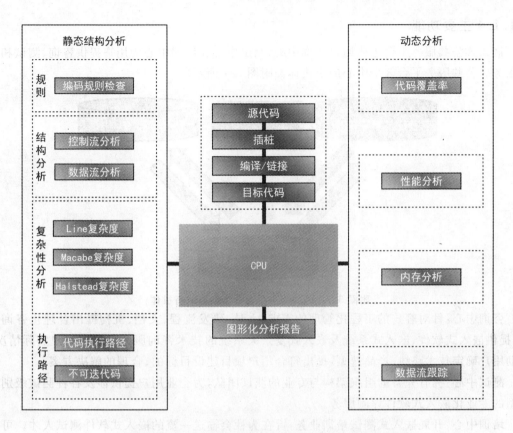

附图 3.5 嵌入式软件全物理仿真测试平台总体结构图

附图 3.6 CoSIM 用于系统级仿真的结构图

3.1.1.4 主要功能

嵌入式公共服务平台主要通过咨询中心、测试中心和培训中心为用户提供咨询、测试和培训服务。公共服务平台3个中心的有机体如附图3.7所示。

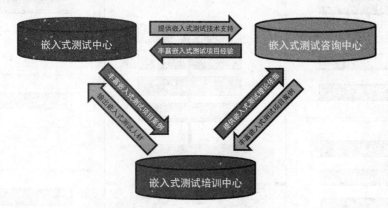

附图3.7 公共服务平台3个中心的有机体

咨询中心：针对客户的工程化管理的需求、人员、研发流程、文档、机构提出合理化咨询意见，提供嵌入式软件、嵌入式系统及嵌入式复杂大系统的技术咨询服务。根据用户实际情况，协助用户确定技术路线、产品选型，提出符合用户项目建设目标的、合理的解决方案。

测试中心：拥有完备的组织架构与专业的测试团队，为企业用户提供涉及各种测试级别与类型的专业化嵌入式软件评测服务。

培训中心：开展嵌入式测试培训业务，旨在为社会输送一流的嵌入式软件测试人才。可与校方合作共建"大专、本科、硕士毕业生试训基地"和"博士后流动工作站"，以培养嵌入式系统工程开发与测试工程师，推动嵌入式系统工程产业的发展。

1. 咨询服务

嵌入式公共服务平台咨询中心的服务内容，具体如下：

- 嵌入式软件系统架构咨询；
- 嵌入式系统架构咨询；
- 嵌入式复杂大系统架构咨询；
- 仿真实验室建设方案论证；
- 嵌入式系统全寿命周期管理和分析策略；
- 嵌入式软件测试方案；
- 嵌入式软件测试过程管理策略；
- 软件配置管理策略；
- IT项目管理。

嵌入式公共服务平台咨询中心的服务形式：

- 技术调研：就用户的咨询需求充分研究国内外相关技术手段和方法，结合用户实际需求情况，形成初步解决方案；
- 会议交流：在用户现场就有关技术问题、方法、管理流程与咨询方沟通交流，最终达到用户认可。

附录3　卫星导航定位与位置服务公共云服务平台

- 技术报告：以上述工作为前提，形成最终方案以报告(论证报告、可行性研究报告、解决方案)形式提交用户。

2. 测试服务

嵌入式软件测试中心本着为客户提供优质服务的宗旨而成立。始终致力于为各企事业单位提供从嵌入式软件到嵌入式系统级的专业测试服务；采用国家军用测试标准和美国民航电子设备软件开发标准指导嵌入式测试的实施，规范整个测试流程；可提供内部测试和具备评测资质的第三方评测服务，覆盖嵌入式工程全寿命周期各个阶段的测试需求。包含的测试级别：静态测试、单元测试、部件测试、配置项测试和系统测试。

(1) 静态测试

静态测试不需运行程序，对代码的机械性和程序化特性进行分析。

静态测试类型主要包含代码审查和静态分析。

静态分析可提供高级语言(汇编语言)程序单元之间的调用关系、被调用关系以及程序单元内部的控制流程关系的表示和图形显示，如各子程序调用图、被调用图、控制流图的生成与显示；程序扇入扇出数、程序注释率、程序长度、调用深度等度量元等。

采用专业的嵌入式测试工具，全面提供上述的静态分析数据及图表，专业嵌入式测试工具大部分均具有静态分析功能。

静态分析的结果不仅可以帮助更快速准确的理解程序，同时还可以辅助动态测试。在进行动态测试过程中，可随时查看静态分析得出的数据或图表，如覆盖率等信息，使得函数结构更加清晰、直观，便于动态测试过程中测试用例的设计。

(2) 单元测试

单元测试是对软件基本组成单元进行的测试，如函数(Function 或 Procedure)或一个类的方法(Method)或一组函数。

嵌入式单元测试的通用策略：所有单元级别的测试都可以在主机环境上模拟目标环境进行，即采用全数字仿真的方式，除非少数情况，特别具体指定了单元测试直接在目标环境进行。

单元测试类型通常包含文档审查、功能测试、接口测试、逻辑测试等，根据客户实际要求，可选择语句覆盖和分支覆盖达到100%，或 MCDC 覆盖达到100%(DO178B)。

(3) 部件测试

部件测试又称为集成测试，其对象是软件部件，软件部件由软件单元组成。

部件测试时需要考虑的问题是：在把各个模块连接起来的时候，穿越模块接口的数据是否会丢失；一个模块的功能是否会对另一个模块的功能产生不利的影响；各个子功能组合起来能否达到预期要求的功能；全局数据结构是否有问题；单个模块的误差累计起来是否会放大，从而达到不能接受的程度。

嵌入式部件测试的通用策略：软件集成也可在主机环境上完成，在主机平台上模拟目标环境运行，当然在目标环境上重复测试也是必须的，在主机环境上部件测试的使用依赖于目标系统的具体功能有多少。有些嵌入式系统与目标环境耦合的非常紧密，若在主机环境做部件是不切实际的；一个大型软件的开发可以分几个级别的部件。低级别的软件集成在主机平台上完成有很大优势，越往后的集成越依赖于目标环境。

部件测试类型通常包含文档审查、功能测试、接口测试、逻辑测试等。

(4) 配置项测试

配置项测试的对象是软件配置项,是能够被独立进行配置管理的,并能够满足最终用户功能的一组软件。

嵌入式配置项测试的通用策略:可在主机平台上模拟目标环境运行,在目标环境上必要的重复测试。

配置项测试类型通常包含文档审查、功能测试、接口测试、界面测试、恢复测试、安全测试、强度测试、性能测试等。

(5) 系统测试

系统测试的对象是完整的、集成的计算机系统,是在实际运行(使用)环境下,对嵌入式系统进行的一系列测试活动。

嵌入式系统测试的通用策略:所有的系统测试必须在目标环境下执行;在主机上开发和执行系统测试,然后移植到目标环境重复执行是很方便的;对目标系统的依赖性会妨碍主机环境上的系统测试移植到目标系统上,况且只有少数开发者会卷入系统测试,所以有时会考虑放弃在主机环境上执行系统测试;好的交叉测试策略能提高嵌入式测试水平和效率。

系统测试类型通常包含文档审查、功能测试、接口测试、恢复测试、安全测试、强度测试、性能测试等。

3. 培训服务

(1) 企业内部培训

企业内训是针对企业的不同情况提供真正的定制化服务。针对客户的每一个内训项目,将特别指定一位全职的培训顾问全程负责该内训项目。在内训前的需求调查阶段,培训顾问将与企业培训负责人和内训参加者直接沟通,深入了解企业培训需求,及参加者在工作中的具体问题,以保证内训的有效针对性,经验实战性。具体实施过程如附图3.8所示。

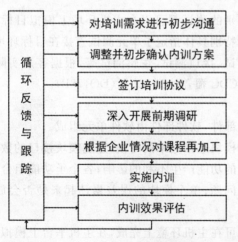

附图3.8 企业内训流程图

具体定制方式如下3点:

- 按照企业需求,围绕嵌入式测试主体,紧密结合企业的实际情况,为企业量身定制个性化的培训解决方案,通过组织和调度各类培训资源,为企业提供更具有针对性、实效性的技术培训服务,解决具体问题,满足企业需要。

附录3 卫星导航定位与位置服务公共云服务平台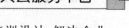

- 根据企业需要,结合企业存在的主要技术难题,进行针对性的实战培训设计,解决企业实际问题,并推动企业展开一系列行动,解决企业具体问题,提升企业绩效。
- 通过系统的企业需求研究,以专业的角度,为企业针对性的课题规划并协助推动实施,指导企业解决技术难点、规避风险、提升绩效、解决问题。

(2)正规教学培训

根据对于测试人才要求的不同层次性以及自身需求的多样性,公司对于教学内容作出调整,分为基础培训与高级培训,以便适应不同的层次化需求。

① 基础培训

培训内容主要有以下两个方面:
- 嵌入式测试基础(基本概念、原理原则、类型、流程、质量评估、用例设计等);
- 嵌入式测试技术:全数字/半数字半物理/全物理嵌入式测试技术(概念、原理、适用性、举例、案例分析、工具实践等);复杂系统的嵌入式软件测试技术及软件工程的新发展方向等,根据企业实际情况的不同,对课程内容有所增减。安排详见附表3.1。

附表3.1 基础培训课程安排

模块	课程安排	主体内容
嵌入式测试基础	基本概念、基本原则	嵌入式测试有关的基本概念、特点和原理
		通用嵌入式测试中单元测试、部件测试、配置项测试及系统测试的开展流程
测试技术	全数字仿真嵌入式测试技术	全数字仿真测试技术和软硬件协同验证的全数字仿真技术
		全数字仿真嵌入式测试应用适用性
	半数字半物理嵌入式测试技术	基于仿真目标机的嵌入式测试技术
		基于真实目标机的半物理、半数字仿真嵌入式测试技术
		基于原型目标机半数字仿真嵌入式软件系统
		半数字半物理仿真嵌入式测试应用适用性
	全物理仿真嵌入式测试技术	对真实目标机进行实时白盒开发/测试
		全物理仿真黑盒测试
		全物理仿真嵌入式测试应用适用性
	复杂系统嵌入式测试技术	复杂系统测试概述
		全数字仿真复杂系统测试
		复杂系统测试应用适用性
测试工具使用及语言	测试工具	全数字、半物理和全物理嵌入式测试工具介绍
		演示CRESTS系列嵌入式测试典型工具
	讲解TCL脚本语言	TCL概述、基础和语法
		变量、表达式、控制结构命令、过程、字符串操作和对文件操作
质量交流	测试标准及项目交流	GJB 2725A-2001测试实验室和校准实验室通用要求,例举该标准指导下的成功测试案例
		介绍《机载系统和设备合格审定中的软件考虑 RTCA DO178B》中验证过程,例举标准指导下的成功测试案例

② 高级培训

全部课程内容以行业实际需求为导向,瞄准社会需求量巨大且无可替代的嵌入式人才方向,同时注重培养学生的动手能力和社会适应能力,在学习中丰富参加培训者的实践经验,培训内容主要有以下3个方面,安排详见附表3.2。

附表3.2 高级培训课程安排

第一方面	基础知识
1	CPU基本结构、CPU指令系统与工作原理、CPU寻址技术、实模式和保护模式技术、总线与微机接口技术
2	GJB 2725A-2001、DO-178B等测试标准的学习
第二方面	嵌入式测试技术基础
3	嵌入式系统基础 嵌入式系统介绍、嵌入式系统历程与前景分析、嵌入式系统结构、嵌入式处理器介绍、ARM处理器指令、RS-232、RS-485各种接口介绍、嵌入式操作系统介绍
4	嵌入式测试环境 嵌入式测试全数字、半数字半物理、全物理测试环境的搭建
第三方面	嵌入式测试应用实战
5	交流成功测试案例
6	全数字嵌入式测试环境 使用CRESE\TESS搭建测试环境(模拟外围端口的输入)、设计单元测试用例、书写相关文档

3.1.1.5 嵌入式公共服务平台实施意义

1. 经济效益和社会效益

(1) 经济效益

嵌入式公共服务平台在带动嵌入式技术进步的同时,将间接带动周边经济的发展。具体表现在以下方面。

降低企业研发费用:嵌入式公共服务平台可以为园区企业提供软件咨询、测试、培训服务,让企业在整个软件生命周期中避免误差,节省企业在软件方面的资金浪费。

降低企业人员培养费用:嵌入式公共服务平台可以为园区企业需要嵌入式软件培训的企业进行员工的基础培训与高级培训,并可以为其设置课程。在此之前,各企业在招录嵌入式软件人才时都是招录有经验的人才,但是这些人才在招聘费用上较高,稳定性也较差,迫使企业培养自己的嵌入式软件人才。嵌入式公共服务平台很好地为企业解决了这一难题,平台不定期地举办大型培训,各企业只需要用较少的花费就可以获得专业的指示,另外,平台还可以为各企业量身定制人才培训计划,大大节省了企业的人才培养费用。

降低软件质量检验费用:经调查,园区企业很少有自己的软件检测部门,因为建此类部门的成本较高,且使用率较低,简而言之就是成本太高。嵌入式公共服务平台将为企业提供专业的软件测试,较之企业自办的测试部门,成本低且专业水平高,有利于企业的成本控制。

(2) 社会效益

嵌入式公共服务平台可以为园区企业提供技术支持，推动地区嵌入式技术的发展：嵌入式公共服务平台可以为企业提供嵌入式软件方面的咨询来确保产品研发的可行性及经济性，专业的测试来保证产品的稳定性和可靠性，以及高水平的培训来保障高素质员工的培养。在满足软件园现有企业的需求，提高他们的市场竞争力的同时，也推动了地区嵌入式技术发展。

2. 平台实施意义

嵌入式公共服务平台可以形成"虚拟航母"，促使企业间的关系由竞争转向合作，让中小企业"抱团"闯市场，不仅提升了行业企业的抗风险能力，而且拉动了产业链条，使整个行业快速、平稳发展。

(1) 产业积聚及软件企业带头示范作用

嵌入式公共服务平台在技术上有先进的团队，在管理上有完善的体制，在山东乃至中国都可以保持领先地位。这种领先地位，势必使嵌入式领域企业向园区平台积聚，这样的结果必定能够提高园区企业的技术研发能力。而先进的技术管理体制也将为各企业如何留下人才以及培养人才做出示范。

(2) 带动园区技术进步的作用

嵌入式公共服务平台与企业及高校保持紧密联系，这种积极的技术传播，会整体提高园区在嵌入式软件研发与测试方面的能力，这样的产业圈一旦形成，园区嵌入式技术将得以发展。

(3) 优化当地经济结构

嵌入式公共服务平台可以为园区企业提供软件开发到使用维护全生命周期服务，也可以提供专门的咨询、测试和培训等业务。目前大多数公司没有专门的测试人员或部门，在这样的情况下，如何保证软件产品的质量就成了一个难题。但一般企业需要的测试工作并不多，成立自己的专业测试团队会造成资源的闲置和浪费。在这样的现实情况下，嵌入式公共服务平台能够专门为企业提供专业的服务，不但解决了企业质量保证的难题，也节省了企业的成本。

(4) 人才进阶培训，为企业提供便利

嵌入式公共服务平台提供专业的培训服务，可以为各企业的技术人员以及想从事嵌入式技术工作的人员进行专业的培训。在培训中，嵌入式系统工程将传播自身的先进技术和研究方法，在最短时间内将他们培养成合格的、优秀的嵌入式软件方面的人才。

(5) 提高产业竞争力

嵌入式公共服务平台可以为企业提供全生命周期的服务，专业的软件将提高他们的产品质量，保障他们软、硬件产品的可靠性和稳定性。另外，平台还可以为企业提供专门的服务，这样就节省了他们的成本，让他们有更多的时间去研发新产品，缩短产品更新换代所需的时间。在一定的时间里面，园区产业就将会在更新速度上与产品质量上都取得相对的优势，产业的竞争力得以提升。

3.1.2 基于云服务的公共服务平台

最便捷：只需要一个接入互联网的计算机，就能尽享全数字、半数字/半物理、全物理等多种类系统平台，让用户远离繁杂的物理设备。

最优质：这里有优质的硬件设备；业界领先的嵌入式系统研发、测试解决方案；以及专业的技术支持人员为用户的工作提供全方位的技术支持。

公共服务平台一般是指按照开放性和资源共享性原则,为区域和行业中小企业提供信息查询、技术创新、质量检测、法规标准、管理咨询、创业辅导、市场开拓、人员培训、设备共享等服务的设施、场所、机构。

公共服务平台以信息系统工程技术、嵌入式软件及系统全寿命平台系列为核心基础,结合当地的产业特点而形成的通用信息技术平台、通用嵌入式平台。该平台可以为当地各类企业快速发展信息系统、嵌入式系统提供平台技术支持;可以为当地培养各类信息平台技术、嵌入式技术人员,调整和优化人才结构,大力推动创新型嵌入式产业的应用和发展,创造良好的经济效益和社会效益。

云服务是指通过使用云计算的手段,有效地整合硬件设备、网络设备等各类优质资源,为客户提供最便捷的使用方式和最优质的使用体验。

为了更好地向大众提供优质、便捷的嵌入式系统平台,需要建立云服务的公共服务平台,向社会各界提供最简单、最廉价的嵌入式研发、测试系统平台。让嵌入式开发人员和测试人员告别繁杂的硬件设备,专注于更加优质、更加高效的软件研发和测试。各类仿真、测试嵌入式平台工具与最先进的互联网科技完美融合,打造出无与伦比的云服务平台。

3.1.3 卫星导航定位公共服务

卫星导航定位公共服务园区建设于北斗产业园中,具有奠基意义,并可先行独立启动的"园中园"项目。公共服务园区将建成国内领先的卫星导航定位公共服务体系,下设"八大中心":咨询中心、测评中心、培训中心、研发中心、外包中心、交流中心、文化中心、金融中心。还将建成"五大平台":大数据服务平台、卫星导航呼叫服务平台、卫星导航车联网服务平台、科学与工程可视化服务平台、园区信息化服务平台等平台。以独有的技术、人才、信息、资源优势推动北斗产业园的发展。

公共服务园区是一个新型、综合、领先、高水平的适合卫星导航定位企业快速发展的高科技产业平台,为卫星导航定位企业提供从软环境到硬件的全方位服务,力争成为全国的卫星导航定位技术人才聚集中心、卫星导航定位产业信息汇集中心和卫星导航定位市场开拓服务中心,成为国内以信息技术改造和提升传统产业并使之可持续发展的典范,成为推动全国卫星导航定位产业前进的发力点。

卫星导航定位公共服务体系的八大个中心是个有机整体如附图 3.9 所示。

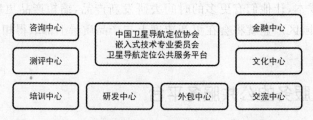

附图 3.9 卫星导航定位公共服务体系的八大个中心

1)咨询中心

针对卫星导航客户的工程化管理的需求、人员、研发流程、文档、机构提出合理化咨询意见，提供卫星导航定位、位置服务、嵌入技术产品与软件相关的咨询服务。

根据卫星导航用户实际情况，协助用户确定技术路线、产品选型，提出符合用户项目建设目标的、合理的解决方案，如附图 3.10 所示。

附图 3.10　咨询服务

2）测评中心

拥有完备的组织架构与专业的测试团队，为卫星导航行业企业用户提供涉及各种测试级别与类型的专业化地图卫星导航产品和软件评测服务，并受中国卫星导航定位协会的委托建立了中国卫星导航定位产品及软件测评中心，如附图 3.11 所示。

附图 3.11　测评中心奖牌

测评中心依据中国卫星导航定位协会制定的《地图导航定位产品测评大纲》组织开展一年一度的全系列地图导航定位产品的测评工作。

测评中心面向中国卫星导航尤其是北斗导航的产业，针对日益发展的卫星导航定位产品及软件测试市场需求，为卫星导航产品及软件开发商、生产商、集成商提供从软件到系统级的全方位测试服务。

测评中心依托国际领先水平的嵌入式测试技术和产品，提供嵌入式测试的整体解决方案，如附图 3.12 所示。

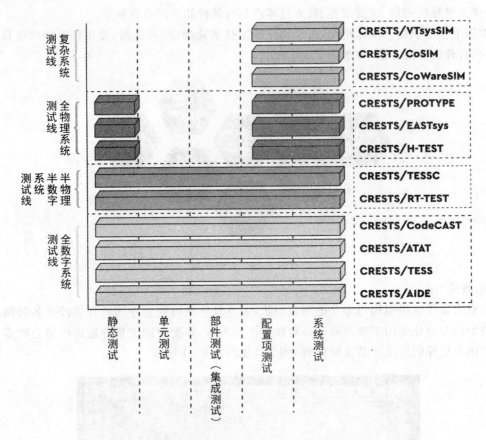

附图 3.12　嵌入式测试的整体解决方案

3）培训中心

培训中心开展卫星导航定位、位置服务、嵌入式技术产品与软件等相关培训业务,旨在为社会输送一流的卫星导航定位专业人才,如附图 3.13 所示。可与校方合作共建"大专、本科、硕士毕业生试训基地"和"博士后流动工作站",以培养卫星导航定位系统工程开发与测试工程师,推动卫星导航定位产业的发展。

4）研发中心

建立卫星导航产业使用的嵌入式产品软硬件全寿命周期研发平台,以各种免费和政府资助的合理收费方式提供使用,如附图 3.14 所示。

5）外包中心

建立健全软件外包业从发包到收包的标准流程和检验、检测机制,提供外包发布、招标和验收服务。

6）交流中心

如附图 3.15 所示,交流中心提供卫星导航产业的产品、技术的展示、展览,为业内、业外的人员提供交流平台。展示行业品牌,体验最新成果,创新企业营销。包括行业咨询、技术创新展示、产品应用推广、项目对接信息、产品展示和行业品牌。

附图 3.13 培训中心

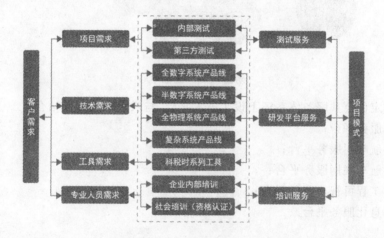

附图 3.14 购买与销售流程

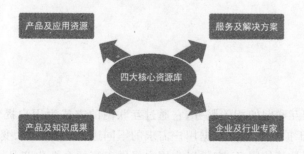

附图 3.15 交流中心

7) 文化中心

打造卫星导航行业相关文化展示、交流、休闲一体化的交流平台,利用和整合相关文化资源,展示交流卫星导航行业文化、企业文化等,满足企业人员文化需求,促进行业的综合实力和影响力提升。

8) 金融中心

为卫星导航产业的相关单位创造金融交流平台,提供全方位投融资服务,包括对接洽谈会、项目推荐、政府招商、投资机构、投资项目、融资企业、融资项目等服务,如附图3.16所示。

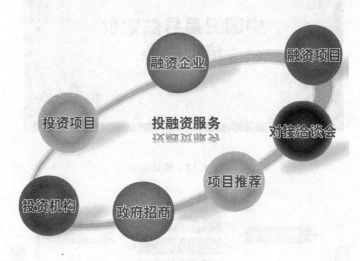

附图3.16 金融中心

卫星导航定位公共服务体系还下设了五大平台,与八大中心紧密结合:
1) 大数据服务平台;
2) 卫星导航呼叫服务平台;
3) 卫星导航车联网服务平台;
4) 科学与工程可视化服务平台;
5) 园区信息化服务平台。

3.2 云服务平台

3.2.1 云服务

1. 基本概念

云服务是指基于互联网的相关服务,它通过互联网的方式为用户提供符合其需求的虚拟资源,它的特点为易于扩展且可以根据用户需求的不同进行动态增加、变化。云服务可以与软件、互联网相关,也可是其他服务,它可以为用户提供丰富的个性化产品,以满足市场上日益膨胀的个性化需求。云服务可以有效地整合硬件设备、网络设备等各类优质资源,为客户提供最便捷的使用方式和最优质的使用体验。它是对于计算能力及相关资源的一种商业化。

云计算是指通过使计算分布在大量的分布式计算机上,而非本地计算机或远程服务器中,

附录3 卫星导航定位与位置服务公共云服务平台

这使得企业能够将资源切换到需要的应用上,根据需求访问计算机和存储系统。这种服务类型是将网络中的各种资源调动起来,为用户服务。

云服务具有以下优点:

最便捷:只需要一个接入互联网的计算机,就能尽享全数字、半数字/半物理、全物理等多种类系统平台,远离繁杂的物理设备。

最优质:提供优质的硬件设备;业界领先的系统研发、测试解决方案;以及专业的技术支持人员为您的工作提供全方位的技术支持。

2. 云平台体系架构

云平台基础架构是以服务器虚拟化的方式优化和管理业界标准 IT 环境。服务器虚拟化通过软件的方式在一台服务器上模拟运行多个标准硬件配置的物理服务器,并依此基础技术,将传统数据中心改变为可扩展的、动态的、绿色的数据中心。云平台基础架构包含两个关键组件:虚拟化基础架构平台软件 vServer ESXi 和虚拟化基础架构管理软件 vCenter,前者把物理服务器虚拟化,后者则把各虚拟化的服务器整合成为一个统一的资源池,并对外提供服务。云平台体系架构如附图 3.17 所示。

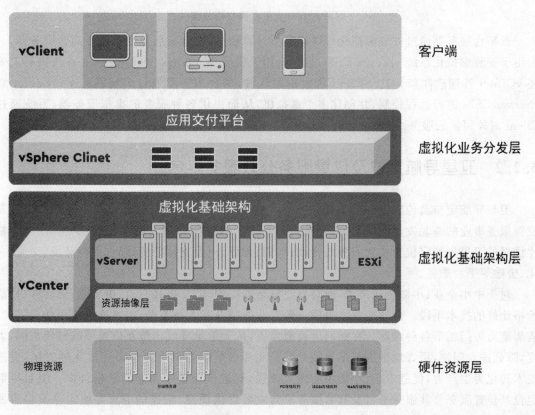

附图 3.17 云平台体系架构

云平台基础架构将物理服务器、操作系统、及其应用程序"打包"为一个文件,即可移动的虚拟机(VM),每台虚拟机都是一个完整的系统,它具有处理器、内存、网络设备、存储设备和BIOS。操作系统和应用程序在虚拟机中的运行方式与它们在物理服务器上的运行方式完全相同。在一台服务器上可以构建多个虚拟机,在不同的虚拟机中可以提供不同的云服务,如:咨询,测试,研发环境支持等。

通过互联网登陆 vClient 远程用户端或网页,用户即可进行远程的在线操作和体验服务。网络拓扑图如附图 3.18 所示。

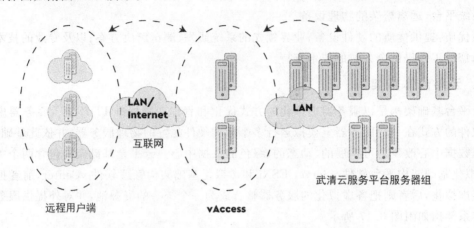

附图 3.18　云平台网络拓扑图

云平台服务器通过安装虚拟化软件提供云计算服务,每套云服务平台需要两台服务器,一台用于安装虚拟化系统 vServer ESXi,另一台用于安装 Windows 2008 系统,并在该机器上安装 vCenter 管理软件和 SQL SERVER 数据库软件,两台服务器通过局域网相连,vCenter 对 vServer ESXi 进行远程控制,并创建多个虚拟机,从而提供各种服务的虚拟服务器,系统通过 Client 对外提供云服务。

3.2.2　卫星导航定位及位置服务公共服务平台

卫星导航定位及位置服务公共服务平台作为新兴服务体系,是随着我国卫星导航定位及位置服务事业的蓬勃发展而兴起的,旨在为产业链上的企业和个人提供便捷、快速、性能价格比优越的卫星导航定位及位置服务的咨询、培训、测评、研发支持环境、外包支持环境、交流、文化、金融等平台服务。

对于中小企业、小微企业来说,面对日益复杂的应用,需要更强有力、更有效、更多样、性能价格比好的技术手段。但这些技术手段一般企业面临专业人员不全,很难确定使用什么手段,购买能力等门槛等各种难题。在触网电商概念下,扩大卫星导航定位及位置服务宣传范围、力度,降低进入门槛,更好地推进卫星导航尤其是北斗导航产业链上产学研一体化的发展,促进技术转化为生产力,促进中小、小微企业做大做强,促进产业链中企业的紧密合作。卫星导航定位及位置服务公共服务平台及其云服务平台主要提供便捷、快速的卫星导航定位及位置服务的咨询、培训、测评、研发支持环境、外包支持环境、交流、文化、金融等平台服务。客户只需通过网页便可进行包括卫星导航定位领域嵌入技术的在线研发、测试、分析、仿真、确认、验证,如附图 3.19 所示。

卫星导航定位及位置服务公共服务体系及其服务云平台一般内含咨询、培训、测评、研发支持环境,并且为卫星导航定位与位置服务相关企业提供全生命周期的公共云服务。其主要

附录3　卫星导航定位与位置服务公共云服务平台

附图3.19　卫星导航定位及位置服务公共服务平台

优势包括：

(1) 网页远程在线服务，提供多种硬件设备，无需采购昂贵的硬件设备便可进行卫星导航定位与位置服务在线研发、测试、分析、仿真、确认和验证；

(2) 提供卫星导航定位及位置服务的云服务电子商务平台；

(3) 降低进该领域的入门槛。

覆盖全生命周期的工具平台和解决方案，为卫星导航定位相关企业提供全生命周期的公共云服务，如附图3.20所示。

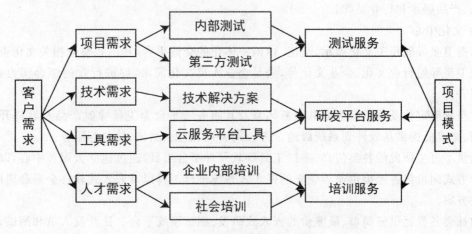

附图3.20　全生命周期公共云服务

1. 服务内容

卫星导航定位及位置服务公共服务体系及其服务云平台，内含咨询、培训、测评、研发支持环境、外包支持环境和交流等。它是一个新型、综合、领先、高水平的适合卫星导航定位企业快速发展的高科技产业平台，为卫星导航定位企业提供从软环境到硬件的全方位服务。

1) 咨询中心

针对卫星导航客户的工程化管理的需求、人员、研发流程、文档、机构提出合理化咨询意见，提供卫星导航定位、位置服务、嵌入技术产品与软件相关的咨询服务。

根据卫星导航用户实际情况，协助用户确定技术路线、产品选型，提出符合用户项目建设目标的合理的解决方案。

2）测评中心

通过完备的组织架构与专业的测试团队，为卫星导航行业企业用户提供涉及各种测试级别与类型的专业化地图卫星导航产品和软件评测服务。

测评中心面向中国卫星导航尤其是北斗导航的产业，针对日益发展的卫星导航定位产品及软件测试市场需求，为卫星导航产品及软件开发商、生产商、集成商提供从软件到系统级的全方位测试服务。

3）培训中心

培训中心主要开展卫星导航定位、位置服务、嵌入式技术产品与软件等相关培训业务，培养卫星导航定位系统工程开发与测试工程师，旨在为社会输送一流的卫星导航定位专业人才。

4）研发中心

建立卫星导航产业使用的嵌入式产品软硬件全寿命周期研发平台。

5）外包中心

建立健全软件外包业从发包到收包的标准流程和检验、检测机制，提供外包发布、招标、验收的服务。

6）交流中心

提供卫星导航产业的产品、技术的展示、展览，为业内、业外的人员提供交流平台。展示行业品牌，体验最新成果，创新企业营销。包括行业咨询、技术创新展示、产品应用推广、项目对接信息、产品展示和行业品牌。

7）文化中心

打造卫星导航相关文化展示、交流、休闲一体化的交流平台，利用和整合相关文化资源，展示交流卫星导航行业文化、企业文化等，满足企业人员文化需求，促进行业的综合实力和影响力的提升。

卫星导航定位及位置服务公共服务体系及其服务云平台为卫星导航产品及软件开发商、生产商、集成商提供从软件到系统级的全方位的咨询、研发、测试、外包等服务。

提供了自主研发的各类仿真、测试工具等软硬件平台工具，通过建立云服务中心，以租赁、授权等方式向世界各地提供业界领先的嵌入式系统平台工具以及嵌入式软件全寿命周期的综合解决方案。

向社会各界提供最简单、最廉价的嵌入式研发、测试系统平台。让开发人员和测试人员告别繁杂的硬件设备，专注于更加优质、更加高效的软件研发和测试。

2. 服务方式

基于自主产权的为卫星导航定位相关企业提供全生命周期的公共云服务的技术产品和解决方案云服务展示。

方式一：Web网页方式登录，用户可以通过网页登陆云服务平台，输入自己的账号和密码后便可使用云平台提供的各种技术产品和服务。

通过网页登录并使用全数字虚拟化仿真平台Nativecast进行卫星导航定位产品的在线研发、测试、分析、仿真、确认和验证。

方式二：客户端访问，云平台提供了登录客户端，可以通过客户端登录到云平台。登录后与提供了网页方式一样的服务，用户即可体验云服务带来的快捷和便利。

附录3 卫星导航定位与位置服务公共云服务平台

3. 技术平台

五大类工具平台如下：
- 全数字虚拟化仿真平台；
- 半数字/半物理固件仿真平台；
- 嵌入式在环全物理平台；
- 复杂系统仿真环境；
- 人/机/物系统软件工程管理平台。

(1) 全数字虚拟化仿真平台

全数字仿真是使用计算机仿真的方式构造嵌入式系统所需的硬件环境和嵌入式软件运行时所需的外部数据的过程。它包括：
- 目标硬件环境的数字仿真；
- 目标数据环境的数字仿真。

全数字虚拟化仿真技术是综合解决研发中由于环境建设所带来的困难的一种解决方案。

全数字虚拟化仿真不依赖于任何硬件系统，即虚拟目标机。它所需要的一切电信号和数据都是通过软件模拟提供的。

嵌入式全数字虚拟化仿真实现原理：嵌入式系统的测试是比较难的，难就难在激励信号的注入和各种工作状态下系统的监控。特别是针对白盒测试，要达到语句和分支的覆盖，甚至是路径的覆盖，难度可想而知了。但是在嵌入式系统中，都可以通过对地址来操作实现各种功能。比如寄存器、内存和I/O都分配了相应的地址，通过对这些地址的操作，就可以实现对嵌入式系统的测试。

特点如下：
- 非干预式（不对软件进行插桩），不影响实时性；
- 无需任何硬件环境；
- 测试运行环境容易搭建；
- 故障注入全面；
- 模块划分灵活，结构自动划分；
- 故障点定位精确；
- 测试报告自动生成；
- 模块序调用图、控制流图及控制流轮廓图的生成与显示；
- 隔离软硬件错误；
- 执行路径跟踪；
- 支持静态分析；
- 支持并行开发；
- 支持系统复杂性分析以及任务调度。

主要功能如下：
- 全数字嵌入式CPU环境仿真；
- 静态结构分析；
- 动态过程仿真；

- 被测程序管理；
- 仿真脚本；
- 测试报告的自动化生成与管理。

工具界面如附图3.21所示。

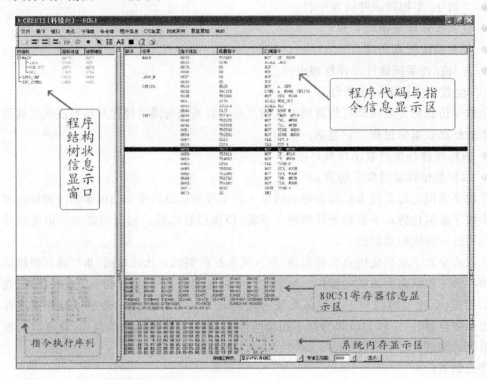

附图3.21 工具界面

(2) 半数字/半物理固件仿真平台

半数字/半物理固件仿真平台有一部分是真实的硬件环境，有一部分是用软件来模拟仿真。在这种仿真方式中，提供仿真软件和真实目标机一致的CPU来构建嵌入式软件的测试环境；仿真软件支持脚本构建外设和I/O设备来构建系统的运行环境，这个和全数字的方式应用相同。在这种分类中，使用硬件的CPU，它会更快速、更可靠；这种方式可以和全数字方式结合，应用在项目的不同阶段；同样也提供了对目标程序插桩和不插桩方式的半数字/半物理仿真环境。系统结构图如附图3.22所示。

功能特点如下：

- 提供对目标代码的真实运行平台，通过软件仿真外围接口信号构建嵌入式系统环境；
- 支持与目标系统的多种连接方式；
- 支持目标程序的代码结构分析；
- 支持程序的动态运行分析，包括对覆盖分析、内存使用、性能统计和程序运行追踪；
- 支持对被测系统的质量度量和测试报告输出。

附图3.23为功能特点框图。

(3) 嵌入式在环全物理平台

全物理平台使用硬件设备来采集目标程序运行信息和系统的运行状态，通过专门的打点

附录3 卫星导航定位与位置服务公共云服务平台

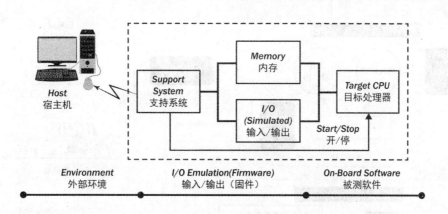

附图 3.22 半数字/半物理系统结构图

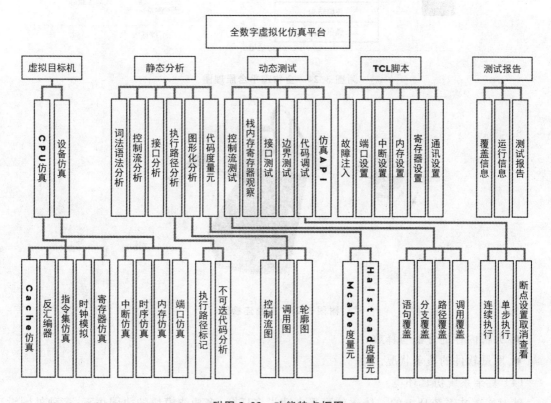

附图 3.23 功能特点框图

技术对被测系统的代码进行预处理;利用硬件方式从被测系统总线获取监控数据;它可以追踪嵌入式应用程序的运行,分析软件性能,测试软件的覆盖率以及存储器的动态分配等,提供了一个实时在线的高效解决方案;为嵌入式开发者和测试工程师提供了可以使在目标处理器中运行的软件可视化的一种手段。原理图如附图 3.24 所示。实物连接图如附图 3.25 所示。

主要特性如下:
- 生成被测程序的复杂性度量和程序控制流图,函数调用图等;
- 执行程序追踪;
- 测试函数的性能,功能调用对和任务的分析(可以测试任意 2 个事件的性能);

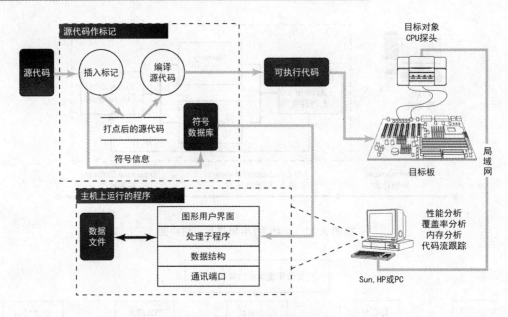

附图 3.24 全物理平台原理图

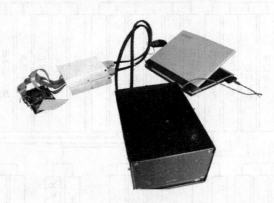

附图 3.25 实物连接图

- 分析内存的分配与释放；
- 度量软件的覆盖状况。

(4) 复杂系统仿真环境

针对嵌入式系统环境的一体化仿真平台建设多任务、多功能模块的协同仿真；多种外围设备的仿真接口；复杂系统的仿真方案架构设计,支持全物理和全数字的仿真方式。

VTsysSIM 是嵌入式软件测试过程中外围数据激励仿真工具,侧重满足嵌入式软件测试中黑盒测试的需要；主要体现在对嵌入式外围接口的仿真,如串口、并口、A/D 等接口,并支持二次开发接口仿真具体设备；可与虚拟样机、CoSim、EASTsys 中的一种或几种结合起来组成嵌入式软件仿真测试解决方案；采用可视化的人机界面,产生嵌入式软件运行的各种激励,适合嵌入式软件的系统测试；在功能体系上 VTsysSIM 分为全数字和半物理两种方式。

主要功能如下：

- 提供时序控制、任务调度和协同仿真；

- 支持 Man-in-the-loop,Hardware-in-the-loop,Processor-in-the-loop 等阶段的实时仿真;
- 支持 Matlab/MATRIXx 模型的封装和导入;
- 支持对模型的编辑和修改;
- 支持对导入的模型仿真运行时参数的在线修改;
- 支持系统的实时仿真;
- 支持系统的时序控制;
- 模型独立运行,不依赖于原来的运行环境;
- 支持二次开发接口,扩充用户的实际应用;
- 支持硬件测试设备的连接,包括 DIO、AIO、RS422、RS232 等。

(5) 人/机/物系统软件工程管理平台

提供系统的全寿命周期,需求→设计→实现→测试→运行维护等各阶段文档数据的分析管理工具。面向嵌入式软件全寿命周期的文档和数据关联性分析管理。完成嵌入式软件全寿命周期各阶段的影响分析、覆盖分析和追踪分析;实现嵌入式软件全生命周期各阶段文档间及其与代码间的自动双向追溯和定位;有效提高嵌入式软件和嵌入式系统项目的研发、测试、维护效率,提高项目的可靠性。

功能特点如下:

- 双向动态关联:支持嵌入式软件全寿命周期各阶段的文档和数据的双向动态关联:需求文档与设计文档的关联、设计文档与源码的关联、源码与测试用例的关联以及各阶段内部文档的关联。
- 双向追溯和定位:实现嵌入式软件全生命周期各阶段文档间动态地建立需求文档、设计文档、源代码测试用例、测试结果等之间任一点的双向追踪和定位功能,具有准确、精确和能自动维护的特点,避免源代码修改后回归测试的盲目性,防止软件修改的不一致性错误。
- 覆盖分析:实现嵌入式软件全生命周期各阶段文档和数据的覆盖分析,量化地指出各阶段对上一级文档的没有实现的需求和功能。
- 影响分析:实现嵌入式软件全生命周期各阶段文档和数据的影响分析,对嵌入式软件全寿命周期各阶段文档和数据中的任何一点的变更,可量化地指出正向和逆向的影响深度和广度以及具体位置。
- 分析报表:提供影响分析、覆盖分析、追踪分析报表,是嵌入式软件全寿命周期开发、测试、维护的重要量化依据。
- 用户及权限管理机制:通过角色、岗位及系统的资源矩阵的授权机制建立系统的用户及权限管理。

参考文献

[1] 郑琪.实用嵌入式软件测试技术及其应用[M].北京:中国科学文化音像出版社,2008.
[2] 周涛.航天型号软件测试[M].北京:宇航出版社,1999.
[3] 郑人杰.计算机软件测试技术[M].北京,清华大学出版社,1992.
[4] 康一梅.嵌入式软件设计[M].北京:机械工业出版社,2008.
[5] 吴清才,郑琪,王守一.军用软件的工程研制与管理[M].北京:国防工业出版社,2013.
[6] 郑琪.嵌入自然[M].北京:中国科学文化音像出版社,2013.